高职高专电子信息类规划教材
安徽省高等学校"十一五"省级规划教材

U0241153

# 机械制图
# 与AutoCAD基础

*JIXIE ZHITU YU AutoCAD JICHU*

姚卿佐 耿晓明 主编

北京师范大学出版集团
BEIJING NORMAL UNIVERSITY PUBLISHING GROUP
安徽大学出版社

图书在版编目(CIP)数据

机械制图与 AutoCAD 基础/姚卿佐,耿晓明主编.—3 版.
—合肥:安徽大学出版社,2013.3(2020.9 重印)
高职高专电子信息类"十二五"规划教材
ISBN 978-7-5664-0224-0

Ⅰ.①机… Ⅱ.①姚…②耿… Ⅲ.机械制图-计算机制图-
AutoCAD 软件-高等职业教育-教材 Ⅳ.①TH126

中国版本图书馆 CIP 数据核字(2013)第 016088 号

# 机械制图与 AutoCAD 基础 姚卿佐 耿晓明 主编

出版发行:北京师范大学出版集团
安 徽 大 学 出 版 社
(安徽省合肥市肥西路 3 号 邮编 230039)
www.bnupg.com.cn
www.ahupress.com.cn
经　销:全国新华书店
印　刷:安徽昶颉包装印务有限责任公司
开　本:184mm×260mm
印　张:23.5
字　数:582 千字
版　次:2013 年 3 月第 3 版
印　次:2020 年 9 月第 3 次印刷
定　价:36.00 元
ISBN 978-7-5664-0224-0

策划编辑:李　梅　武溪溪　　　　　装帧设计:李　军
责任编辑:武溪溪　　　　　　　　　美术编辑:李　军
责任校对:程中业　　　　　　　　　责任印制:赵明炎

# 前　言

　　本教材遵循"淡化理论,够用为度"的原则,以培养职业岗位群的综合能力为目标,对工程制图和计算机绘图两门课程进行了整合,强化应用,培养学生从事实际工作的基本能力和较强的职业技能。

　　本教材在制图部分,强调制图的基本理论与基本知识,培养学生的绘图与读图的能力;AutoCAD内容以2010中文版为素材,精心编选,介绍其二维绘图的实用内容,编入计算机绘图实例和上机指导,便于读者及时复习所学知识,增强上机的目的性,提高学习的效率,加强绘图基本技能与软件基本操作能力的培养。

　　为配合教学需要,特编写了《机械制图与AutoCAD基础习题集》与本教材配合使用。本教材适用于高职高专学校工科各专业,也可供相关工程人员参考。

　　本书由姚卿佐老师统稿,其中第1、2章由姚卿佐老师编写,第3、4、5章由徐建军老师编写,第6、7、8章由耿晓明老师编写,第9、10章由金敦水老师编写,第11章由余华奇老师编写,第12章由李凤光老师编写。

　　在本书的编写过程中,曹光跃老师提供了不少帮助,在此表示诚挚的感谢。

　　由于编者水平有限,难免会有错误和疏漏之处,敬请读者批评指正。

编　者

2013 年 1 月

# 目　录

# 第 1 章
# 制图的基本知识

## 学习目标

- ☐ 熟悉制图国家标准的有关规定。
- ☐ 掌握几何作图的方法。
- ☐ 掌握平面图形的绘制方法和步骤。

## 1.1 制图国家标准的有关规定

工程图样作为"工程界的语言",应用于生产、管理和技术交流,为此制图国家标准对图样的画法、尺寸注法等作出了统一的规定。为了正确绘制和阅读工程图样,必须熟悉和掌握有关标准。

### 1.1.1 图纸幅面及格式(GB/T14689—1993)

**1.图纸幅面尺寸**

图纸幅面尺寸即图纸的大小,以其长、宽的尺寸来确定。绘制图样时,应优先采用表 1-1 所规定的基本幅面,必要时,也允许选用国家标准中所规定的加长幅面。

表 1-1    图纸的幅面

| 幅面代号 | A0 | A1 | A2 | A3 | A4 |
|---|---|---|---|---|---|
| $B \times L$ | 841×1189 | 594×841 | 420×594 | 297×420 | 210×297 |
| $a$ | 25 | | | | |
| $c$ | 10 | | | 5 | |
| $e$ | 20 | | 10 | | |

**2.图框格式**

图纸可以横放或竖放。在图纸上必须用粗实线画出矩形图框以限定绘图的区域。图框的格式分为留有装订边和不留装订边 2 种格式,如图 1-1、图 1-2 所示,但同一产品的图样,应该采用同一种格式。图框离纸边的距离由表 1-1 确定。

### 3.标题栏

每张图样中均应画出标题栏,图样中标题栏的位置一般按图 1-1、图 1-2 所示配置,即位于图框的右下角,看图方向和看标题栏方向一致。也可按图 1-3 所示配置,但需明确其看图方向,在图纸下边的对中符号处画出方向符号,如图 1-3 所示,方向符号为细实线绘制的等边三角形,其高为 6mm。标题栏的基本要求、内容、尺寸和格式应符合国家标准(GB/T10609.1—89)的规定。在学生的制图作业中,建议采用如图 1-4 所示的标题栏。

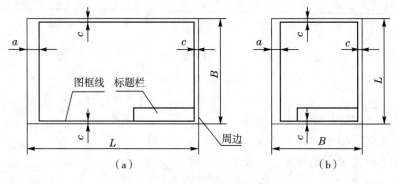

图 1-1　留有装订边的图框格式

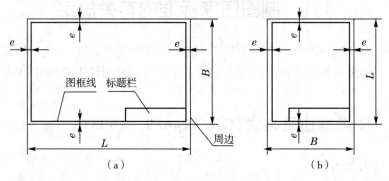

图 1-2　不留装订边的图框格式

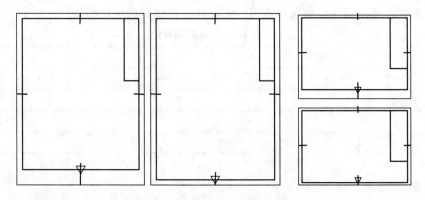

图 1-3　标题栏的另一种配置方式

## 1.1.2 比例(GB/T14690—1993)

图样中的图形与实物相应要素的线性尺寸之比称为图样的比例。采用1:1原值比例绘图时,图样反映实物的真实大小。需要按放大或缩小的比例绘制图样时,应从表1-2规定的系列中优先选用不带括号的比例,必要时,也允许选用带括号的比例。

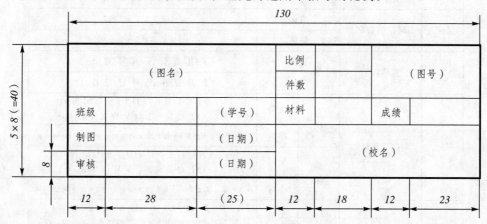

图1-4 学校用标题栏的推荐格式

表1-2 比 例

| 种 类 | 比 例 |
|---|---|
| 与实物相同 | 1:1 |
| 放大比例 | 2:1 (2.5:1) (4:1) 5:1 $1\times10^n$:1 $2\times10^n$:1 $(2.5\times10^n$:1) $(4\times10^n$:1) $5\times10^n$:1 |
| 缩小比例 | (1:1.5) 1:2 (1:2.5) (1:3) (1:4) 1:5 (1:6) $1:1\times10^n$ $(1:1.5\times10^n)$ $1:2\times10^n$ $(1:2.5\times10^n)$ $(1:3\times10^n)$ $(1:4\times10^n)$ $5\times10^n$ $(1:6\times10^n)$ |

## 1.1.3 字体(GB/T14691—1993)

图样除了要有表达物体形状的图形外,还需用数字和文字说明物体的大小、技术要求和其他内容。在图样中手工书写的字体必须做到:字体工整,笔画清楚,间隔均匀,排列整齐。

字体高度 $h$ 的公称尺寸系列为:1.8mm,2.5mm,3.5mm,5mm,7mm,10mm,14mm,20mm。若需要,其字体高度可按 $\sqrt{2}$ 的比率递增。

### 1. 汉字

汉字采用规范的简化字,写成长仿宋体,书写要求:横平竖直,注意起落,结构匀称,填满方格。汉字的高度 $h$ 应不小于 3.5mm,其字宽一般为 $h/\sqrt{2}$。

### 2. 字母和数字

字母和数字分为 A 型和 B 型 2 种。A 型字体的笔画宽度为 $h/14$,B 型字体的笔画宽度

为 $h/10$。在同一张图样上,只允许选用一种形式的字体。

字母和数字可写成斜体或直体,斜体字字头向右倾斜,与水平基准线成 75°角。

字体的示例如表 1-3 所示。

表 1-3　字体的示例

| 序号 | 文字种类 | 字体示例 | | |
|---|---|---|---|---|
| 1 | 阿拉伯数字 | 直体 | | 0 1 2 3 4 5 6 7 8 9 |
| | | 斜体 | | *0 1 2 3 4 5 6 7 8 9* |
| 2 | 罗马数字 | 直体 | | I II III IV V VI VII VIII IX X |
| | | 斜体 | | *I II III IV V VI VII VIII IX X* |
| 3 | 拉丁字母 | 直体 | 大写 | A B C D E F G H I J K L M N O P Q R S T U V W X Y Z |
| | | | 小写 | a b c d e f g h i j k l m n o p q r s t u v w x y z |
| | | 斜体 | 大写 | *A B C D E F G H I J K L M N O P Q R S T U V W X Y Z* |
| | | | 小写 | *a b c d e f g h i j k l m n o p q r s t u v w x y z* |
| 4 | 希腊字母 | 斜体 | 大写 | *A B Γ Δ E Z H Θ I K Λ M N Ξ O Π P Σ T Υ Φ X Ψ Ω* |
| | | | 小写 | *α β γ δ ε ζ η θ ι κ λ μ ν ξ o π ρ σ τ υ φ χ ψ ω* |
| 5 | 汉字 | 工程机械制图结构均匀 未注明圆角未注公差尺寸按 | | |

## 1.1.4　图线(GB/T17450—1998)(GB/T4457.4—2002)

绘制图样时,应采用国家标准规定的图线。

表 1-4　图线的线型与应用

| 图形名称 | 图 线 形 式 | 图线宽度 | 在图上的一般应用 |
|---|---|---|---|
| 粗实线 | ——————————— | $b$ | 可见轮廓线 |
| 细实线 | ——————————— | 约 $b/2$ | 尺寸线、尺寸界线、剖面线、引出线等 |
| 虚线 | ≈1　2~6 - - - - - - - - | 约 $b/2$ | 不可见轮廓线 |
| 点划线 | 15~20　≈3 — · — · — · — | 约 $b/2$ | 轴线、对称中心线 |
| 双点划线 | 15~20　≈5 — · · — · · — | 约 $b/2$ | 假想投影轮廓线、极限位置的轮廓线 |
| 波浪线 | ∿∿∿∿∿ | 约 $b/2$ | 断裂处的边界线 |
| 双折线 | —―∿―—∿― | 约 $b/2$ | 断裂处的边界线 |
| 粗点划线 | ━ · ━ · ━ · ━ | $b$ | 有特殊要求的线或表面的表示线 |

### 1. 线型及其应用

机械图样中常用图线的线型及其在图样中的应用见表1-4和图1-5所示。

图线宽度的推荐系列为:0.13mm,0.18mm,0.25mm,0.35mm,0.5mm,0.7mm,1mm, 1.4mm,2mm。机械图样中的图线分为粗线和细线 2 种,粗线宽度 $b$ 一般按图样的大小和复杂程度在0.5~2mm之间选择,细线宽度约为粗线宽度的一半,即 $b/2$。实际画图中,粗线宽度 $b$ 一般取 0.7mm 或 0.5mm。

### 2. 图线画法

(1) 同一图样中,同类图线的宽度应基本一致。虚线、点划线及双点划线的线素(线段、点、间隔)长度应各自相等。

(2) 两条平行线(包括剖面线)之间的距离应不小于粗实线宽度的 2 倍,其最小距离不得小于 0.7mm。

(3) 点划线、双点划线的首尾应是线段而不是点;中心线应超过轮廓线 2~3mm。在较小的图形上,绘制细点划线和双点划线困难时,可用细实线代替。

(4) 图线相交应是线段相交;当虚线处于粗实线的延长线上时,粗实线应画到位,而虚线在相连处应留有空隙。

(5) 两种以上图线重合时,按优先顺序,只画出其中的一种,优先顺序为可见轮廓线、不可见轮廓线、对称中心线、尺寸界线。

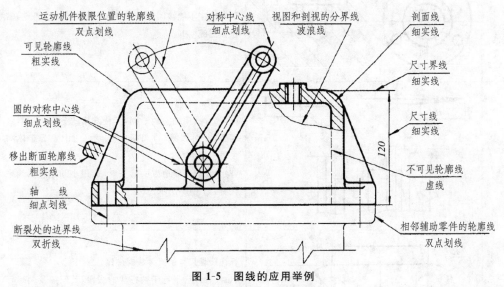

图 1-5  图线的应用举例

## 1.1.5  尺寸注法(GB/T4458.4—2003)

### 1. 标注尺寸的规定

标注尺寸时,应严格遵守国家标准有关尺寸注法的规定,做到正确、完整、清晰、合理。

(1)图样上所注的尺寸数值表示机件的真实大小,与绘图的比例及绘图的准确程度无关。

（2）图样中的尺寸一般以毫米为单位，并且不标注计量单位的代号或名称。如采用其他尺寸单位，则必须注明其计量单位的代号或名称。

（3）机件的每一尺寸，在图样中一般只标注一次，并应标注在反映该结构最清晰的图样上。

（4）图样中所注尺寸应为图示机件最后完工尺寸，否则应加以说明。

## 2. 尺寸的组成及注法

图样中一个完整的尺寸应包括尺寸界线、尺寸线（含尺寸终端）和尺寸数字 3 个要素。常用的尺寸注法见表 1-5 所示。

表 1-5　尺寸注法

| 项目 | 图　例 | 说　明 |
|---|---|---|
| 尺寸数字 | 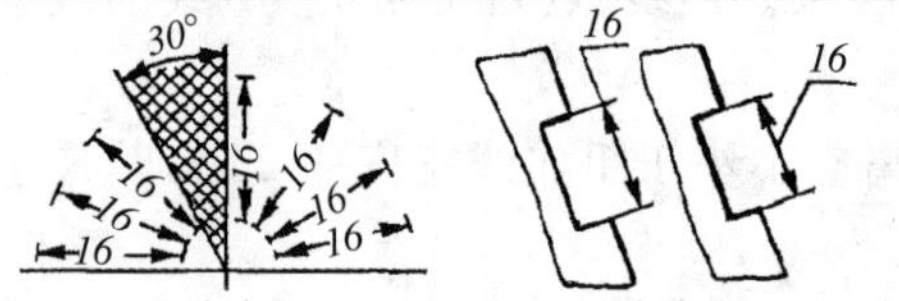 （a）　　　　　　　（b） | (1)线性尺寸的数字一般注写在尺寸线的上方或中断处。<br>(2)线性尺寸数字的注写方向如图(a)所示，并尽量避免在图示 30°范围内标注尺寸；当无法避免时，可按图(b)所示的形式标注。<br>(3)尺寸数字一律以标准字体书写（一般以 3.5 号字为宜）。 |
| | 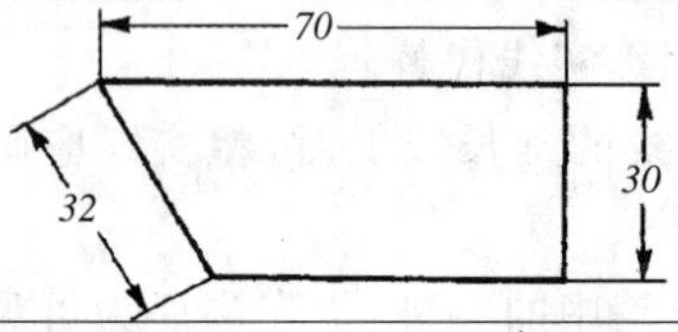 | (1)对于非水平方向的尺寸，其数字也可水平地填写在尺寸线的中断处，如图中的数字 30、32。<br>(2)在同一图样中，尽可能采用同一种注写形式。 |
| | 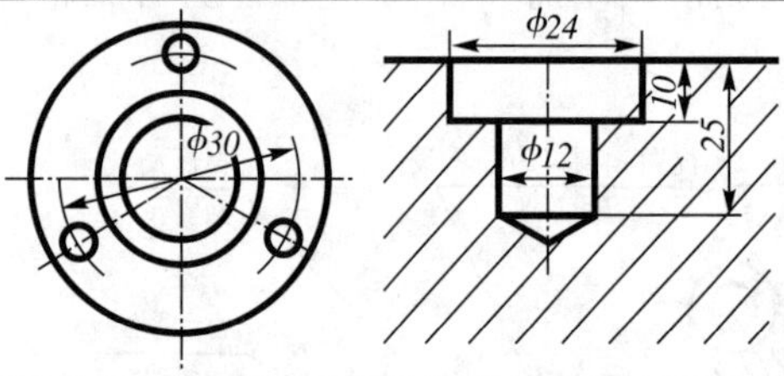 | 尺寸数字不能被图样上的任何图线所通过；否则，需将该图线断开。 |
| 尺寸线 | 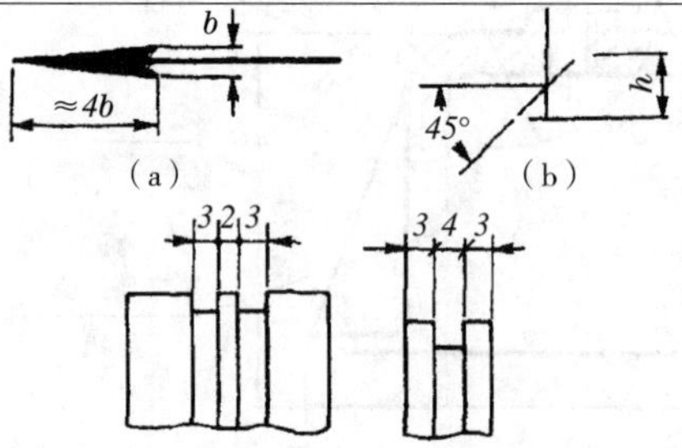 （a）　　　　　（b）<br>（c） | (1)尺寸线用细实线绘制，其终端形式分箭头和斜线两种，分别如图(a)和图(b)所示（图中 $h$ 为字体高度）。<br>(2)当没有足够地方画箭头时，可用小圆点或斜线来代替，如图(c)所示。 |
| | 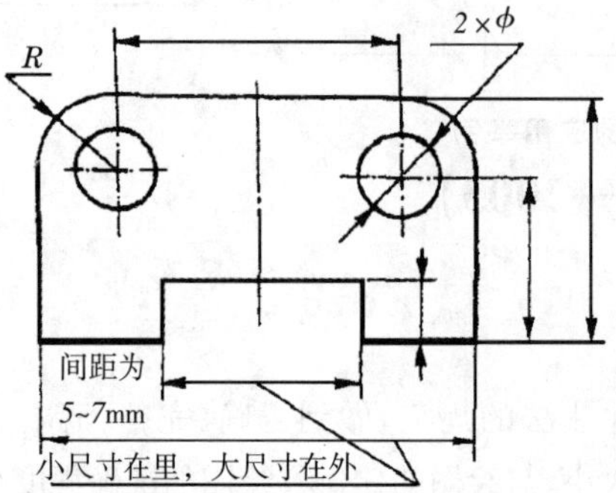 | 标注线性尺寸的尺寸线时应注意：<br>(1)尺寸线应平行于被标注的线段，其间隔及两平行尺寸线间的间隔为 5～7mm。<br>(2)尺寸线不能用其他图线来代替，也不允许画在其他图线的延长线上。<br>(3)尺寸线间或尺寸线与尺寸界线之间应尽量避免相交。 |

| 项目 | 图 例 | 说 明 |
|---|---|---|
| 尺寸界线 | 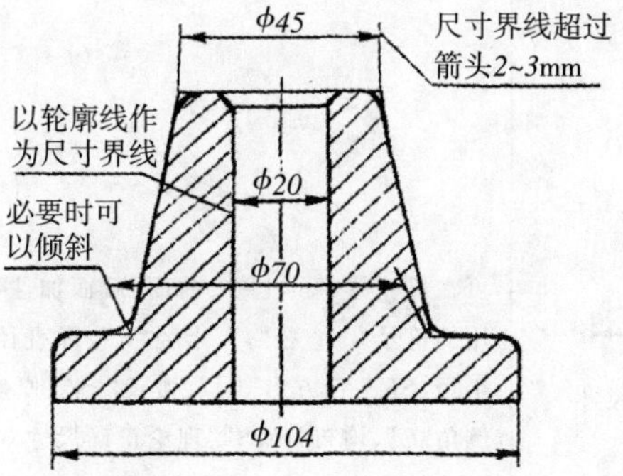 | (1)尺寸界线用细实线绘制,并由图形的轮廓、轴线或对称中心线处引出,也可直接以这些线作为尺寸界线。<br>(2)尺寸界线一般应垂直于尺寸线,必要时才允许倾斜。<br>(3)尺寸界线的长短,一般以超过箭头2~3mm为宜。 |
| 圆的尺寸注法 | 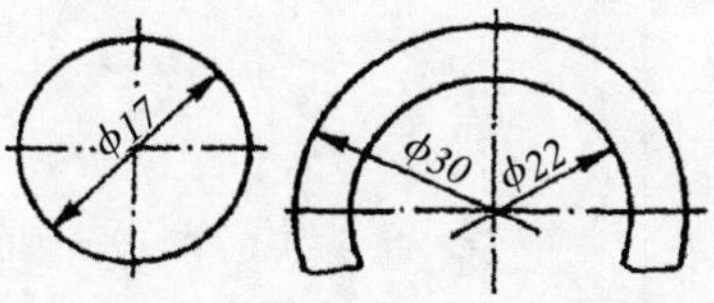 | 标注整圆或大于半圆圆弧的直径尺寸时,应在尺寸数字前加注符号"$\phi$",尺寸线应通过圆心。 |
| 圆弧的尺寸注法 |  | (1)标注小于或等于半圆圆弧的半径尺寸时,要注在反映圆弧的图形上,尺寸线从圆心出发,箭头指向圆弧,并在尺寸数字前加注符号"R",如图(a)所示。<br>(2)当圆弧过大,在图纸范围内无法标出圆心位置时,按图(b)标注。<br>(3)不需标出圆心位置时,按图(c)标注。 |
| 球面尺寸的注法 | 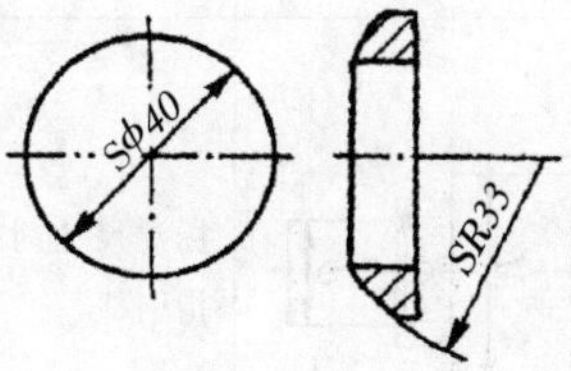 | 标注球面直径或半径尺寸时,应在尺寸数字前加注符号"$S\phi$"或"$SR$"。 |
| 角度尺寸的注法 | 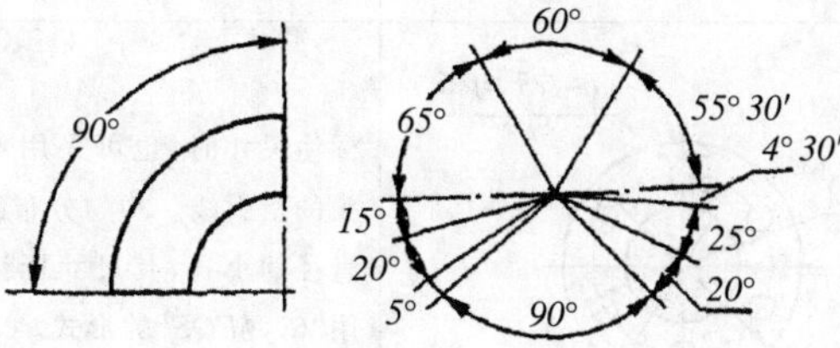 | (1)标注角度的尺寸界线应沿径向引出,尺寸线画成圆弧,其圆心为该角的顶点,其半径取适当大小,如图(a)所示。<br>(2)角度数字一律写成水平方向,一般注写在尺寸线的中断处或尺寸线的上方、外边或引出标注,如图(b)所示。 |

| 项目 | 图　例 | 说　明 |
|---|---|---|
| 标注尺寸的符号 | 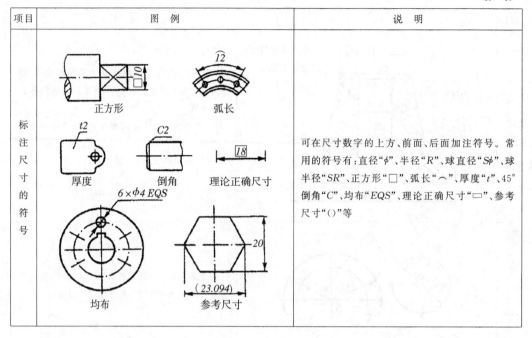 | 可在尺寸数字的上方、前面、后面加注符号。常用的符号有：直径"$\phi$"、半径"$R$"、球直径"$S\phi$"、球半径"$SR$"、正方形"□"、弧长"⌒"、厚度"$t$"、45°倒角"$C$"、均布"$EQS$"、理论正确尺寸"□"、参考尺寸"（）"等 |

## 3.尺寸的简化注法

为方便绘图，可对尺寸简化标注。尺寸的简化注法见表1-6所示。

表1-6　尺寸简化注法

| 编号 | 简化后 | 简化前 | 说　明 |
|---|---|---|---|
| 1 |  |  | 标注尺寸时，可使用单边箭头。 |
| 2 |  |  | 标注尺寸时，可采用带箭头的指引线。 |
| 3 |  |  | 标注尺寸时，也可采用不带箭头的指引线。均匀分布的相同直径的小孔，其尺寸标注可采用"$6\times\phi EQS$"的形式。 |

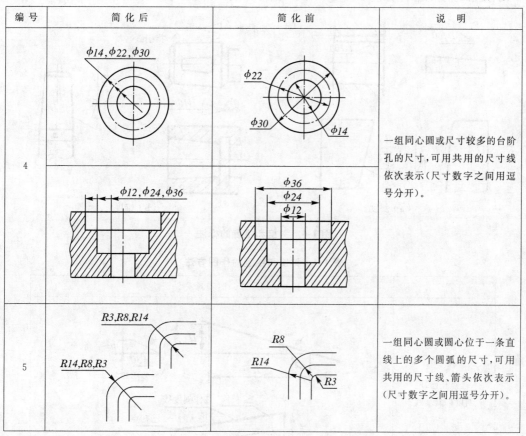

| 编号 | 简化后 | 简化前 | 说 明 |
|------|--------|--------|-------|
| 4 | | | 一组同心圆或尺寸较多的台阶孔的尺寸,可用共用的尺寸线依次表示(尺寸数字之间用逗号分开)。 |
| 5 | | | 一组同心圆或圆心位于一条直线上的多个圆弧的尺寸,可用共用的尺寸线、箭头依次表示(尺寸数字之间用逗号分开)。 |

# 1.2  几何作图

## 1.2.1  斜度和锥度

### 1. 斜度

斜度是指一直线(或平面)相对另一直线(或平面)的倾斜程度。其大小用它们夹角的正切值来表示,并将此值化为 $1:x$ 的形式。斜度标注在指向具有斜度的轮廓线的引出线上,在比值 $1:x$ 之前加注斜度符号"∠",且符号方向与斜度方向一致。

### 2. 锥度

锥度对于正圆锥体为底圆直径与其高度之比,对于圆锥台则为大小底圆直径之差与圆台的高度之比。锥度的大小等于圆锥素线与轴线夹角正切值的 2 倍。锥度的大小也可以 $1:x$ 的形式表示。锥度也采用引出标注,在 $1:x$ 前加注锥度符号"◁",且符号的方向应与锥度方向一致。锥度符号配置在基准线上,基准线应与圆锥的轴线平行,并通过引出线与圆锥的轮廓线相连。

斜度和锥度的标注方法如图1-6所示,画法如表1-7所示。

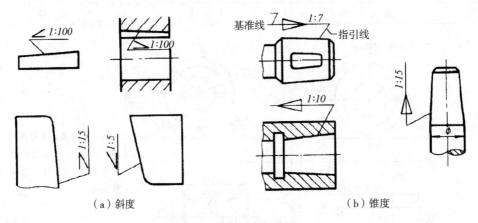

（a）斜度     （b）锥度

图1-6 斜度和锥度的标注

表1-7 斜度和锥度的作图方法

| 作图要求 | 图 例 |
|---|---|
| 过点作已知斜度的斜度线 | 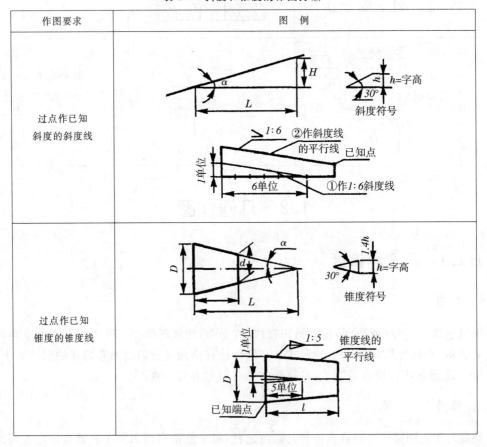 |
| 过点作已知锥度的锥度线 | |

## 1.2.2 圆弧连接

用一个已知半径的圆弧来连接(相切)两个已知线段(直线段或曲线段),称为圆弧连接。此圆弧称为连接弧,两个切点称为连接点。

圆弧连接作图的基本原理：

(1)圆弧与已知直线相切,其圆心轨迹为已知直线的平行线,且两者的距离为圆弧半径,由圆弧圆心向直线做垂线,垂足即为切点。如图 1-7(a)所示。

(2)圆弧与已知圆弧相切,其圆心轨迹为已知圆弧的同心圆,其半径视两圆弧相切的情况而定,当两圆弧外切时,半径为两圆弧半径之和;当两圆弧内切时,半径为两圆弧半径之差。两圆弧圆心连接线与已知圆弧的交点即为切点。如图 1-7(b)、(c)所示。

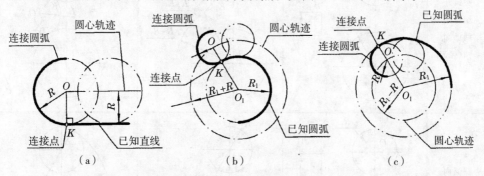

**图 1-7 圆弧连接作图的基本原理**

实际作图时,根据连接弧连接的两个线段,分别作出连接弧的圆心轨迹,两条轨迹线的交点就是连接圆弧的圆心,然后确定切点(两个连接点),画出连接圆弧,完成圆弧连接。为了保证光滑连接,必须正确地作出连接弧的圆心和两个连接点,且两个被连接的线段都要正确地画到连接点为止。作图方法如表 1-8 所示。

**表 1-8 常见圆弧连接的作图方法连接**

| 连接类型 | 已知条件 | 作图方法与步骤 | |
| --- | --- | --- | --- |
| | | 求连接弧圆心与连接点 | 画连接弧并加深 |
| 圆弧连接两已知直线 | | | |
| 圆弧外切连接已知圆弧和直线 | | | |

续　表

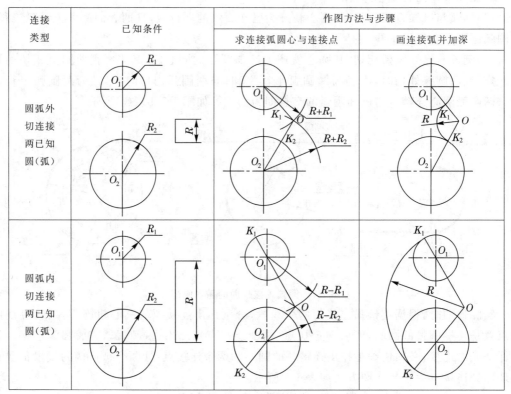

| 连接<br>类型 | 已知条件 | 作图方法与步骤 | |
|---|---|---|---|
| | | 求连接弧圆心与连接点 | 画连接弧并加深 |
| 圆弧外<br>切连接<br>两已知<br>圆(弧) | | | |
| 圆弧内<br>切连接<br>两已知<br>圆(弧) | | | |

# 1.3　平面图形的分析及画法

表达物体形状的图形是由直线、圆和圆弧所组成的平面几何图形。要正确绘制一个平面图形,必须掌握平面图形的尺寸分析和线段分析方法。

## 1.3.1　平面图形的尺寸分析

### 1.尺寸的作用与分类

平面图形中的尺寸是确定其形状和大小的必要因素,按其作用不同可分为定形尺寸和定位尺寸。

(1)定形尺寸:确定图形中各封闭图形和线段形状与大小的尺寸,称为定形尺寸。如图1-8所示,圆的直径和半径等尺寸为定形尺寸。

(2)定位尺寸:确定图形中各封闭图形和线段相对位置的尺寸,称为定位尺寸。如图1-8所示,圆心的位置尺寸等为定位尺寸。

值得注意的是:同一尺寸有时既是定形尺寸又是定位尺寸。

### 2.尺寸基准

标注定位尺寸的起点称为尺寸基准。平面图形有水平方向和铅垂方向两个尺寸基准,通常选取对称中心线、回转体的轴线、圆的中心线、主要的轮廓线作为尺寸基准。

例如图 1-8 中，水平轮廓线 *DC* 和圆的铅垂对称中心线分别是水平方向和铅垂方向的基准线。

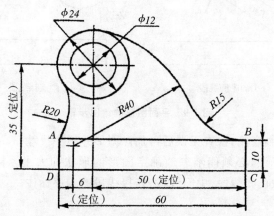

图 1-8　平面图形的线段分析

### 1.3.2　平面图形的线段分析

根据平面图形中所注的尺寸和线段间的连接关系，可将线段分为 3 类：

（1）已知线段：有完整的定形尺寸和定位尺寸，能根据图形中所注尺寸直接画出的线段，称为已知线段。如图 1-8 所示中的两个圆和矩形 *ABCD* 均为已知线段。

（2）中间线段：只有定形尺寸和一个定位尺寸，必须根据与相邻一端的已知线段的连接关系才能画出的线段，称为中间线段。如图 1-8 所示中的半径为 *R*40 的圆弧。

（3）连接线段：只有定形尺寸，没有定位尺寸，必须根据与相邻两端的已知线段的连接关系才能画出的线段，称为连接线段。如图 1-8 所示中的半径为 *R*20 和 *R*15 的两段圆弧。

### 1.3.3　平面图形的绘图方法和步骤

要正确绘制一个平面图形，首先要对平面图形进行线段分析。绘制时，在画出图形的基准线和定位线后，首先画出已知线段，再依次画出中间线段，最后画出连接线段。图 1-8 所示图形的作图步骤如图 1-9 所示。

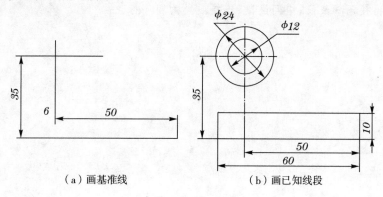

（a）画基准线　　　　　　　　（b）画已知线段

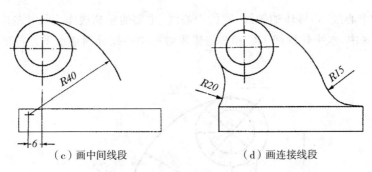

（c）画中间线段　　　　　　　　　　（d）画连接线段

**图 1-9　平面图形的绘图步骤**

实际绘制时,应先画底稿,检查无误后再加深图形并标注尺寸。

平面图形的尺寸标注,必须能唯一地确定图形的形状和大小。标注时,首先要选择基准,确定线段性质,再按已知线段、中间线段、连接线段的顺序标注。

# 本章小结

图纸应优先采用基本幅面,每张技术图样中均应有图框和标题栏。图样中的比例、字体、图线线型和尺寸标注必须严格遵守制图国家标准的有关规定。

斜度是指一直线（或平面）相对另一直线（或平面）的倾斜程度,其大小为它们夹角的正切值。锥度是指正圆锥体的底圆直径与其高度之比（对于圆锥台,则为底圆直径与顶圆直径的差与圆锥台的高度之比）。斜度值和锥度值以 $1:x$ 的形式表示,标注斜度和锥度时,需在数值前加注相应的符号,且符号的方向应与斜度和锥度方向一致。斜度标注在指向具有斜度的轮廓线的引出线上,锥度也采用引出标注。

圆弧连接实质上就是要使连接圆弧与相邻线段相切,从而达到圆弧连接处光滑过渡的要求。为了保证光滑连接,必须正确地作出连接弧的圆心和两个连接点,且两个被连接的线段都要正确地画到连接点为止。

要正确绘制一个平面图形,首先要对平面图形进行线段分析。绘制时,在画出图形的基准线后,首先画出已知线段,再依次画出中间线段,最后画出连接线段。平面图形的尺寸标注,必须能唯一地确定图形的形状和大小。标注时,首先要选择基准,确定线段性质,再按已知线段、中间线段、连接线段的顺序标注。

# 第2章
# 正投影法基础

学习目标

☐ 掌握正投影的特性。

☐ 了解三视图的形成方法。

☐ 熟练掌握点、线、面的投影规律及投影图的画法。

☐ 掌握两平行直线、两相交直线及两交叉直线的投影特性。

☐ 熟练掌握直线上取点和平面内取线取点的作图方法。

☐ 熟练掌握直线与平面交点的求作方法。

## 2.1 投影法

### 2.1.1 投影法概念

投影法就是将投射线通过物体，向选定的平面即投影面投射，并在该平面上得到物体投影的方法，如图2-1所示。投影法分为中心投影法和平行投影法2种。

### 2.1.2 中心投影法

中心投影法投射线交汇于一点，如图2-1所示，投射线的交汇点称为投射中心。

### 2.1.3 平行投影法

平行投影法投射线相互平行。根据投射线与投影面的相对位置不同，平行投影法又可分为正投影法和斜投影法。

投射线垂直于投影面的平行投影法称为正投影法，如图2-2(a)所示。由此法得到的投影图称为正投影图，简称正投影。

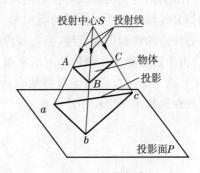

图 2-1 投影概念

投射线倾斜于投影面的平行投影法称为斜投影法，如图2-2(b)所示。由此法得到的图形,称为斜投影图,简称斜投影。

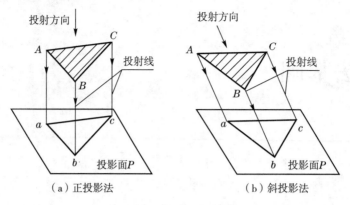

（a）正投影法　　　　　　　（b）斜投影法

图 2-2　平行投影法

## 2.1.4　正投影的特性

正投影具有如下特性:

(1)实形性。当直线与投影面平行时,其投影反映实长;当平面与投影面平行时,其投影反映实形。如图 2-3(a)所示。

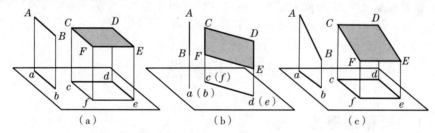

（a）　　　　　　（b）　　　　　　（c）

图 2-3　正投影的特性

(2)积聚性。当直线与投影面垂直时,则在投影面上的投影积聚为一个点;当平面与投影面垂直时,则在投影面上的投影积聚为一条线。如图 2-3(b)所示。

(3)类似性。当直线与投影面倾斜时,其投影仍为直线,但长度缩短;当平面与投影面倾斜时,其投影为原平面图形的类似形,投影图与原平面图形边数相同,曲线边的投影仍为曲线,直线边的投影仍为直线,平行线段的投影仍然平行,但投影面积变小。如图 2-3(c)所示。

由于正投影法在画物体上的平面(或直线)与投影面平行的投影时,其投影反映实形(或实长),得到的正投影图能真实地表达空间物体的形状和大小,不仅度量性好,而且作图简便,故在机械图样中应用广泛。

# 2.2　三视图

物体的形状是由其表面形状决定的,物体的投影实质上就是物体表面所有轮廓线的投影。物体的正投影称为视图。为了准确地表达物体的形状,常采用几个从不同方向进行投射的正投影图(视图)来表达。

## 2.2.1 三视图的形成

### 1. 三投影面体系

三投影面体系由三个互相垂直的投影面构成,如图 2-4 所示。三个投影面分别为:正立投影面(简称正面),用 $V$ 表示;水平投影面(简称水平面),用 $H$ 表示;侧立投影面(简称侧面),用 $W$ 表示。三个投影面之间的交线称为投影轴,分别用 $OX$、$OY$、$OZ$ 表示。

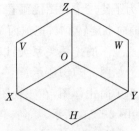

**图 2-4 三投影面体系**

### 2. 三视图的形成

如图 2-5(a)所示,将物体正放在三投影面体系中,用正投影法向三个投影面投影,就得到了物体的三面投影,即三视图。其 $V$ 面投影称为主视图,$H$ 面投影称为俯视图,$W$ 面投影称为左视图。

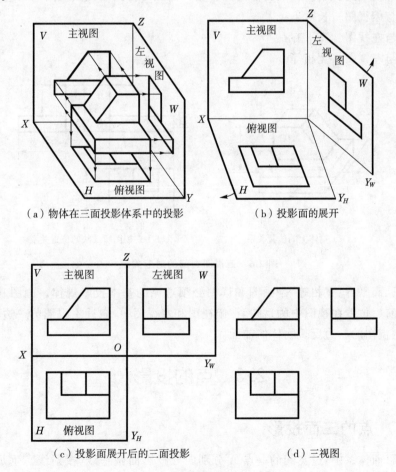

(a) 物体在三面投影体系中的投影          (b) 投影面的展开

(c) 投影面展开后的三面投影          (d) 三视图

**图 2-5 三视图的形成**

### 3. 三视图的位置配置

为了使三个视图能画在一张图纸上,把投影面展开,规定正面 $V$ 不动;把水平面 $H$ 绕 $OX$ 轴向下旋转 $90°$;把侧面 $W$ 绕 $OZ$ 轴向右旋转 $90°$,如图 2-5(b)所示。

三视图的位置关系为:以主视图为准,俯视图在主视图的正下方,左视图在主视图的正右方。如图 2-5(c)所示。

为了简化作图,在三视图中,投影面的边框线和投影轴均不必画出,视图名称也不必标出,如图 2-5(d)所示。

## 2.2.2 三视图之间的对应关系

物体有长、宽、高三个方向的尺寸,物体左右间的距离称之为长,前后间的距离称之为宽,上下间的距离称之为高。如图 2-6 所示,主视图反映物体上下、左右的位置关系,即反映物体的高和长;俯视图反映物体左右、前后的位置关系,即反映物体的长和宽;左视图反映物体上下、前后的位置关系,即反映物体的高和宽。由此可得到三视图之间的对应关系:

主视图与俯视图　长对正;

主视图与左视图　高平齐;

俯视图与左视图　宽相等。

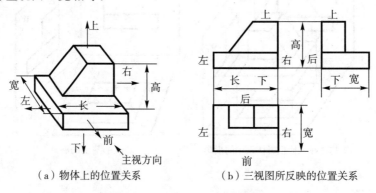

（a）物体上的位置关系　　　　（b）三视图所反映的位置关系

**图 2-6　三视图之间的对应关系**

"长对正、高平齐、宽相等"是画图和读图必须遵循的基本投影规律。画图和读图时,必须特别注意前后位置在视图中的反映,在俯视图和左视图中,靠近主视图的一边反映物体的后面,远离主视图的一边反映物体的前面。

# 2.3　点的投影

## 2.3.1　点的三面投影

在三投影面体系中,过空间的一点 $A$ 分别向三投影面做垂线(投射线),垂足 $a$、$a'$、$a''$ 即为点 $A$ 的三面投影,如图 2-7(a)所示。

空间点及其投影的标记规定为:空间点用大写拉丁字母表示,如 $A$、$B$、$C$,则它们的水平投影用相应的小写字母 $a$、$b$、$c$ 表示,正面投影用相应的小写字母加一撇 $a'$、$b'$、$c'$ 表示,侧面投影用相应的小写字母加两撇 $a''$、$b''$、$c''$ 表示。

如图 2-7(a)所示,过 $A$ 点的各投影向相应投影面内的投影轴作垂线,与三根投影轴分别相交于点 $a_x$、$a_y$ 和 $a_z$,以空间点 $A$、三个投影 $a$、$a'$ 和 $a''$ 以及 $a_x$、$a_y$、$a_z$ 和原点 $O$ 为顶点可构成一个长方体框架。

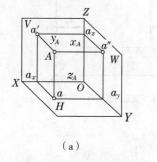

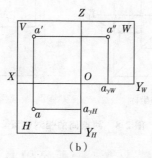

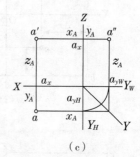

|（a） | （b） | （c） |

图 2-7　点的投影图

## 2.3.2　点的投影规律

由 $A$ 点的投影图 2-7(c),可以得出点的投影规律:

(1)点的正面投影和水平投影的连线垂直于 $OX$ 轴,即 $a'a \perp OX$。

(2)点的正面投影和侧面投影的连线垂直于 $OZ$ 轴,即 $a'a'' \perp OZ$。

(3)点的水平投影到 $OX$ 轴的距离等于点的侧面投影到 $OZ$ 轴的距离,即 $aa_x = a''a_z$。可用过原点 $O$ 的 $45°$ 斜线或以 $O$ 为圆心的圆弧把水平投影和侧面投影之间的投影连线联系起来,以反映 $aa_x = a''a_z$ 的关系,如图 2-7(c)所示。

## 2.3.3　点的投影与直角坐标的关系

如果把三投影面体系看做直角坐标系,原点 $O$ 点作为坐标原点,投影轴 $OX$、$OY$、$OZ$ 作为坐标轴,则 $A$ 点的直角坐标 $x_A$、$y_A$ 和 $z_A$ 分别是 $A$ 点到 $W$、$V$、$H$ 面的距离,如图 2-7(a)所示。$A$ 点的每一个投影由其中的两个坐标所确定,如图 2-7(c)所示。点的任意两投影包含了点的三个坐标,因此根据点的三个坐标值以及点的投影规律就能作出该点的三面投影图,也可以由点的两面投影补画出点的第三面投影。

## 2.3.4　两点的相对位置

两点间的相对位置是指空间两点的上下、左右、前后的位置关系。

根据投影轴和两点的投影,既能反映两点的各自坐标值,也能反映两点间的坐标差即相对坐标,即能反映两点间的相对位置,如图 2-8(a)所示。因此,已知 $A$ 点(参考点)的三面投影,依据 $B$ 点对 $A$ 点的相对坐标,无需投影轴,也能确定 $B$ 点的三面投影。因此为作图简便,可在投影图上省去投影轴,作无轴投影图,如图 2-8(b)所示。无轴投影图中,投影轴省略,投影面依然存在,投影轴位置虽不确定,但方向保持不变,投影仍符合投影规律。

位于同一条投射线上的点,在该投射线所垂直的投影面上的投影重合为一点,重合的投影称为重影,空间的这些点称为该投影面的重影点,如图 2-9(a)所示,$A$、$B$ 两点为 $V$ 面上的重影点。重影点两个坐标相同,但第三个坐标不同,根据它们不等的那个坐标值可判断重影点的可见性,坐标值大的可见,坐标值小的不可见,不可见点的投影加括号表示,如(b′)。

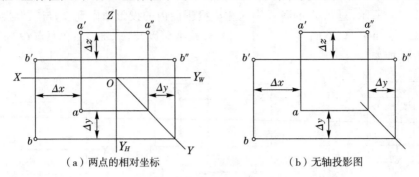

（a）两点的相对坐标　　　　　　（b）无轴投影图

图 2-8　两点间的相对位置

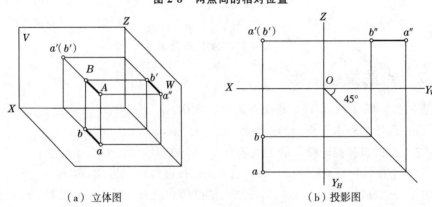

（a）立体图　　　　　　（b）投影图

图 2-9　重影点

【例 2-1】　如图 2-10(a)所示,已知点 A 的 V 面投影 a′ 和 H 面投影 a,求其 W 面投影 a″。

作图:如图 2-10(b)所示。

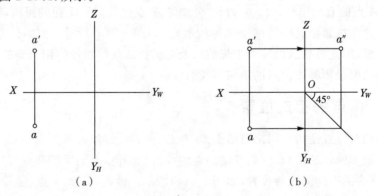

（a）　　　　　　　　　　（b）

图 2-10

（1）过原点 O 作 45°斜线。

（2）过 a 作平行于 OX 轴的直线与 45°斜线相交,并由交点向上作平行于 OZ 轴的直线。

（3）过 a′ 作垂直于 OZ 轴的直线与所作平行于 OZ 轴的直线相交的交点即为 a″ 点。

# 2.4　直线的投影

直线的投影一般仍为直线,特殊情况为一个点。求作直线的投影,可先作出直线上任意两点(线段一般取两个端点)的投影,然后将两点的同面投影用直线相连,即可得到直线的三面投影,如图 2-11 所示。

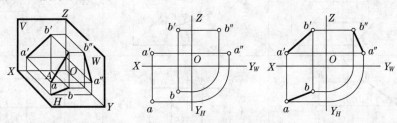

图 2-11　直线的投影

## 2.4.1　直线的分类

根据直线与三个投影面的相对位置不同,可以把直线分为 3 类:

一般位置直线——对三个投影面都倾斜的直线。

投影面平行线——平行于某一个投影面,而倾斜于另外两个投影面的直线。投影面平行线又可分为 3 种:平行于 $V$ 面的正平线;平行于 $H$ 面的水平线;平行于 $W$ 面的侧平线。

投影面垂直线——垂直于某一个投影面,而平行于另外两个投影面的直线。投影面垂直线也可分为 3 种:垂直于 $V$ 面的正垂线;垂直于 $H$ 面的铅垂线;垂直于 $W$ 面的侧垂线。

## 2.4.2　各种位置直线的投影

### 1.一般位置直线的投影特性

一般位置直线的投影如图 2-11 所示。

一般位置直线的投影特性可归纳为:三面投影均小于实长,且均倾斜于投影轴。

### 2.投影面平行线的投影特性

投影面平行线的投影如表 2-1 所示。

投影面平行线的投影特性可归纳为:

(1) 在所平行的投影面上,其投影反映该直线的实长,具有实形性,并且该投影与投影轴的夹角反映直线与另外两个投影面的实际倾角。

(2) 在另外两个投影面上,其投影分别平行于相应的投影轴,并且小于实长。

表 2-1  投影面平行线的投影特性

| 名称 | 正平线 | 水平线 | 侧平线 |
|---|---|---|---|
| 立体图 | | | |
| 投影图 | | | |
| 投影特性 | (1)$a'b'$反映实长和实际倾角 $\alpha$、$\gamma$。<br>(2)$ab /\!/ OX$，$a''b'' /\!/ OZ$，长度缩短。 | (1)$c'd'$反映实长和实际倾角 $\beta$、$\gamma$。<br>(2)$c'd' /\!/ OX$，$c''d'' /\!/ OY_W$，长度缩短。 | (1)$e'f'$反映实长和实际倾角 $\alpha$、$\beta$。<br>(2)$e'f' /\!/ OZ$，$ef /\!/ OY_H$，长度缩短。 |

## 3. 投影面垂直线的投影特性

投影面垂直线的投影如表 2-2 所示。

表 2-2  投影面垂直线的投影

| 名称 | 正垂线 | 铅垂线 | 侧垂线 |
|---|---|---|---|
| 立体图 | | | |
| 投影图 | | | |
| 投影特性 | (1)$a'(b')$积聚成一点。<br>(2)$ab /\!/ OY_H$，$a''b'' /\!/ OY_W$，都反映实长。 | (1)$c(d)$积聚成一点。<br>(2)$c'd' /\!/ OZ$，$c''d' /\!/ OZ$，都反映实长。 | (1)$e''(f'')$积聚成一点。<br>(2)$ef /\!/ OX$，$e'f' /\!/ OX$，都反映实长。 |

投影面垂直线的投影特性可归纳为：

(1)在所垂直的投影面上,其投影积聚为一点,具有积聚性。

(2)在另外两个投影面上,其投影分别垂直于相应的投影轴,且反映该直线的实长,具有实形性。

## 2.4.3 直线上的点

直线上点的投影有以下特性:

(1)点在直线上,则点的投影必在该直线的各同面投影上。如图 2-12 所示,$C$ 点在线段 $AC$ 上,$c'$、$c$、$c''$分别在 $a'b'$、$ab$、$a''b''$上。

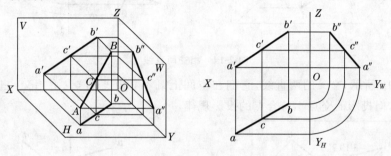

**图 2-12　直线上点的投影**

(2)同一直线上两线段长度之比等于两线段同面投影长度之比,这一特性称为定比性。如图 2-12 所示,$C$ 点将线段 $AB$ 分为 $AC$、$CB$ 两段,则

$$AC:CB=ac:cd=a'c':c'b'=a''c'':c''b''$$

直线上点的投影特性是直线上取点和判断点是否在直线上的依据。

## 2.4.4 两直线的相对位置

两直线的相对位置有 3 种情况:平行、相交和交叉。平行和相交的两直线均属于同面直线,而交叉两直线则属于异面直线。

如图 2-13 所示,空间相互平行的两直线,它们的同面投影必相互平行。反之,若两直线的同面投影相互平行,则两直线在空间也一定相互平行。

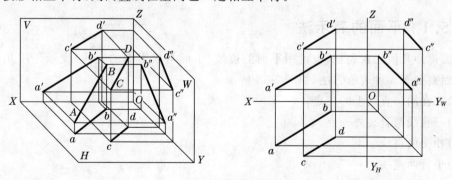

**图 2-13　平行两直线**

如图 2-14 所示,空间相交的两直线,它们的同面投影一定相交,两投影的交点即为两直

线交点(共有点)的投影,且交点的投影符合点的投影规律。反之,若两直线的同面投影相交,且投影的交点符合点的投影规律,则两直线在空间也一定相交。

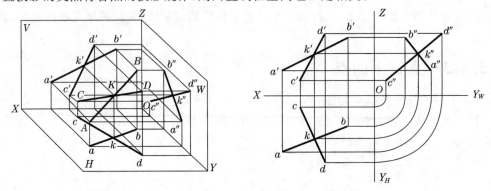

图 2-14　相交两直线

如图 2-15 所示,交叉的两直线,它们在空间上既不相互平行,也不相交,它们的同面投影可能相交,但投影的交点不符合点的投影规律。

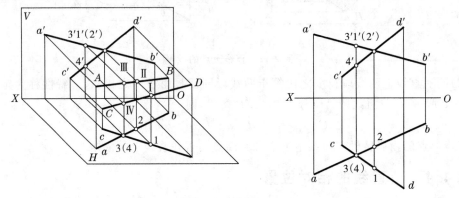

图 2-15　交叉两直线

# 2.5　平面的投影

## 2.5.1　平面的表示法

平面可用几何元素表示,也可用平面的迹线(平面与投影面的交线)表示。用几何元素表示平面有如下 5 种表示方法,如图 2-16 所示。

(1)不在同一直线上的三点。

(2)一直线与直线外一点。

(3)相交两直线。

(4)平行两直线。

(5)任意平面图形,如三角形、四边形、圆形等。

通常用如图 2-16(c)、图 2-16(d)、图 2-16(e)所示的 3 种方法表示平面。

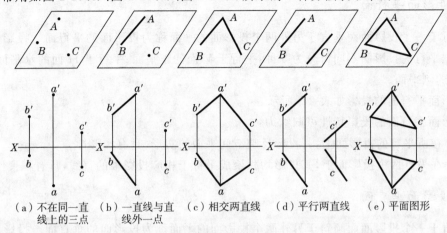

（a）不在同一直 （b）一直线与直 （c）相交两直线 （d）平行两直线 （e）平面图形
线上的三点 线外一点

**图 2-16 平面的表示法**

## 2.5.2 各种位置平面的投影

根据空间平面与 3 个投影面的位置关系,平面可分为 3 类:投影面平行面、投影面垂直面、一般位置平面。

**表 2-3 投影面平行面的投影特性**

| 名称 | 正平面 | 水平面 | 侧平面 |
|---|---|---|---|
| 立体图 | | | |
| 投影图 | | | |
| 投影特性 | (1)正面投影反映实形。<br>(2)水平投影平行 $OX$ 轴,侧面投影平行 $OZ$ 轴,并分别积聚成直线。 | (1)水平投影反映实形。<br>(2)正面投影平行 $OX$ 轴,侧面投影平行 $OY_W$ 轴,并分别积聚成直线。 | (1)侧面投影反映实形。<br>(2)正面投影平行 $OZ$ 轴,水平投影平行 $OY_H$ 轴,并分别积聚成直线。 |

### 1.投影面平行面

平行于一个投影面而垂直于另外两个投影面的平面称为投影面的平行面。投影面的平行面根据平行的投影面不同可分为 3 种:平行于 $V$ 面的正平面;平行于 $H$ 面的水平面;平行于 $W$ 面的侧平面。

投影面平行面的投影如表 2-3 所示。

投影面平行面的投影特性可归纳为:

(1) 在所平行的投影面上,其投影反映空间平面的实形,具有实形性。

(2) 在另外两个投影面上,其投影均积聚成平行于相应投影轴的直线,具有积聚性。

### 2.投影面垂直面

垂直于一个投影面而倾斜于另外两个投影面的平面称为投影面的垂直面。投影面的垂直面根据垂直的投影面不同可分为 3 种:垂直于 $V$ 面的正垂面;垂直于 $H$ 面的铅垂面;垂直于 $W$ 面的侧垂面。

投影面垂直面的投影如表 2-4 所示。

**表 2-4 投影面垂直面的投影特性**

| 名称 | 正垂面 | 铅垂面 | 侧垂面 |
|---|---|---|---|
| 立体图 | | | |
| 投影图 | | | |
| 投影特性 | (1)正面投影积聚成直线,并反映真实倾角 $\alpha$、$\gamma$。<br>(2)水平投影、侧面投影仍为平面图形,面积缩小。 | (1)水平投影积聚成直线,并反映真实倾角 $\beta$、$\gamma$。<br>(2)正面投影、侧面投影仍为平面图形,面积缩小。 | (1)侧面投影积聚成直线,并反映真实倾角 $\alpha$、$\beta$。<br>(2)正面投影、水平投影仍为平面图形,面积缩小。 |

投影面垂直面的投影特性可归纳为：

(1)在所垂直的投影面上,其投影积聚为倾斜于投影轴的直线,具有积聚性,且该投影与投影轴的夹角分别反映平面与另外两个投影面的实际倾角。

(2) 在另外两个投影面上,其投影为面积缩小了的类似形。

### 3.一般位置平面

对 3 个投影面都倾斜的空间平面称为一般位置平面。其投影特性为:三个投影都为面积缩小了的类似形,如图 2-17 所示。由于三角形 $ABC$ 对 $V$、$H$、$W$ 面都倾斜,因此它的 3 个投影都是三角形,为原平面图形的类似形,但面积均比实形小。

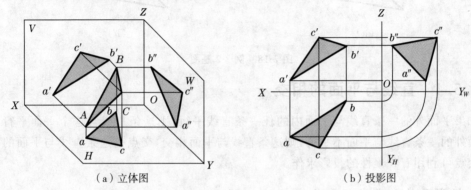

（a）立体图　　　　　　　　　　（b）投影图

**图 2-17　一般位置平面的投影**

## 2.5.3　平面上的直线和点

### 1.平面上的直线

若直线符合下列条件之一,必位于给定的平面内:
(1) 直线通过平面内已知两点。
(2) 直线通过平面内一个已知点,且平行于平面内的任一条直线。
上面两条也是在平面上取直线的依据。

### 2.平面上的点

若点在平面内的任一条直线上,则该点必位于给定的平面内。
若在平面上取点,则须先在该平面内做过该点的直线,然后在直线上取点。

【例 2-2】　已知△$ABC$ 平面内的一点 $D$ 的正面投影 $d'$,如图 2-18(a)所示。在△$ABC$ 内求作过 $D$ 点的水平线和 $D$ 点的水平投影。

分析:过 $D$ 点作水平线 $EDF$,根据水平线投影特点,先作出其正面投影,再在平面内取线,求出其水平投影;$D$ 点在水平线上,线上取点求得 $D$ 点的水平投影。

作图:如图 2-18(b)所示。

(1)过 $D$ 点作水平线 $EDF$。过 $d'$ 作一条平行于 $OX$ 轴的直线,分别交 $a'b'$、$a'c'$ 于 $e'$ 和 $f'$,由 $e'$ 和 $f'$ 向下作 $OX$ 轴的垂线,分别交 $ab$、$ac$ 于 $e$ 和 $f$ 点,连接 $ef$,即得水平线的水平投影。

（2）作 D 点水平投影 d。由 d′ 向下作 OX 轴的垂线，交 ef 于一点，该点即为 D 点水平投影 d。

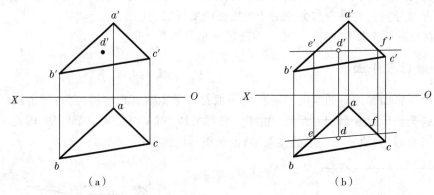

图 2-18　例 2-2 题图

## 2.5.4　直线与平面的相交

如果平面外的一条直线与平面内的任一条直线平行，则这条直线与这个平面平行。如果平面外的一条直线与平面不平行，则这条直线与平面相交，交点是这条直线与平面的共有点。交点可利用有积聚性的投影求作。

### 1. 投影面的垂直线与平面相交

如图 2-19（a）所示，正垂线 DE 与△ABC 平面相交，由于直线 DE 的正面投影积聚成一个点，交点 K 是直线上的点，则交点 K 的正面投影 k′ 也在该点上；交点 K 也是平面上的点，再在△ABC 平面取点，即可求得交点 K 的水平投影 k。

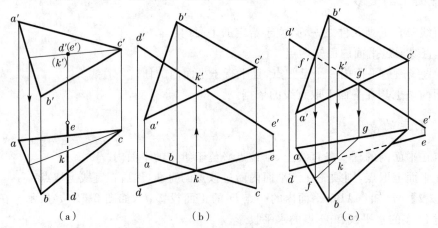

图 2-19　直线与平面的交点

### 2. 投影面的垂直面与直线相交

如图 2-19（b）所示，铅垂面△ABC 与直线 DE 相交，铅垂面△ABC 水平投影积聚成一条直线，其与直线 DE 的水平投影的交点即为直线与平面的交点 K 的水平投影 k，再在直线 DE 上取点，即可求得交点 K 的正面投影 k′。

### 3.一般位置直线与一般位置平面相交

一般位置直线与一般位置平面相交,可过直线作一辅助平面(某一投影面的垂直面),再利用辅助平面的积聚性投影求作其交点。如图 2-19(c)所示,一般位置直线 $DE$ 与一般位置平面△$ABC$ 相交,可假想过直线 $DE$ 作一辅助平面正垂面,则辅助平面正垂面与△$ABC$ 相交,交线 $GF$ 的正面投影与直线 $DE$ 的正面投影重合,再在平面△$ABC$ 内取线求作交线 $GF$ 的水平投影;交线 $GF$ 的水平投影与直线 $DE$ 的水平投影的交点即为 $DE$ 与平面△$ABC$ 的交点 $K$ 的水平投影 $k$,再在直线 $DE$ 上取点,求得交点 $K$ 的正面投影 $k'$。

## 本章小结

投影法分为中心投影法和平行投影法 2 种。平行投影法又分为正投影法和斜投影法。物体的正投影称为视图。三视图之间的对应关系为:长对正、高平齐、宽相等。

点的投影仍为点,根据点的三个坐标以及点的投影规律就可作出该点的三面投影图,也可以由点的两面投影补画出该点的第三面投影。省去投影轴的投影图称为无轴投影图。重影点为两个坐标相同、第三坐标不同的空间点。可根据它们不等的那个坐标来判断重影点的可见性,坐标值大的可见,坐标值小的不可见。

一般位置直线的三面投影都倾斜于投影轴,投影长度均小于实长。投影面的平行线在所平行的投影面上的投影,反映该直线的实长;在另外两个投影面上的投影分别平行于相应的投影轴,且小于实长。投影面的垂直线,在垂直的投影面上的投影积聚为一点;在另外两个投影面上的投影分别垂直于相应的投影轴,且反映该直线的实长。点在直线上,则点的投影必在该直线的各同面投影上;同一直线上两线段长度之比等于两线段同面投影长度之比。

两直线的相对位置有 3 种情况:平行、相交和交叉。空间相互平行的两直线,它们的同面投影必相互平行。空间相交的两直线,它们的同面投影一定相交,两投影的交点即为两直线交点(共有点)的投影,且交点的投影符合点的投影规律。交叉的两直线,它们在空间上既不相互平行,也不相交,它们的同面投影可能相交,但投影的交点不符合点的投影规律。

投影面的平行面在平行的投影面上的投影反映空间平面的实形;在另外两个投影面上的投影均积聚成平行于相应投影轴的直线。投影面的垂直面在垂直的投影面上的投影积聚为倾斜于投影轴的直线;在另外两个投影面上的投影为面积缩小的类似形。一般位置平面的三个投影都为面积缩小的类似形。

直线若通过平面内已知两点或通过平面内一个已知点且平行于平面内的任一条直线,则直线必位于给定的平面内。若点在平面内的任一条直线上,则该点必位于给定的平面内。如果平面外的一条直线与平面内的任一条直线平行,则这条直线与这个平面平行。如果平面外的一条直线与平面不平行,则这条直线与平面相交,交点是这条直线与平面的共有点,交点可利用有积聚性的投影求作。

# 第 **3** 章
# 基本体的投影及表面交线

**学习目标**

- ☐ 掌握平面立体与曲面立体(圆柱、圆锥)的投影特性及作图方法。
- ☐ 掌握在基本立体表面上取点、线的方法。
- ☐ 掌握截交线、相贯线的作图方法。

## 3.1 基本体的投影

立体表面由若干面围成。按其表面性质的不同可分为平面立体和曲面立体。表面都是由平面围成的立体称为平面立体(简称平面体),例如棱柱、棱锥和棱台等。表面都是由曲面或是由曲面与平面共同围成的立体称为曲面立体(简称曲面体),其中围成立体的曲面又是回转面的曲面立体,又叫回转体。回转面是由一直线或曲线以一定直线为轴线回转形成。常见的回转体有圆柱、圆锥、球体和圆环体等。机械制图中,通常把棱柱、棱锥、棱台、圆柱、圆锥、圆球、圆环等形状简单的立体称为基本几何体,简称基本体。

一般机件都可以看成是由柱、锥、台、球等基本立体按一定的方式组合而成,如图 3-1 所示。由于它们在机件中所起的不同作用,其中有些常加工成带切口、穿孔等结构形状而成为不完整的基本立体。

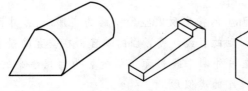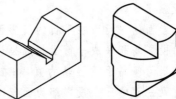

**图 3-1 基本立体与机件**

## 3.1.1 平面立体的投影及其表面取点

平面立体上相邻表面的交线称为棱线。平面立体主要分为棱柱和棱锥两种。由于平面立体的表面均为平面(多边形),因此,只要作出平面立体各个表面的投影,就可绘出该平面立体的投影。

## 1.棱柱

棱柱由两个底面和若干侧棱面组成。两个底面是全等且相互平行的多边形,侧棱面为矩形或平行四边形,侧棱面和侧棱面的交线称为侧棱线,侧棱线相互平行,侧棱线与底面垂直的称为直棱柱。本节只讨论直棱柱的投影。

(1)棱柱的投影。如图 3-2(a)所示为一个正六棱柱,它的上下底面为正六边形,放置成平行于 H 面,并使其前后两个侧面平行于 V 面。图 3-2(b)所示为该正六棱柱的投影图。水平投影为正六边形,它是顶面和底面重合的投影,反映顶面和底面实形。所有侧棱面投影都积聚在该六边形的六条边上,而所有侧棱都积聚在该六边形的六个顶点上。

正面投影为三个矩形线框,是该正六棱柱六个侧面的投影,中间线框为前后侧面的重合投影,反映实形。左右线框为其余侧面的重合投影,是类似形。正面投影中上下两条线是顶面和底面的积聚投影。侧面投影为两个矩形线框。一般而言,直棱柱的投影具有这样的特性:一个投影反映底面实形,而另两个投影则为矩形或并列矩形组合。

画直棱柱的投影时,一般先画棱柱反映底面实形的投影,根据投影规律画两底的其他投影,最后再根据投影规律画侧棱的各个投影(注意区分可见性)。如果某个投影的图形对称,则应该画出对称中心线,如图 3-2(b)所示。

在投影图中,当多种图线发生重叠时,则应按粗实线、虚线、点画线等顺序优先绘制。

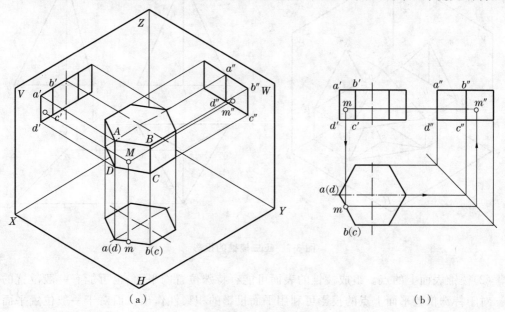

**图 3-2 正六棱柱的投影**

(2)棱柱表面上的点。棱柱体表面上取点和平面上取点的方法相同,先要确定点所在的平面,并分析平面的投影特性。如图 3-2(b)所示,已知棱柱表面上点 M 的正面投影 $m'$,求作其他两个投影。因为 $m'$ 可见,它必在侧棱面 ABCD 上,其水平投影 $m$ 必在有积聚性的投影上,由 $m'$ 和 $m$ 可求得 $m''$,因点 M 所在的表面 ABCD 的侧面投影可见,故 $m''$ 可见。

### 2. 棱锥

棱锥的底面为多边形,各侧面均为三角形且具有公共的顶点,即为棱锥的锥顶。棱锥到底面的距离为棱锥的高。

(1)棱锥的投影。如图 3-3(a)所示是一个正三棱锥,锥顶为 $S$,底面为等边三角形 $ABC$,三个侧面为全等的等腰三角形。设将该正三棱锥放置成底面平行于 $H$ 面,并有一个侧面垂直于 $W$ 面。图 3-3(b)所示为该正三棱锥的投影图。由于底面 $\triangle ABC$ 为水平面,所以水平投影 $\triangle abc$ 反映底面实形,正面和侧面投影分别积聚成平行 $X$ 轴和 $Y$ 轴的直线段 $a'b'c'$ 和 $a''b''c''$。由于该锥体的后侧面 $\triangle SAC$ 垂直于 $W$ 面,它的 $W$ 面投影积聚成一段斜线 $s''a''(c'')$,它的 $V$ 面和 $H$ 面的投影为类似形 $\triangle s'a'c'$ 和 $\triangle sac$,前者为不可见,后者为可见。左右两个侧面为一般位置面,它在三个投影面上的投影均为类似形。

一般而言,棱锥的投影具有这样的特性:一个投影反映底面实形(由几个三角形组合而成),而另两个投影则为三角形或并列三角形组合。画三棱锥的投影时,一般先画反映底面的各个投影,再定出锥顶的各个投影,最后在锥顶与底面各顶点的同面投影间作连线,以绘出各棱线的投影。

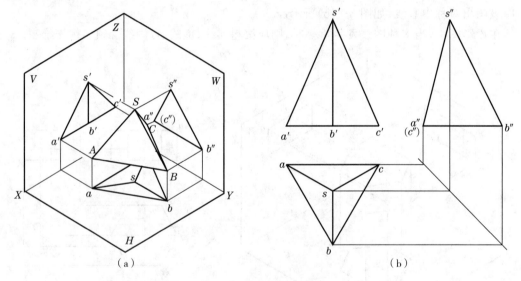

图 3-3  正三棱锥的投影

(2)棱锥表面上的点。组成棱锥的表面可能有特殊位置的平面,也可能有一般位置的平面。对于特殊位置平面上点的投影可利用平面投影的积聚性作出。而对于一般位置平面上点的投影,则需运用平面上取点的原理,选择适当的辅助线来作图。

如图 3-4(a)所示,已知三棱锥表面上点 $M$ 的正面投影 $m'$ 和点 $N$ 的水平投影 $n$,求这两点的其他投影。求这两点的其他投影时,必须根据它们所在的平面的相对位置不同,而采用不同的方法。对于 $M$ 点,由于它所在的平面 $SAB$ 为一般位置平面,必须作辅助线才能求出其他投影。可采用2种方法作辅助线:

① 过平面内两点作直线。如图 3-4(b)所示,在平面 $SAB$ 内过点 $M$ 及锥顶 $S$ 作辅助线 $SD$。作图时,首先连接 $s'm'$,并延长与 $a'b'$ 交于 $d'$,然后作出 $sd$ 和 $s''d''$,最后根据点 $M$ 在直

线 $SD$ 上作出 $M$ 的其他投影 $m$ 和 $m''$。

② 过平面内一点作平面内已知直线的平行线。如图 3-4(c)所示,在平面 $SAB$ 内过点 $M$ 作 $AB$ 的平行线 $ME$。作图时,首先过 $m'$ 作 $a'b'$ 的平行线 $m'e'$,再求出 $e$,过 $e$ 作 $ab$ 平行线,然后作出 $m$,最后由 $m'$ 和 $m$ 求出 $m''$。

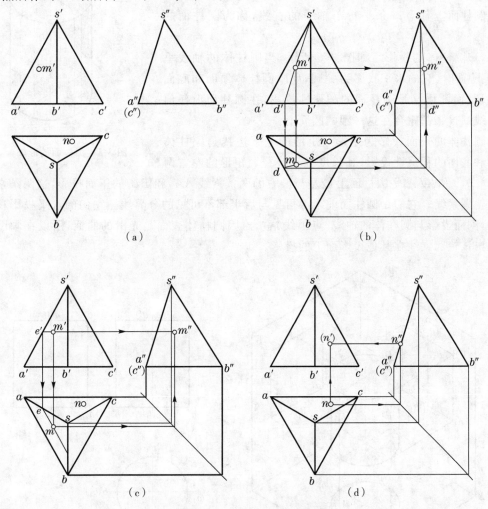

图 3-4 正三棱锥表面上的点

对于 $N$ 点,由于它所在的棱锥侧面 $SAC$ 是侧垂面,其侧面投影有积聚性,因此 $N$ 点的侧面投影 $n''$ 必在 $s''a''(c'')$ 上。由 $n''$ 和 $n$ 可求出 $n'$,作图过程如图 3-4(d)所示。

## 3.1.2 回转体的投影及其表面取点

表面由平面与曲面围成或全部由曲面围成的立体称为曲面立体。常见曲面是回转面,它是由一直线或曲线以一定直线为轴线回转形成。由回转曲面组成的立体称回转体,如圆柱体、圆锥体、球体等。

## 1. 圆柱体

圆柱体是由顶面、底面和圆柱面所组成。圆柱面是由一条直母线 $AA_1$ 绕与它平行的轴线 $OO_1$ 回转而成，如图 3-5 所示。圆柱面上任意一条平行于轴线的直线，称为圆柱面的素线。

（1）圆柱体的投影。如图 3-6 所示，当圆柱体的轴线垂直于 $H$ 面时，它的水平投影为一圆，反映圆柱体顶面和底面的实形，而圆周又是圆柱面的积聚性投影，在圆柱面上任何点或线的投影都重合在这一圆的圆周上。

圆柱体的正面投影为矩形。矩形的上下边线是圆柱体顶面和底面的积聚性投影，其长度等于直径。矩形的左右两

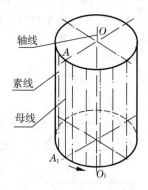

**图 3-5 圆柱面的形成**

条边 $a'a_1{'}$ 和 $b'b_1{'}$ 是圆柱面上最左与最右的两条素线 $AA_1$ 和 $BB_1$ 的正面投影，这两条素线称为轮廓素线。它们是圆柱面前半部可见与后半部不可见的分界线。它们的水平投影积聚成点，侧面投影与圆柱体的轴线（点画线）重合，因圆柱体表面是光滑的曲面，所以在画图时不画出该轮廓素线在其他投影面上的投影。

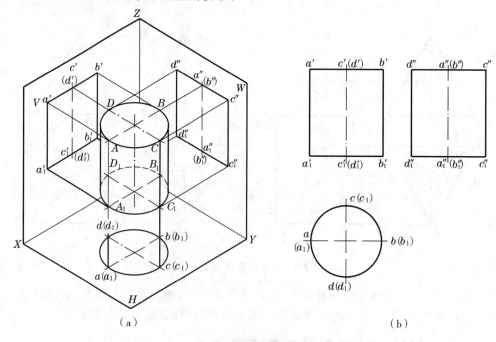

（a）　　　　　　　　　　　　　　　　（b）

**图 3-6 圆柱体的投影**

圆柱体的侧面投影为与正面投影全等的矩形，其上、下边线是圆柱体顶面和底面的积聚性投影，而矩形的左右两条边 $c'c_1{'}$ 和 $d'd_1{'}$ 则是圆柱面上最前与最后的两条素线 $CC_1$ 和 $DD_1$ 的侧面投影，它们是圆柱面左半部可见与右半部不可见的分界线。它们在其余投影面上的投影情况，读者可自行分析。

画圆柱体投影时，一般先画出轴线和圆的中心线及投影为圆的那个投影，然后画出其余投影。

（2）圆柱体表面上的点。如图 3-7 所示,已知圆柱表面上点 $M$、$N$ 的正面投影,求作它们的水平及侧面投影。

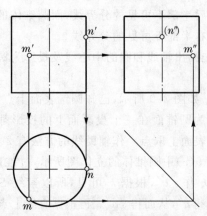

**图 3-7　在圆柱表面上取点**

从投影图中可以看出,该圆柱体的轴线为铅垂线,圆柱面的水平投影积聚为一个圆,点 $M$、$N$ 的水平投影必定在该圆的圆周上。由于 $m'$ 可见,故点 $M$ 的 $H$ 面投影 $m$ 应在前半个圆周上。再由 $m$ 和 $m'$ 可求出 $m''$,由于 $M$ 处于圆柱面的左半部,所以 $m''$ 是可见的。点 $N$ 在最右轮廓素线上,其侧面投影 $n''$ 应在轴线上且不可见。

## 2．圆锥体

圆锥体由圆锥面和底面所围成,圆锥面是由一直母线 $SA$ 绕与它相交的轴线 $SO$ 旋转而成,如图 3-8(a)所示。在圆锥面上通过锥顶 $S$ 的任一直线称为圆锥面的素线。

（1）圆锥体的投影。如图 3-8 所示,当圆锥体的轴线垂直于 $H$ 面时,水平投影为一圆。它反映了底面的实形,同时也是圆锥面的投影。

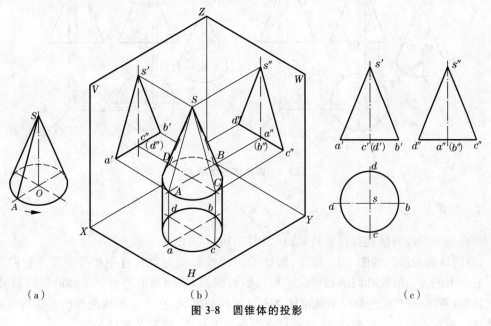

（a）　　　　　　　　　　　（b）　　　　　　　　　　　（c）

**图 3-8　圆锥体的投影**

圆锥体的正面和侧面投影为全等的等腰三角形。等腰三角形的底边是圆锥体底面积聚性的投影,而两腰分别是圆锥面上各轮廓素线的投影。圆锥体的最左、最右轮廓素线是圆锥面正面投影时前半部可见与后半部不可见的分界线,而圆锥体的最前、最后轮廓素线是圆锥面侧面投影时左半部可见与右半部不可见的分界线。

画圆锥体投影时,一般先画出轴线和圆的中心线及投影为圆的那个投影,然后画出其余投影。

(2)圆锥体表面上的点。如图 3-9 所示,已知圆锥表面上点 $K$ 的正面投影 $k'$,求作其水平投影 $k$ 和侧面投影 $k''$。因为圆锥面在三个投影面上的投影都没有积聚性,所以必须用作辅助线的方法实现在圆锥体表面上取点。作辅助线的方法有 2 种。

① 辅助素线法。如图 3-9(a)中圆锥体的立体图所示,过锥顶 $S$ 与点 $K$ 作一辅助素线交底圆于 $A$ 点,在投影图上过 $k'$ 作 $s'a'$,根据 $k'$ 可见,所以素线 $SA$ 位于前半圆锥面上,求出 $SA$ 的水平投影 $sa$,再由 $a$ 求得 $a''$,从而得 $s''a''$。再根据直线上点的投影规律,求出点 $K$ 的水平投影 $k$ 和侧面投影 $k''$。由于圆锥面的水平投影是可见的,所以 $k$ 可见,又因点 $K$ 在左半圆锥面上,所以 $k''$ 也可见。

② 辅助纬圆法。如图 3-9(b)中圆锥体的立体图所示,过点 $K$ 在圆锥面上作一个平行于底面的圆(该圆称为纬圆),实际上这个圆就是点 $K$ 绕轴线旋转所形成的。$K$ 点的各个投影必在此纬圆的相应投影上。

作图过程如图 3-9(b)所示,通过 $k'$ 作垂直于轴线的水平圆的正面投影,其长度就是纬圆直径的实长。在水平投影上作出纬圆的投影(该圆的水平投影反映实形,圆心与 $s$ 重合),再根据 $k'$,在纬圆水平投影的前半圆周上定出 $k$,最后由 $k$ 和 $k'$ 求得 $k''$,并判别可见性,即为所求。

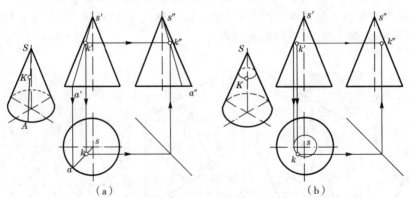

图 3-9　圆锥体表面取点

### 3. 圆球

球面是由母线圆绕其直径旋转而成,如图 3-10(a)所示。

(1)圆球的投影。如图 3-10 所示,圆球的三面投影均为与其直径相等的圆。它们分别是球三个不同方向的轮廓圆的投影。正面投影的圆 $a'$,是球面上平行于正面的轮廓圆 $A$ 的正面投影,轮廓圆 $A$ 也是前后半球可见和不可见的分界圆,它的水平和侧面投影都与球的中心线重合而不必画出。轮廓圆 $B$、$C$ 的对应投影和可见性,请读者自己分析。

画圆球的投影时,应先画出三面投影中圆的对称中心线,对称中心线的交点为球心,然后再分别画出轮廓圆的投影。

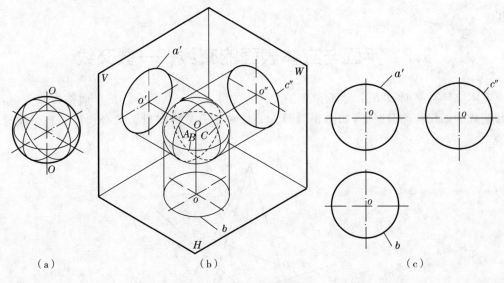

图 3-10  圆球的投影

(2)圆球表面上的点。球面上不能作直线,因此,确定球面上点的投影时,可包含这个点在球面上作平行于投影面的辅助圆,然后利用圆的投影(积聚成直线或反映为圆的实形)确定点的投影。辅助圆可选用正平圆、水平圆或侧平圆。

如图 3-11 所示,已知球面上点 $M$ 的正面投影 $m'$,求作其水平和侧面投影。

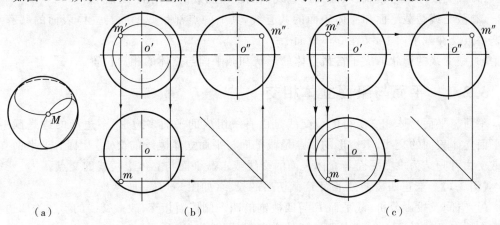

图 3-11  在圆球表面上取点

根据 $m'$ 的位置和可见性,可知 $M$ 点在前半球面的左上部。过 $M$ 点在球面上作正平或水平的辅助圆,即可在此辅助圆的各个投影上求得 $M$ 点的相应投影。

如图 3-11(b)所示,在正面投影上过 $m'$ 以 $o'$ 为圆心作圆,此圆即为辅助正平圆反映实形的正面投影,然后作出其水平投影,再根据点 $M$ 在辅助圆上,其水平投影在辅助圆的水平投影上定出水平投影 $m$,最后由 $m$ 和 $m'$ 作出 $m''$。$m$ 和 $m''$ 均可见。

同样也可按图 3-11(c)所示,在球面上作平行于 $H$ 面的辅助圆,先过 $m'$ 作出该辅助圆的正面投影,积聚为直线,然后再作出该圆的水平投影(以 $o$ 为圆心),求出 $m$,最后由 $m$ 和 $m'$ 作出 $m''$。

## 3.2 平面与立体表面的交线——截交线

基本立体被平面截切后,表面产生的交线称为截交线。截切立体的平面称为截平面,截交线围成的图形称为截断面,如图 3-12 所示。绘制被截立体的投影就必须将这些交线的投影绘出。

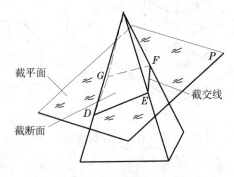

**图 3-12 平面截切立体**

截交线有如下性质:

(1)截交线一般是由直线、曲线或直线和曲线所围成的封闭的平面图形。

(2)截交线是截平面和立体表面的共有线,其上的点都是截平面与立体表面的共有点,即这些点既在截平面上,又在立体表面上。

(3)截交线的形状取决于被截立体的形状和截平面与立体的相对位置。

### 3.2.1 平面与平面立体相交

平面与平面立体相交所得的截交线是由直线组成的平面多边形,多边形的边是截平面与平面立体表面的交线,多边形的顶点是截平面与平面立体棱线的交点。因此,求平面立体的截交线可归结为求截平面与立体表面的交线或求截平面与立体上棱线的交点。

**【例 3-1】** 求正四棱锥被平面 $P$ 截切后的投影(如图 3-13(a)所示)。

(1)空间及投影分析:截平面 $P$ 与四棱锥的四个侧棱面相交,故截交线的形状为四边形,其四个顶点是截平面 $P$ 与四条侧棱线的交点(如图 3-13(b)所示)。

因为截平面是正垂面,所以截交线的正面投影积聚在 $p'$ 上,其水平投影和侧面投影为空间截交线的类似形。

(2)作图(如图 3-13(c)所示):

① 在正面投影上依次标出截平面与四条侧棱线的交点的投影 $1'$、$2'$、$3'$、$4'$。

② 根据在直线上取点的方法由正面投影 $1'$、$2'$、$3'$、$4'$ 求得相应的侧面投影 $1''$、$2''$、$3''$、$4''$ 和水平投影 $1$、$2$、$3$、$4$。

③ 连接这些点的同面投影，即为截交线的投影。

最后在各个投影上擦去四条侧棱线位于截断面和锥顶之间被截去的部分，注意侧面投影中四棱锥右侧棱是不可见的，如图 3-13(d)所示。

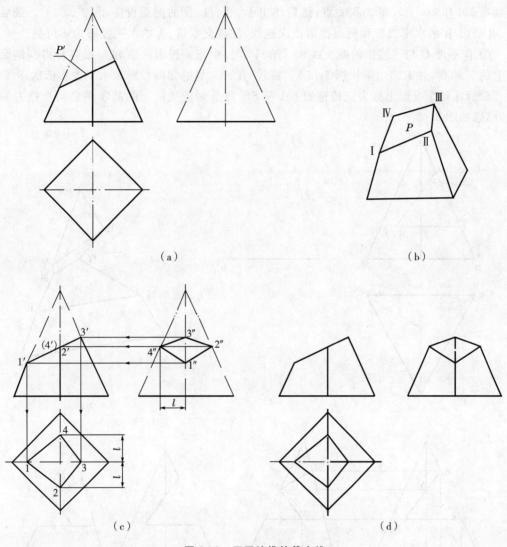

（a）　　　　　　　　　　　　　（b）

（c）　　　　　　　　　　　　　（d）

**图 3-13　正四棱锥的截交线**

【**例 3-2**】 已知正三棱锥被一正垂面和一水平面截切，试完成其截切后的水平投影和侧面投影，如图 3-14(a)所示。

当一个立体被多个平面截切时，一般应逐个平面进行分析和作图，同时要注意各个截平面之间的交线。

(1)空间及投影分析(如图 3-14(b)所示)：截平面 $P$ 为水平面，与三棱锥的底面平行，故它与三棱锥的三个侧面的交线和三棱锥的底面的对应边平行；截平面 $Q$ 为正垂面，与三棱锥的三个侧面的交线组成的截断面也应为正垂面。另外，截平面 $P$ 与 $Q$ 亦相交(交线为正垂线)，故 $P$ 与 $Q$ 截出的截交线均为四边形。

（2）作图（如图 3-14（c）所示）：

① 作平面 $P$ 与三棱锥的截交线Ⅰ、Ⅱ、Ⅲ、Ⅳ：首先作平面 $P$ 与三棱锥的完整截交线，由正面投影 $1'$、$2'$ 和 $m'$，得水平投影△$12m$，注意其中 $12//ab$、$2m//bc$、$1m//ac$，然后根据 $3'$、$4'$ 分别在 $1m$ 和 $2m$ 上取得 3 和 4 点，然后作出Ⅰ、Ⅱ、Ⅲ、Ⅳ的侧面投影 $1''$、$2''$、$3''$、$4''$。最后将Ⅰ、Ⅱ、Ⅲ、Ⅳ的水平投影和侧面投影依次连线，注意交线Ⅲ、Ⅳ的水平投影为不可见。

② 作平面 $Q$ 与三棱锥的截交线Ⅲ、Ⅳ、Ⅴ、Ⅵ：由正面投影的 $5'$ 和 $6'$ 很容易得到侧面投影上的 $5''$ 和 $6''$，并求出水平投影 5 和 6。将Ⅲ、Ⅳ、Ⅴ、Ⅵ的侧面投影和水平投影依次连线。

最后在各个投影上擦去三棱锥的 $SA$ 和 $SB$ 两条侧棱线位于两截断面之间被截去的部分，结果如图 3-14（d）所示。

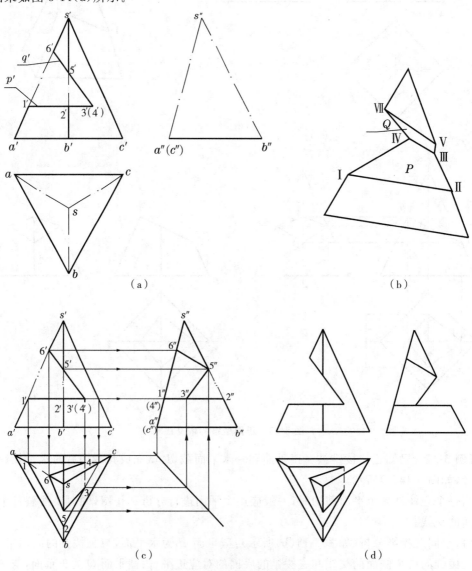

（a）　　　　　　　　　（b）

（c）　　　　　　　　　（d）

**图 3-14　三棱锥被正垂面和水平面截切的作图**

【例 3-3】　完成正四棱柱穿孔的侧面投影(如图 3-15(a)所示)。

(1)空间及投影分析(如图 3-15(b)所示)：穿孔的两侧面为侧平面,上下两面为水平面,在四棱柱上形成矩形通孔。矩形通孔与棱柱侧面相交,前部交线为 ABCFED,其中 AB、BC 和 DE、EF 为水平线,AD 和 CF 为铅垂线,通孔前后交线是对称的,故只需求前部交线 ABCDEF 的各个投影。

(2)作图(如图 3-15(c)所示)：

① 依次标记出交线 ABCDEF 的正面投影和水平投影,然后求出该交线的侧面投影。穿孔上下面的侧面投影积聚成直线段,线上 $a''$、$(c'')$ 和 $d''$、$(f'')$ 点是虚实线的分界点。后面交线与前面交线对称。

② 擦除四棱柱的前后棱线位于穿孔上下面之间的一段。

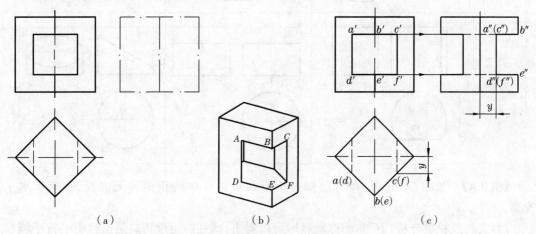

(a)　　　　　　　　　(b)　　　　　　　　　(c)

图 3-15　穿孔的正四棱柱

## 3.2.2　平面与回转体相交

平面与回转体相交时,截交线通常是一条封闭的平面曲线,也可能是由直线组成的平面多边形或直线和曲线组成的平面图形。

截交线是截平面和回转体表面的共有线,截交线上的点也是二者的共有点。因此,当截交线为非圆曲线时,一般先求出能确定截交线形状和范围的特殊点,如最高、最低、最左、最右、最前、最后点,可见与不可见的分界点等,然后再求出若干中间点,最后将这些点连成光滑曲线,并判别可见性。

### 1. 平面与圆柱体相交

根据截平面与圆柱面轴线的相对位置不同,截交线可有 3 种形状,见表 3-1。

表 3-1　圆柱体的截交线

| 截平面的位置 | 与轴线平行 | 与轴线垂直 | 与轴线倾斜 |
|---|---|---|---|
| 交线形状 | 平行于轴线的直线 | 圆 | 椭圆 |
| 立体图 | | | |
| 投影图 | | | |

**【例 3-4】**　如图 3-16(a)所示,已知带矩形切口圆柱体的正面和侧面投影,求作水平投影。

(1)空间及投影分析:由图 3-16(a)、(b)可以看出,圆柱的矩形切口是由两个平行于圆柱轴线的水平截平面 $P$、$Q$ 和与圆柱轴线垂直的侧平面 $R$ 截切而成。由于 $P$、$Q$ 上下对称,所以只需分析截平面 $P$ 与圆柱面的交线。$P$ 与圆柱面的交线为平行于圆柱轴线的两条直线 $AB$、$CD$,其正面投影与 $p'$ 重合,侧面投影积聚在圆上。$R$ 与圆柱面的交线为前后对称的两段圆弧 $BEF$,其正面投影积聚在 $r'$ 上,侧面投影重合在圆上。

(2)作图:如图 3-16(c)所示,首先作出完整圆柱体的水平投影,然后标记出 $A$、$B$、$C$、$D$、$E$、$F$ 的正面和侧面投影,再按投影关系求出其水平投影 $a$、$b$、$c$、$d$ 和 $e$、$(f)$,依次连接 $a$、$b$、$c$、$d$ 及 $be$、$dc$。注意画出与 $bef$ 对称的后半部分。另外,由于切口是穿通的,故 $bd$ 应画成虚线。最后注意,位于截平面 $R$ 左侧的前后轮廓素线被截去了,水平投影不应该有该段轮廓素线的投影。结果如图 3-16(d)所示。

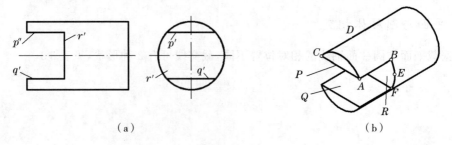

（a）　　　　　　　　　　　　　　　　　　（b）

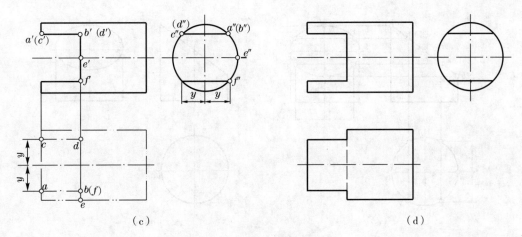

（c）　　　　　　　　　　　　　　　　　（d）

**图3-16　求圆柱z切口的投影**

【**例3-5**】　如图3-17（a）所示，已知圆柱体被正垂面截切后的正面和水平投影，求作侧面投影。

（1）空间及投影分析：截平面 P 与圆柱轴线倾斜，因此截交线是一椭圆。由于截平面为正垂面，故截交线正面投影积聚在 $p'$ 上；又因圆柱面水平投影有积聚性，所以截交线水平投影积聚在圆柱面的水平投影的圆周上。而侧面投影仍为椭圆，但不反映实形，如图3-17（b）所示。

（2）作图：

① 求特殊点。如图3-17（c）所示，A、B 两点为最高、最低点，同时也是椭圆长轴的端点，C、D 两点为最前、最后点，也是椭圆短轴的端点。作图时，首先标记出 A、B、C、D 的正面和水平投影，然后求出它们的侧面投影 $a''$、$b''$、$c''$、$d''$。

② 求一般点。为了准确地作出椭圆，还需适当地作出一些一般点，如图4-17（c）所示，先在水平投影上取对称于中心线的 1、2、3、4 点，再定出它们的正面投影 $1'$、$2'$、$3'$、$4'$，最后求出它们的侧面投影 $1''$、$2''$、$3''$、$4''$。

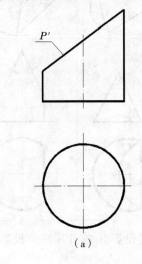

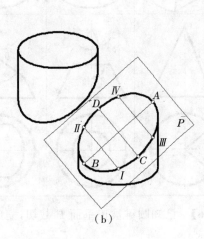

（a）　　　　　　　　　　　　　　　　　（b）

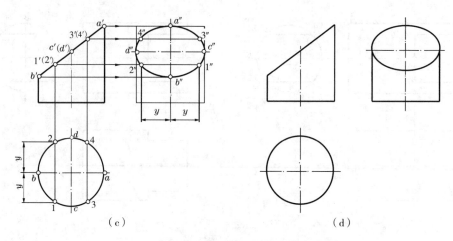

**图 3-17 求正垂面截切圆柱的截交线**

③ 依次光滑地连接 $a''$、$3''$、$c''$……即得截交线椭圆的侧面投影。

最后注意,圆柱的前后轮廓素线的侧面投影仅画到 $c''$、$d''$ 处,结果如图 3-17(d)所示。

## 2. 平面与圆锥相交

根据截平面与圆锥面轴线的相对位置不同,其截交线有 5 种形状,见表 3-2 所示。

表 3-2 圆锥体的截交线

| 截平面的位置 | 通过锥顶 | 与轴线垂直 | 与轴线倾斜 | 与素线平行 | 与轴线平行 |
|---|---|---|---|---|---|
| 交线形状 | 两条相交直线 | 圆 | 椭圆 | 抛物线 | 双曲线 |
| 立体图 | | | | | |
| 投影图 | | | | | |

【例 3-6】 已知圆锥被正垂面 $P$ 截切,完成截交线的水平投影并画出其侧面投影,如图 3-18(a)所示。

(1)空间及投影分析:从图上可以看出,截平面 $P$ 与圆锥的轴线倾斜,截交线为椭圆。因截平

面 $P$ 为正垂面,所以截交线正面投影积聚在 $p'$ 上,其水平和侧面投影仍为椭圆,但不反映实形。

(2)作图:

① 求特殊点。如图 3-18(b)所示,截平面与圆锥最左、最右轮廓素线的交点 $A$、$B$ 是椭圆一根轴两个端点,其正面投影 $a'$、$b'$ 位于圆锥的正面投影的轮廓线上,并由此可求出水平投影 $a$、$b$ 及侧面投影 $a''b''$。我们知道椭圆的长轴和短轴垂直平分,所以 $a'b'$ 的中点 $c'$、$(d')$ 即为椭圆另一根轴的两个端点的重合投影,利用圆锥表面取点的方法可以求出其水平投影 $c$、$d$ 和侧面投影 $c''$、$d''$。

截平面与圆锥最前、最后轮廓素线的交点为 $E$、$F$,正面投影即为 $a'b'$ 与轴线的交点 $e'$、$(f')$,可以直接求得侧面投影,进而求得水平投影 $e$、$f$。$e''$、$f''$ 两点也是圆锥侧面投影的轮廓线与截交线侧面投影椭圆的切点。

② 求一般点。如图 4-18(c)所示,在截交线正面投影 $a'b'$ 上取一对重影点 $g'$、$(h')$,然后利用圆锥表面取点的方法求出其水平投影 $g$、$h$ 和侧面投影 $g''$、$h''$。

③ 依次光滑地连接各点的水平投影和侧面投影,擦去被截去的轮廓线的投影,结果如图 3-18(d)所示。

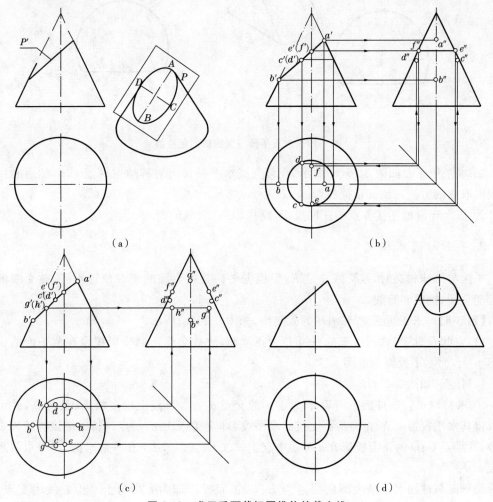

（a）　　　　　　　　　　　　（b）

（c）　　　　　　　　　　　　（d）

**图 3-18　求正垂面截切圆锥体的截交线**

【例3-7】 如图3-19(a)所示,圆锥被一正平面截切,补全截交线的正面投影。

(1)空间及投影分析(如图3-19(a)所示):由于截平面 $P$ 与圆锥的轴线平行,所以截交线是双曲线,其水平投影积聚在截平面的水平投影 $p$ 上,正面投影反映实形。

(2)作图(如图3-19(b)所示):

① 求特殊点。截交线的最低点 $A$、$B$ 是截平面与圆锥底圆的交点,其水平投影 $a$、$b$ 为截平面的水平积聚性投影 $p$ 与圆锥底圆的交点,并由此可得正面投影 $a'$、$b'$。$A$、$B$ 同时也是最左、最右点。最高点 $E$ 的水平投影 $e$ 位于 $ab$ 的中点处,用过 $E$ 点作水平辅助圆求出 $e'$,如图3-19(b)所示。

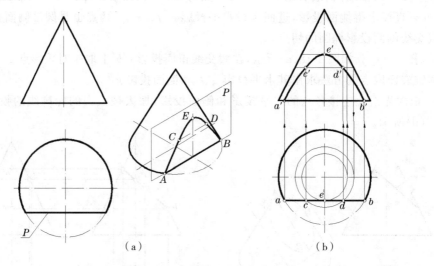

图3-19  求正平面与圆锥体的截交线

② 求一般点。如图3-19(b)所示,在截交线水平投影上对称地取两点 $c$、$d$,然后利用圆锥表面取点的方法求出其正面投影 $c'$、$d'$。

③ 依次光滑地连接各点的正面投影,结果如图3-19(b)所示。

### 3.平面与圆球相交

平面与圆球相交时,截交线总是圆,但根据平面与投影面的相对位置不同,截交线的投影可能是圆、椭圆和直线。

【例3-8】 求正垂面 $P$ 与圆球的截交线,如图3-20(a)所示。

(1)空间及投影分析:由于截平面 $P$ 为正垂面,故截交线正面投影积聚在截平面的正面投影 $p'$ 上,而水平投影为椭圆。

(2)作图,如图3-20(b)所示:

① 求特殊点。圆球的正面轮廓线与 $p'$ 的交点 $a'$、$b'$,为截交线上最高、最低点,并可直接求得其水平投影 $a$、$b$,它们是截交线的水平投影椭圆的短轴的端点。长轴应该与短轴垂直平分,其端点 $C$、$D$ 的正面投影在 $a'b'$ 的中点上 $c'$、$(d')$,过 $c'(d')$ 作一水平圆,即可求得水平投影 $c$、$d$。

截平面与球面水平最大圆的交点为 $E$、$F$,正面投影即为 $a'b'$ 与水平中心线的交点 $e'$、$(f')$,可以直接求得水平投影 $e$、$f$。$e$、$f$ 两点是圆球水平投影的轮廓线与截交线水平投影椭圆的切点。

②　求一般点。在截交线正面投影取一对重影点 $g'$、$(h')$，过 $g'(h')$ 作一水平圆，即可求得水平投影 $g$、$h$。

③　依次光滑地连接各点的水平投影，擦去位于 $e$、$f$ 左侧被截去圆球的部分水平轮廓线，其结果如图 3-20(c)所示。

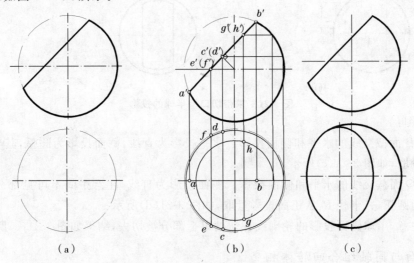

图 3-20　求圆球截交线的水平投影

【例 3-9】　求作带切口槽半球的水平和侧面投影，如图 3-21(a)所示。

（1）空间及投影分析：从图 3-21(a)的投影图可以看出，半球的切口槽是由左右对称的两个侧平面 $P$ 和一个水平面 $Q$ 截切而成。

两个侧平面 $P$ 与球面的交线分别为一段与侧面平行的圆弧，其正面和水平投影积聚成直线，侧面投影反映实形。而水平面 $Q$ 与球面的交线为一段与水平面平行的圆弧，其正面和侧面投影积聚成直线，水平投影反映实形。截平面之间的交线为正垂线。如图 3-21(b)所示。

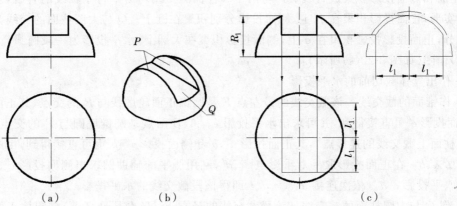

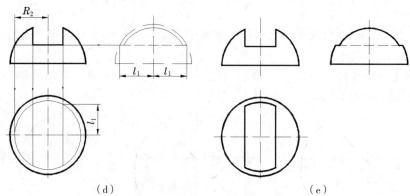

（d）　　　　　　　　　　　　　　　　　　　（e）

图 3-21　求带切口槽半球的投影

（2）作图：

① 作 $P$ 面截交线的水平和侧面投影。水平投影为直线，侧面投影为圆弧，其半径 $R_1$ 从正面投影量取，如图 3-21（c）所示。

② 作 $Q$ 面截交线的水平和侧面投影。侧面投影为直线，注意中间不可见部分画虚线；水平投影为圆弧，其半径 $R_2$ 从正面投影量取，如图 3-21（d）所示。

最后注意，半球侧面投影的轮廓线在切槽以上部分被切去，结果如图 3-21（e）所示。

### 4. 平面与同轴组合回转体相交

作组合回转体的截交线时，首先要分析该立体是由哪些基本立体组成，再分析截平面与每个基本立体的相对位置、截交线的形状和投影特性，然后逐个画出每个基本立体的截交线，并注意相邻部分的连接点。

【例 3-10】　求作组合回转体截交线的水平投影，如图 3-22（a）所示。

（1）空间及投影分析（如图 4-22（a）、（b）所示）：该同轴组合回转体由以轴线为侧垂线的一个圆锥体和两个直径不等的圆柱体组成，左边的圆锥和圆柱同时并被水平面 $P$ 截切，而右边大圆柱不仅被 $P$ 截切，还被正垂面 $Q$ 截切。$P$ 与圆锥面的交线为双曲线，水平投影反映实形，正面和侧面投影积聚成直线。$P$ 与两个圆柱面的交线均为平行于轴线的直线，水平投影反映实形，正面投影积聚在 $p'$ 上，侧面投影分别积聚在圆上。$Q$ 与大圆柱面的交线为椭圆的一部分，正面投影投影积聚在 $q'$ 上，侧面投影积聚在大圆上，水平投影为一段椭圆弧。

（2）作图（如图 3-22（c）所示）：

① 作出立体截切前的水平投影。

② 作锥面的截交线。该截交线的最左点 $E$ 是圆锥正面轮廓线与 $P$ 的交点，其正面投影 $e'$ 和侧面投影 $e''$ 可直接得到，并可求出水平投影 $e$。$A$、$B$ 两点是圆锥底圆与 $P$ 的交点（也是与小圆柱面上截交线的连接点），其正面投影 $a'$、$b'$ 和侧面投影 $a''$、$b''$ 也可直接得到，由此求出水平投影 $a$、$b$。在正面投影取一对重影点 $c'$、$d'$，利用侧平的辅助圆求出侧面投影 $c''$、$d''$，进而求出水平投影 $c$、$d$。依次连接 $a$、$c$、$e$、$d$、$b$ 即得该段截交线的水平投影。

③ 作 $Q$ 与大圆柱面的截交线。该段截交线的最右点 $H$（也是最高点）是圆柱正面轮廓线与 $Q$ 的交点，其正面投影 $h'$ 和侧面投影 $h''$ 可直接得到，并可求出水平投影 $h$。$F$、$G$ 两点是 $P$ 面与 $Q$ 面交线与大圆柱面的交点（是大圆柱体上 $Q$ 面与 $P$ 面截交线的连接点），其正面投影 $f'$、$g'$ 和侧面投影 $f''$、$g''$ 也可直接得到，由此求出水平投影 $f$、$g$。在正面投影取一对重影

点 $i'$、$j'$，然后求出侧面投影 $i''$、$j''$，进而求出水平投影 $i$、$j$。依次连接 $f$、$i$、$h$、$j$、$g$ 即得该段截交线的水平投影。

④ 作 $P$ 面与大、小圆柱面的截交线。$P$ 面与大、小圆柱面的截交线均为侧垂线。正面投影与 $p$ 重合，侧面分别积聚在大、小圆上，而水平投影为分别过连接点的水平线。

注意圆锥与圆柱之间以及大、小圆柱之间的交线的下半部分的水平投影为虚线。

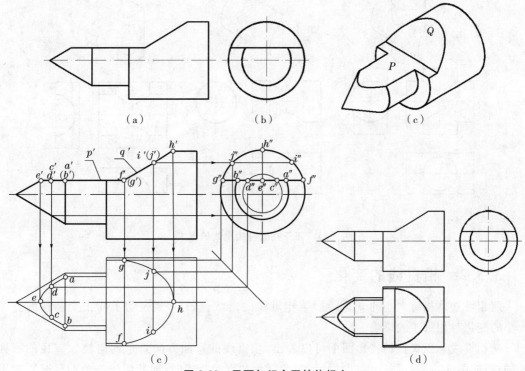

图 3-22　平面与组合回转体相交

# 3.3　立体与立体表面的交线——相贯线

两立体相交称为相贯，其表面的交线称为相贯线。两回转体相贯，其相贯线的形状取决于两回转体各自的形状、大小和相对位置。一般情况下，相贯线是封闭的空间曲线；在特殊情况下，可能不封闭，也可能是平面曲线或直线。

由于相贯线是两立体表面的交线，故相贯线是两立体表面的共有线，相贯线上的点是两立体表面上的共有点。当相贯线为非圆曲线时，一般先求出能确定相贯线形状和范围的特殊点，如最高、最低、最左、最右、最前、最后点，可见与不可见的分界点等，然后再求出若干中间点，最后将这些点连成光滑曲线，并判别可见性。注意，只有一段相贯线同时位于两个立体的可见表面时，这段相贯线的投影才是可见的，否则不可见。

求共有点的方法有表面取点法和辅助平面法。

## 3.3.1　相贯线产生形式

相贯线有 3 种产生形式：

（1）外表面相贯,如图 3-23(a)所示。

（2）内表面与外表面相贯,如图 3-23(b)所示。

（3）两内表面相贯,如图 3-23(c)所示。

从图中可以看出,虽然它们的形式不同,但相贯线是一样的。

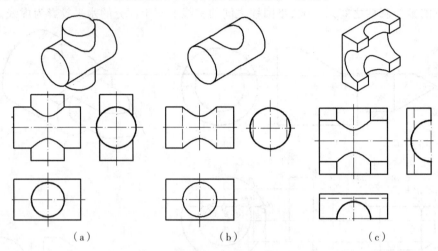

（a）　　　　　　　　　（b）　　　　　　　　　（c）

图 3-23　两正交圆柱相贯线的形式

## 3.3.2　相贯线的变化

两相贯立体相对大小的变化将影响相贯线的形状。图 3-24 表明了两正交圆柱的直径大小的变化对相贯线的影响。

从相贯线非积聚性的投影图中可以看出,相贯线的弯曲方向总是朝向较大直径的圆柱的轴线,如图 3-24(a)、图 3-24(c)所示;当两圆柱的直径相等时(即共切于一个圆球时),相贯线变为两椭圆(投影为交叉直线),如图 3-24(b)所示。

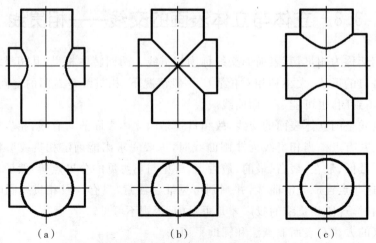

（a）　　　　　　　　　（b）　　　　　　　　　（c）

图 3-24　两正交圆柱相贯线的变化规律

### 3.3.3 表面取点法作相贯线

如果相贯的回转体中有一个是轴线垂直于投影面的圆柱,则圆柱的一个投影具有积聚性,相贯线的一个投影必在这个有积聚性的投影上。于是,利用这个投影的积聚性,确定两回转体表面若干共有点的已知投影,然后用立体表面上取点的方法求它们的未知投影,从而作出相贯线的投影。

【例3-11】 已知两圆柱正交,求作它们相贯线的投影,如图3-25(a)所示。

(1)空间及投影分析:从图3-25(a)中可以看出,小圆柱面轴线垂直于 $H$ 面,其水平投影有积聚性;大圆柱面轴线垂直于 $W$ 面,其侧面投影有积聚性。根据相贯线的共有性,相贯线的水平投影一定积聚在小圆柱面的水平投影上,侧面投影积聚在大圆柱面的侧面投影上,为两圆柱面侧面投影共有的一段圆弧。由上分析可见,相贯线水平和侧面投影已知,可以求出正面投影。由于相贯线前后、左右对称,所以在正面投影中,相贯线可见的前半部分和不可见的后半部分重合,且左右对称。

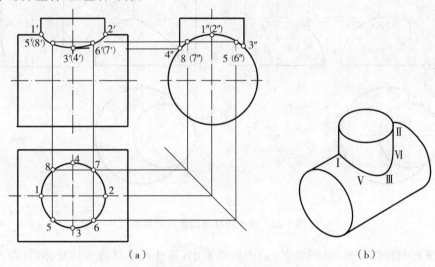

图 3-25 求正交两圆柱的相贯线

(2)作图(如图3-25(a)所示):

① 求特殊点。在水平投影中可以直接定出相贯线的最左、最右、最前、最后点Ⅰ、Ⅱ、Ⅲ、Ⅳ的水平投影1、2、3、4,然后作出这四点相应的侧面投影 $1''$、$2''$、$3''$、$4''$,再由这四点的水平投影和侧面投影求出其正面投影 $1'$、$2'$、$3'$、$4'$。

可以看出:Ⅰ、Ⅱ点是大圆柱正面投影轮廓线上的点,是相贯线上的最高点;而Ⅲ、Ⅳ点是小圆柱侧面轮廓线上的点,是相贯线上的最低点。

② 求一般点。在相贯线的水平投影上,取左右、前后对称的5、6、7、8,然后作出其侧面投影 $5''$、$6''$、$7''$、$8''$,最后求出正面投影 $5'$、$6'$、$7'$、$8'$。

③ 连线并判别可见性,按水平投影的顺序,将各点的正面投影连成光滑的曲线。由于相贯线是前后对称的,故在正面投影中,只需画出可见的前半部 $1'$、$5'$、$3'$、$6'$、$2'$,不可见后半部分 $1'$、$(8')$、$(4')$、$(7')$、$2'$ 与之重影。

【例3-12】 求圆柱与半球的相贯线,如图 3-26(a)所示。

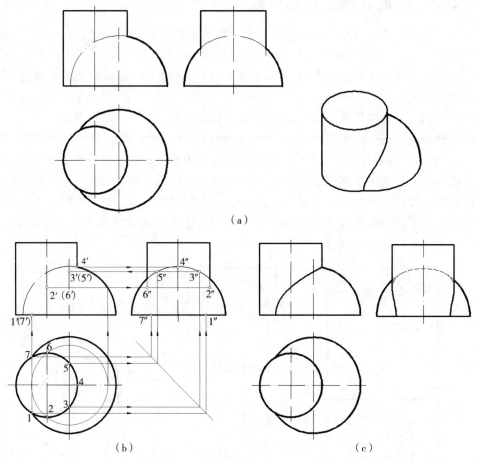

（a）

（b）　　　　　　　　（c）

图 3-26　求作圆柱与圆台的相贯线

(1)空间及投影分析:从图 3-26(a)中可以看出,圆柱和半球前后均对称,且两者共底互交,故相贯线为前后对称的不封闭的空间曲线。

由于圆柱面轴线垂直于 $H$ 面,其水平投影有积聚性,故相贯线水平投影积聚在半球范围内的圆柱面水平投影上,而相贯线的正面和侧面投影未知。

因为相贯线是两立体表面共有的线,现水平投影已知,故可以利用表面取点的方法求出相贯线上一系列点的正面和侧面投影,从而作出相贯线正面和侧面。

(2)作图(如图 3-26(b)所示):

① 作特殊点。相贯线的最低点Ⅰ、Ⅶ点是圆柱底圆和半球底圆交点,其水平投影即为圆柱面积聚性投影和半球底圆投影的交点1、7,而正面和侧面投影分别在圆柱底圆和半球底圆的积聚性投影上;最前(后)点Ⅱ(Ⅵ)是圆柱最前(后)轮廓素线与球面的交点,其水平投影2、6已知,利用球表面取点(作辅助水平圆)求出其正面和侧面投影;最高点Ⅳ点是圆柱最右轮廓素线与球面的交点,可以直接得到水平和正面投影4、4′,从而求出侧面投影4″;Ⅲ、Ⅴ点是球面侧面轮廓圆与圆柱面的交点,是相贯线侧面投影和球面的切点,其水平投影(3、5)和侧面投影(3″、5″)可以直接得到,进而求出正面投影(3′、5′)。

② 求一般点。在特殊点之间适当取一至两对点,同样用辅助纬圆法求出它们的正面和侧面投影(其作图略)。

③ 按相贯线在水平投影中诸点的顺序,连接诸点的正面投影,由于前后对称,所以前半和后半相贯线的正面投影 1′、2′、3′、4′ 和 7′、6′、5′、4′ 重合;按同样的顺序连接诸点的侧面投影,作出相贯线的侧面投影,注意位于圆柱面右半部分的相贯线侧面投影是不可见的,即 2″、3″、4″、5″、6″侧面投影为虚线。

图 3-26(c)是作图结果,注意在正面投影中半球和圆柱轮廓线仅画到 4′ 为止,在侧面投影中,半球的轮廓线画到 3″、5″ 为止,而圆柱轮廓线画到 2″、6″ 为止。

### 3.3.4 辅助平面法

辅助平面法就是利用三面共点的原理求相贯线上的一系列的点,即假想用一个辅助平面截切两相贯回转体,得两条截交线,两截交线的交点,即为两相贯立体表面共有的点,也是辅助平面上的点。

为了能方便地作出相贯线上的点,最好选用特殊位置平面(投影面的平行面或垂直面)作为辅助平面,并使辅助平面与两回转体交线的投影为最简单(为直线或圆)。

【例 3-13】 求轴线正交的圆柱与圆台的相贯线,如图 3-27 所示。

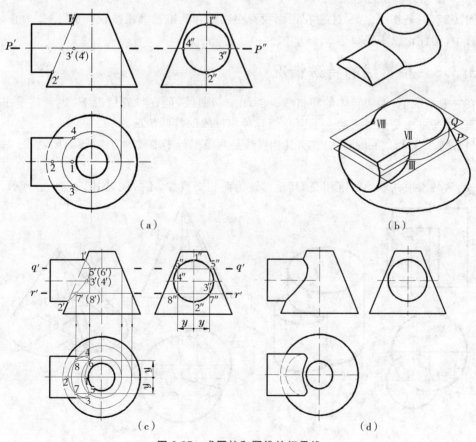

(a)      (b)

(c)      (d)

图 3-27 求圆柱和圆锥的相贯线

(1)空间及投影分析:如图 3-27(b)所示,圆柱与圆台正交的相贯线为一前后对称的空间封闭曲线。由于圆柱的轴线为侧垂线,故相贯线的侧面投影积聚在圆柱面侧面投影的圆周上,而相贯线的水平和侧面投影无积聚性,需求出。

此题可用表面取点法,也可用辅助平面法求解。这里采用辅助平面法。为了使辅助平面与圆柱面及圆锥面的交线的投影为直线或圆,采用水平面作为辅助平面。

(2)作图:

① 求特殊点(如图 3-27(a)所示)。点Ⅰ、Ⅱ是圆柱面最高和最低轮廓素线与圆锥面最左轮廓素线的交点,是相贯线上的最高、最低点,其三个投影可直接求出;点Ⅲ、Ⅳ是圆柱面最前和最后轮廓素线与圆锥面的交点,是相贯线上的最前、最后点,其侧面投影 3″、4″可直接求出,而水平和侧面投影,可以通过圆柱轴线作水平辅助面 $P$,$P$ 与圆柱相交于最前、最后的素线,与圆锥交于水平圆,两者的水平投影的交点即为Ⅲ、Ⅳ的水平投影 3、4,并由此求 3′、4′。

② 求一般点(如图 3-27(c)所示)。在点Ⅰ、Ⅱ之间的适当位置作一系列辅助水平面 $Q$、$R$ 等,可求出一系列一般点Ⅴ、Ⅵ、Ⅶ、Ⅷ等。

③ 按相贯线在侧面投影中各点的顺序,连接诸点的正面投影,由于前后对称,所以前半和后半相贯线的正面投影 1′、5′、3′、7′、2′ 和 1′、6′、4′、8′、2′重合;按同样的顺序连接各点的水平投影,作出相贯线的水平投影,注意位于圆柱面下半部分的相贯线水平投影是不可见的,即 3、7、2、8、4 画成虚线。

图 3-27(d)是作图结果,注意在正面投影中圆柱和圆锥轮廓素线仅画到 1′、2′为止,在水平投影中,圆柱轮廓素线画到 3、4 为止。

## 3.3.5  相贯线的特殊情况

在一般情况下,两回转体的相贯线是封闭空间曲线,但在特殊情况下,也可能是平面曲线或直线,其可能是不封闭的。下面介绍几种相贯线的特殊情况。

(1)两轴线平行共底的圆柱相交,其相贯线是两条平行于轴线的直线,不封闭,如图 3-28(a)所示。

(2)两共锥顶共底的圆锥相交,其相贯线为两相交直线,不封闭,如图 3-28(b)所示。

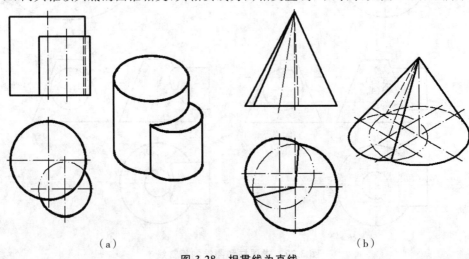

（a）　　　　　　　　　　　　　　　（b）

图 3-28  相贯线为直线

（3）同轴回转体相交,其相贯线为垂直于轴线的圆,如图 3-29 所示。

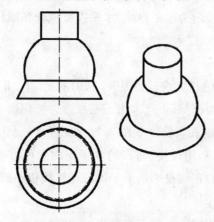

图 3-29　相贯线为圆

（4）两相交回转体共内切球时,其相贯线为两相交椭圆,如图 3-30 所示。

（a）　　　　　　　　　　　　　　　　　　（b）

图 3-30　相贯线为两相交椭圆

## 3.3.6　多个立体的相贯线

除了上述两个立体相贯外,有些机件由多个基本立体构成,它们的表面交线比较复杂,但是每段相贯线都是两个基本立体表面的交线,而两条相贯线的连接点是三个立体表面的共有点。画图时必须注意分析各个基本立体的形状、相对位置及它们之间的相交情况,应用相贯线的基本作图方法,逐一作出各相贯线的投影。

【例 3-14】　完成组合相贯线的正面投影及水平投影,如图 3-31（a）所示。

（1）空间及投影分析:由图 3-31（a）可以看出,该立体由圆柱 A、半球 B、圆柱 C 组成。其中 A 与 C 为圆柱正交,相贯线的侧面投影积聚在位于圆柱面 C 内的圆柱面 A 的积聚性投影上（上半圆）,水平投影积聚在位于圆柱面 A 内的圆柱面 C 的积聚性投影上（一段圆弧）,正面投影待求;A 与 B 为圆柱半球正交,相贯线的侧面投影积聚在位于半球 B 内的圆柱面 A

的积聚性投影上(下半圆),水平投影和正面投影待求;B 与 C 为圆柱与半球共轴相交,相贯线为水平圆,其正面和侧面投影为水平直线,水平投影重合在圆柱面 C 的积聚性圆上。三段相贯线的连接点为Ⅱ、Ⅲ两点。

(2)作图:

① 作圆柱 A 与圆柱 C 的相贯线。如图 3-31(b)所示,Ⅰ、Ⅱ、Ⅲ为特殊点,Ⅳ、Ⅴ为一般点,它们的水平和侧面投影为已知,由此求出正面投影。按侧面各点顺序,连接其正面投影。

② 作圆柱 A 与半球 B 的相贯线。如图 3-31(c)所示,Ⅵ、Ⅱ、Ⅲ为特殊点,Ⅶ、Ⅷ为一般点,它们的侧面投影为已知,利用过Ⅶ、Ⅷ点的水平辅助圆可以求出其水平和正面投影。按侧面各点顺序,连接其水平和正面投影。由于该段相贯线位于圆柱面 A 的下半部分,故水平不可见画虚线。

③ 圆柱 C 与半球 B 的相贯线。可以直接得到,注意侧面投影位于圆柱 A 区域的一段为虚线。最终结果如图 3-31(d)所示。

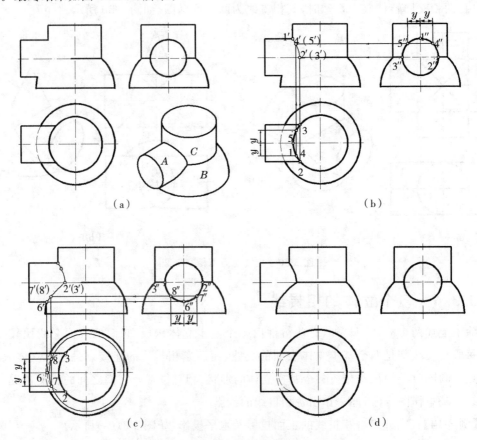

图 3-31　完成组合相贯线的正面投影及水平投影

### 3.3.7 相贯线的简化画法

当两个正交圆柱的直径相差较大时,其相贯线可用圆弧代替,即用大圆柱的半径作圆弧代替,并向大圆柱的轴线方向弯曲,如图3-32所示。

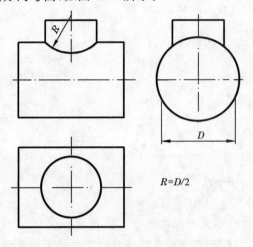

图 3-32 相贯线的近似画法

## 本章小结

表面均为平面的立体称为平面立体。常见的平面立体有棱柱、棱锥等。求作平面立体的投影图,只要画出平面立体表面各交线的投影。利用平面上取点取线的原理和方法就可在平面立体表面取点、取线。表面具有曲面的立体称为曲面立体。常见的曲面立体有圆柱、圆锥、圆球等。曲面立体的视图必须在对应的投影面上画出其转向轮廓线的投影。在曲面立体表面上取点、取线,若曲面的投影具有积聚性,则可以利用其积聚性作图;若没有积聚性,则可利用辅助素线或纬圆法求作。

用平面截切立体,平面与立体表面的交线称为截交线。截交线为封闭的平面图形。截交线是截平面与立体表面的共有线。截交线上的点是截平面与立体表面的共有点。求平面立体的截交线,可先求出截平面与平面立体各棱线的交点,然后依次用直线相连,求得截交线。平面与回转体相交,其截交线一般为封闭的平面曲线或平面曲线与直线围成的平面图形,截交线为非圆曲线时,求截交线的方法,就是求出一系列截平面与回转面共有点(不能丢失特殊点)的投影,然后将它们的同面投影依次光滑相连。

两立体相交,它们的表面产生的交线称为相贯线。两曲面立体的相贯线是两曲面立体表面的共有线,相贯线上的点是两曲面立体表面的共有点。在一般情况下,两曲面立体的相贯线是闭合的空间曲线,在特殊情况下,也可能是平面曲线或直线。求相贯线的实质可归结为求两曲面立体表面上一系列共有点,求相贯线的一般方法有表面取点法和辅助平面法。相贯线的投影若为非圆曲线,作图时应首先作出相贯线上的特殊点投影,再作出适当数量的一般点投影,最后将所求各点的同面投影,根据相贯线的投影特点用曲线光滑连接起来,即为所求相贯线的投影。

# 第4章 组合体

**学习目标**

☐ 熟悉组合体的组成方式。
☐ 学会运用形体分析法绘制组合体的视图。
☐ 熟练掌握读图和组合体尺寸标注的方法。
☐ 了解轴测图的基本知识,掌握简单组合体的正等轴测图画法。

## 4.1 组合体的形体分析

任何复杂的机器零件,从几何形体角度看,都可以认为是由一些基本立体(平面立体和曲面立体)所组成,我们将其称为组合体。

### 4.1.1 组合体的形体分析

任何复杂的物体都可以看成是由若干个基本几何体组合而成。这些基本体可以是完整的,也可以是经过钻孔、切槽等加工的。如图 4-1(a)所示的支座,可看成由圆筒、底板、肋板、耳板和凸台组合而成,如图 4-1(b)所示。在绘制组合体视图时,应首先将组合体分解成若干简单的基本体,并按各部分的位置关系和组合形式画出各基本几何体的投影,综合起来即得到整个组合体视图。这种假想把复杂的组合体分解成若干个基本形体,分析它们的形状、组合形式、相对位置和表面连接关系,使复杂问题简单化的思维方法称为形体分析法。它是组合体的画图、尺寸标注和看图的基本方法。

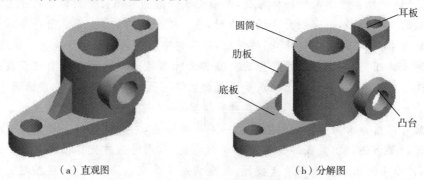

（a）直观图　　　　　　　　　　　　（b）分解图

**图 4-1　支座的形体分析**

### 4.1.2 组合体的组合形式

大多数的机件都可以看成是由一些基本立体经过叠加、切割等方式组合而成的组合体。如图 4-2(a)所示的六角头螺栓(毛坯),就是由圆柱和六棱柱叠加而成的;如图 4-2(b)所示的接头,则是从圆柱上切割掉两块而形成;形状较复杂的组合体一般是叠加和切割的综合形式,如图 4-2(c)所示。

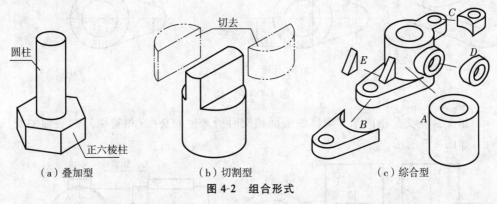

（a）叠加型 　　　　　（b）切割型 　　　　　（c）综合型

图 4-2 组合形式

### 4.1.3 组合体的各基本形体之间的表面连接关系

#### 1. 叠加型的组合体

叠加型的组合体各形体之间的表面连接关系,可分为堆叠、相切、相交等 3 种情况。

(1)堆叠。两个形体的结合面是平面接触。结合处两个基本形体的表面有共面和不共面 2 种情况。不共面时两个基本形体之间有分界线,如图 4-3(a)~(c)所示;共面(共平面或共曲面)时两个基本形体之间没有分界线,如图 4-3(d)、(e)所示。

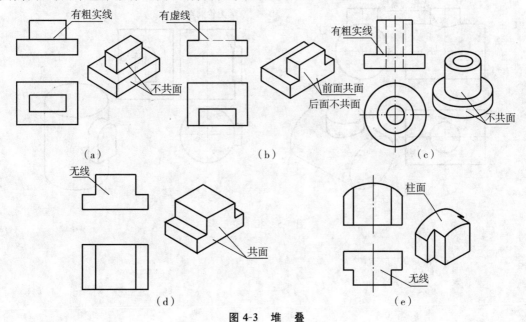

（a） 　　　　　（b） 　　　　　（c）

（d） 　　　　　（e）

图 4-3 堆 叠

（2）相切。当两个基本形体结合处的表面相切时,在相切处不画分界线,如图 4-4 所示。

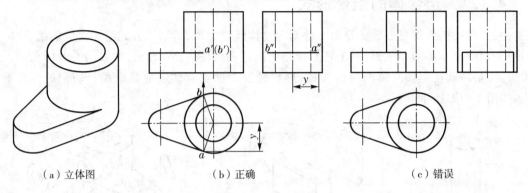

（a）立体图          （b）正确          （c）错误

图 4-4  相  切

（3）相交。相交是指两基本形体的表面相交时所产生的交线（相贯线）,两表面的交线必须画出,如图 4-5 所示。

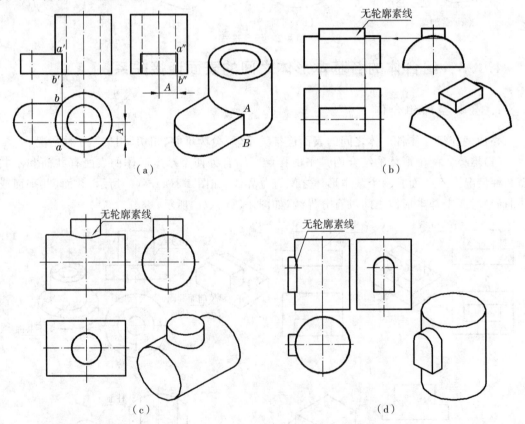

（a）                                  （b）

（c）                                  （d）

图 4-5  相  交

## 2.切割型组合体

基本形体被切割或穿孔后,其表面会产生各种形状的截交线或相贯线,如图 4-6 所示。截交线和相贯线的作法在前面章节中已介绍,这里不再作阐述。

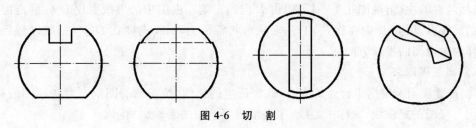

图 4-6 切 割

# 4.2 组合体的三视图画法

在组合体的视图表达和阅读时,要将形状比较复杂的组合体分解为若干基本形体,并确定这些基本形体的相对位置及各基本形体之间的连接关系,从而可将复杂的问题化为简单的问题处理。

## 4.2.1 叠加型组合体的三视图画法

以图 4-7 所示的轴承座为例说明绘图过程。

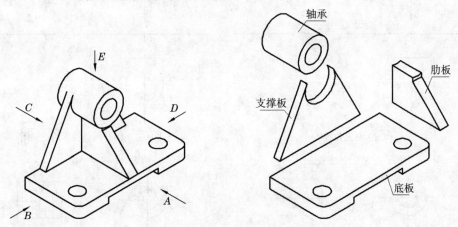

图 4-7 轴承座的形体分析和视图选择

(1)形体分析。该零件由底板、轴承、支撑板、肋板 4 个部分组成。轴承是一个空心圆柱体。底板、支撑板、肋板均为柱体,它们之间的组合为堆叠,且表面不共面;支撑板两侧面与轴承外圆柱面相切;肋板两侧面与轴承外圆柱面相交。

(2)视图选择。在三视图中,主视图应尽量能反映组合体的形状特征。一般选择原则:

① 放置位置。将组合体自然放正,并考虑使组合体的主要平面或主要轴线与投影面平行或垂直。对于本例使底板与水平面平行。

② 投影方向。以最能清楚地表达组合体的位置和形状特征以及能减少其他视图上虚

线的那个方向,作为主视图的投影方向。

如图 4-7 所示,轴承座以自然位置(底面与水平面平行)放置后,对由箭头所示的 *A*、*B*、*C* 和 *D* 四个方向的投影进行比较,以 *A* 向和 *C* 向作为主视图投影方向进行比较,显然 *A* 向要 比 *C* 向好。因 *C* 向的主视图虚线太多,使视图不是很清楚,不利于读图;再比较 *B* 向和 *D* 向,虽然两者的主、俯视图几乎一样,但由 *B* 向确定的左视图中的虚线要比 *D* 向确定的左视 图中的虚线多,因此 *D* 向要比 *B* 向好;而从形状特征上看,*A* 向要比 *D* 向好,所以最后确定 *A* 向作为主视图的投影方向。

(3)画三视图。

① 布置视图。根据组合体的大小,选定适当的比例,按图纸的图幅布置各视图的位置, 即画出各视图的定位线、对称中心线、主要轴线等。如图 4-8(a)所示。

② 画底稿。按形体分析法的分析,用细线逐步画出组合体各形体的三视图。先画主要 形体,后画次要形体,画后一个形体要注意与先前画的形体的相对位置、表面连接关系、遮挡 关系;先画各形体的基本轮廓,后画各形体的细节。在画各形体视图时,一般先画反映该形 体的形状特征的视图,然后按投影规律画出其他视图。如图 4-8(b)~(d)所示。

③ 检查加深。底稿画完之后必须仔细检查,纠正错误,擦去多余图线,按规定的线型加 深,如图 4-8(e)所示。

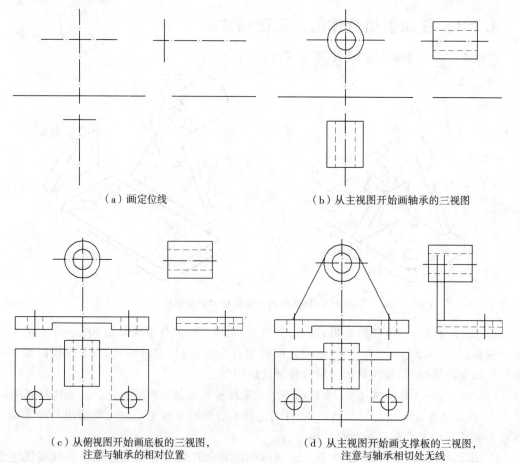

(a)画定位线  　　　(b)从主视图开始画轴承的三视图

(c)从俯视图开始画底板的三视图,  　　　(d)从主视图开始画支撑板的三视图,
注意与轴承的相对位置  　　　注意与轴承相切处无线

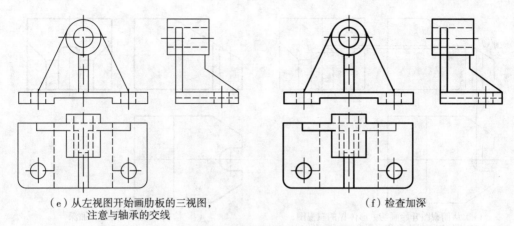

（e）从左视图开始画肋板的三视图，
注意与轴承的交线

（f）检查加深

图4-8 轴承座三视图的画图步骤

## 4.2.2 切割型组合体的三视图画法

对于切割型组合体，可以按切割顺序依次画出切去每一部分后的三视图。对于某些复杂表面，可以根据线面投影特性，分析其在各投影面上的投影，从而完成切割体的三视图的绘制。下面以图4-9（a）为例说明作图步骤。

（1）形体分析。如图4-9（a）所示，该组合体可视为由长方体Ⅰ依次切去Ⅱ、Ⅲ、Ⅳ形体而形成。

（2）选择主视图。选择原则如前例所述，现选择箭头所示 A 方向为主视图方向。

（3）画三视图。作图步骤如图4-9（b）～（f）所示。

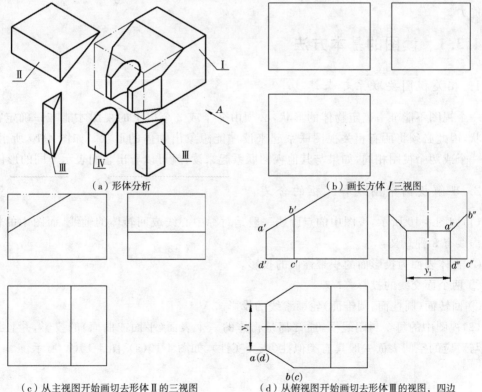

（a）形体分析

（b）画长方体 *I* 三视图

（c）从主视图开始画切去形体Ⅱ的三视图

（d）从俯视图开始画切去形体Ⅲ的视图，四边形*ABCD*的侧面投影利用水平和正面投影作出

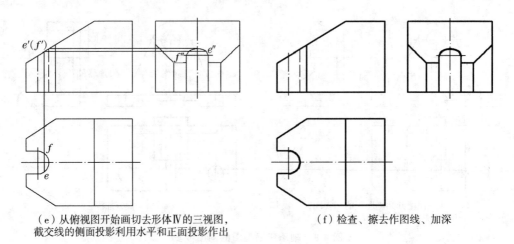

（e）从俯视图开始画切去形体Ⅳ的三视图，　　　　　　（f）检查、擦去作图线、加深
截交线的侧面投影利用水平和正面投影作出

图 4-9　切割型组合体画图步骤

# 4.3　读组合体视图

画图是把物体用正投影方法表达在图纸上，而读图则是根据已画出的视图，运用形体分析和点、线、面、体的投影分析，想象出物体的形状。所以，要能正确、迅速地读懂视图，必须掌握读图的基本要领和基本方法，培养空间想象能力和构思能力，通过不断实践，逐步提高读图能力。

## 4.3.1　读图的基本方法

### 1. 相关视图要联系起来读

一个视图不能唯一确定物体的形状，必须由 2 个或 2 个以上的视图才能唯一确定物体的形状，因此必须将所有相关视图联系起来读才能想象出物体的形状。如图 4-10 所示，它们某一个或两个视图相同，如果与其他视图联系起来读，就可以看出它们表示不同的形体。

### 2. 理解视图中图线和线框的含义

（1）如图 4-10 所示，视图中的点画线一般是对称中心线或回转体的轴线，而图中的粗实线和虚线有 3 种意义：

① 物体表面为投影面的积聚性面的投影。

② 两个面交线的投影。

③ 回转面（圆柱面、圆锥面）轮廓素线的投影。

（2）视图中的每个封闭线框，通常都是物体的一个表面（平面或曲面）的投影，并且封闭线框与对应的空间表面一般具有类似性（或真实性），如图 4-10（a）、图 4-10（b）所示。

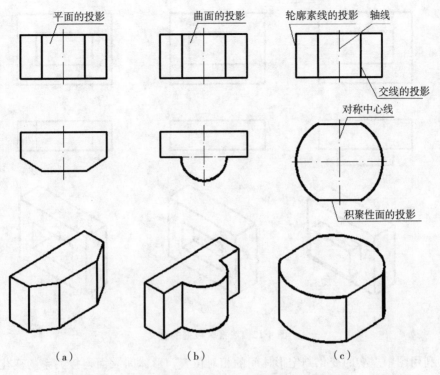

图 4-10 一个视图可确定各种不同形状的物体示例

（3）视图上相邻的封闭线框，通常表示（上下、前后或左右）错开的相邻面或相交的面，如图 4-11 所示。若线框内仍有线框，通常表示两个面凹凸不平或具有通孔，如图 4-12 所示。

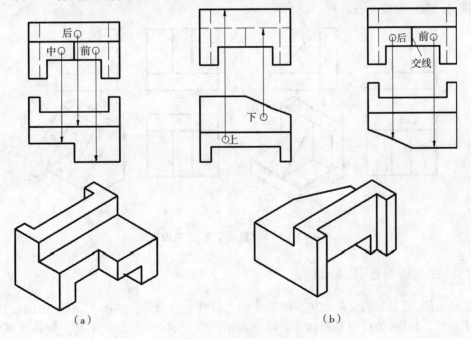

图 4-11 相邻线框的含义

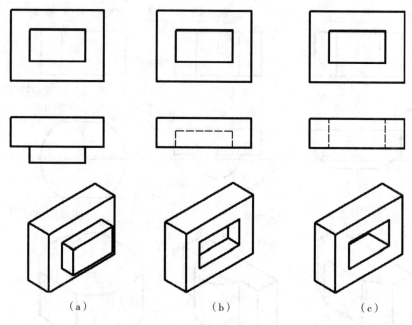

（a）　　　　　　（b）　　　　　　（c）

图 4-12　线框套线框的含义

（4）利用图中虚实的变化判定形体间的相对位置。形体间表面连接关系的变化，会使视图中的图线也产生相应的变化。如图 4-13（a）所示，左视图中三角形肋板与底板的连接线是可见的实线，说明它们左面不平齐。因此，三角形肋板是在底板的中间。而图 4-13（b）左视图中三角形肋板与底板的连接线是不可见的虚线，说明它们左面平齐。因此，根据俯视图，可以肯定三角形肋板左右各有一块。

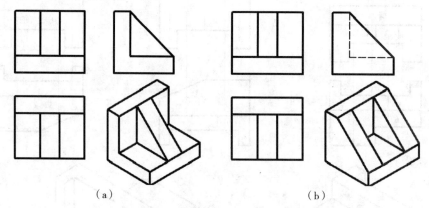

（a）　　　　　　　　　　（b）

图 4-13　形体位置的变化，虚实线改变

### 3.找出反映形体特征的视图

特征视图，就是最能反映物体形状特征和位置特征的视图。如图 4-14（a）中的左视图是形体Ⅰ的特征视图，俯视图是形体Ⅱ的特征视图。图 4-14（b）的左视图是位置特征视图，它们清楚地反映了形体Ⅰ、Ⅱ的位置。

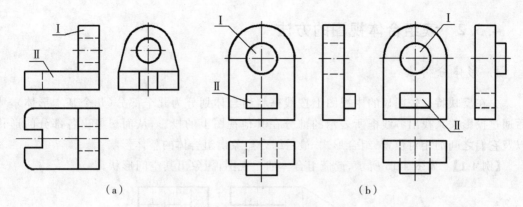

图 4-14 善于找特征视图

### 4.善于构思物体的形状

读图过程是不断地把想象中的物体与给定视图反复对照、反复修改的思维过程。为了提高读图的能力,应不断培养构思物体形状的能力,从而进一步丰富空间想象能力,达到能正确和迅速地读懂视图。图 4-15 表明了这个过程。

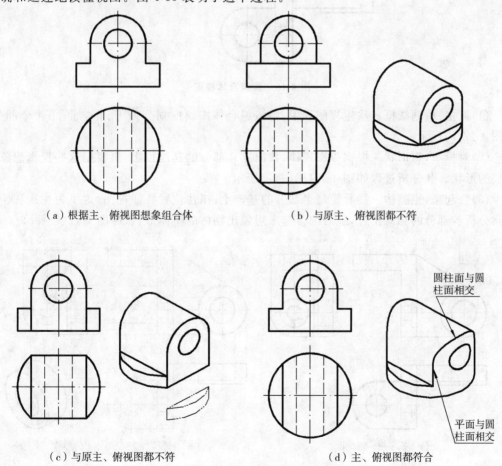

（a）根据主、俯视图想象组合体　　　　（b）与原主、俯视图都不符

（c）与原主、俯视图都不符　　　　（d）主、俯视图都符合

图 4-15 对照、修正,想象出正确的组合体

## 4.3.2 读组合体视图的方法

### 1. 形体分析法

先在反映特征较明显的主视图上按线框将组合体划分为几个部分（几个基本形体），然后通过投影关系找出各线框所表示的部分在其他视图上的投影，从而想象出各部分的形状以及它们之间的相对位置、组合形式，最后综合想象出组合体的整体形状。

【例 4-1】 如图 4-16 所示，读懂组合体的三视图，想象出其空间形状。

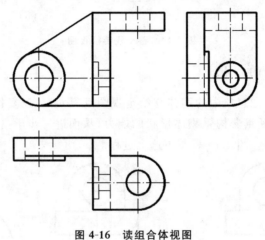

图 4-16　读组合体视图

（1）抓主视，划线框。从主视图入手，将该组合体按线框划分为Ⅰ、Ⅱ、Ⅲ、Ⅳ4 个部分，如图 4-17（a）所示。

（2）对投影，想形状。根据投影规律，找出这几部分的其他投影，再根据这些投影想象出它们的形状。其分析过程如图 4-17（b）～（e）所示。

（3）合起来，想整体。在看懂每个部分的基础上，抓住位置特征视图（这里为主视和俯视图），分析各部分的相对位置，最后综合起来想象出物体的整体形状，如图 4-17（f）所示。

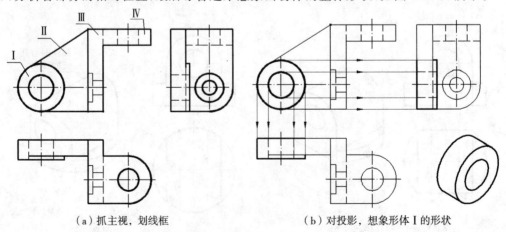

（a）抓主视，划线框　　　　　　　　　　（b）对投影，想象形体Ⅰ的形状

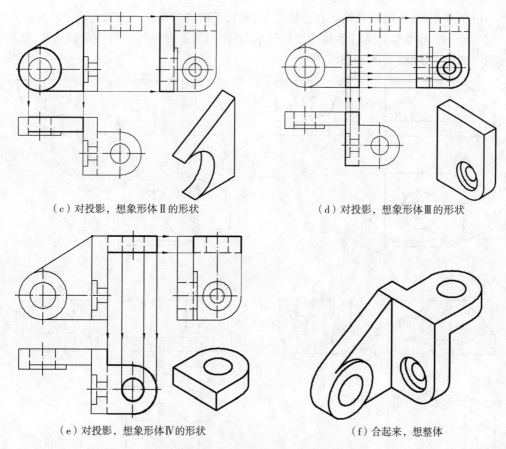

（c）对投影，想象形体Ⅱ的形状　　　　　　　　（d）对投影，想象形体Ⅲ的形状

（e）对投影，想象形体Ⅳ的形状　　　　　　　　　（f）合起来，想整体

**图 4-17　形体分析法读组合体视图的过程**

## 2.线面分析法

对于切割型组合体，某些表面形状比较复杂，常采用线面分析法。首先用上述分线框，对投影的方法分析出物体切割前的基本形状，然后分析切割平面的位置，找出切割后断面的特征视图，从而分析出形体表面的特征，最后综合想象出组合体的整体形状。

**【例 4-2】**　如图 4-18（a）所示压块的三视图，读懂其三视图，想象空间形状。

（1）想原型，定切割面。根据图 4-18（a）三视图，该压块初始形状为一个长方体经多次切割而成。由主、俯视图可以看出靠右方挖去一阶梯孔。从主视图看，左上角被切去一块；从俯视图看左端前后各被切去一块；从左视图上看，下部前后部位均被切去一块。

（2）线面分析，定表面。如图 4-18（b）所示，俯视图上封闭梯形线框 $p$，对应主视图只有直线 $p'$，而左视图上可以找到与之对应的类似形 $p''$，于是可断定 $P$ 面为垂直于正面的梯形。长方体的左上方即被正垂面切割。

如图 4-18（c）所示，主视图上封闭七边形线框 $q'$，对应俯视图只有直线 $q$，而左视图上可以找到与之对应的类似形 $q''$，于是可断定 $Q$ 面为垂直于水平面的七边形。长方体的左端被铅垂面切割。

如图 4-18（d）、（e）所示，用同样的方法可以分析出平面 $R$ 与平面 $T$ 均为正平面的矩形。在主视图上它们为相邻两线框，由左视图可以看出平面 $R$ 在平面 $T$ 的前面，并且在两者之间还有一个水平面,由此可以确定在压块的下方前、后两侧各切掉一个长方块。

(3)合起来,想整体。通过形体和面形分析,逐步弄清各表面的空间位置和形状,从而可以想象出物体的形状,如图 4-18(f)所示。

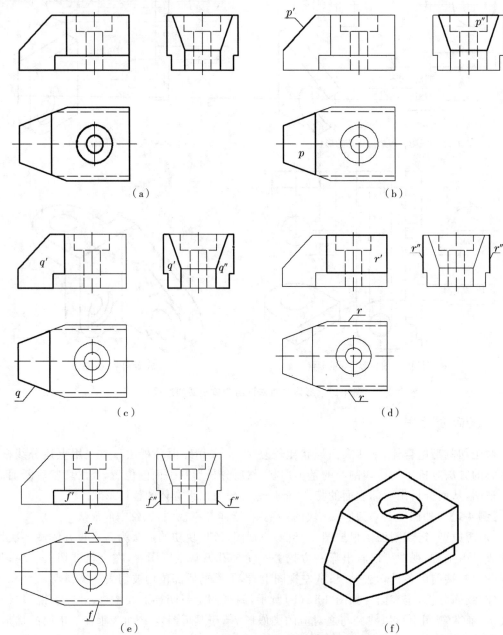

图 4-18　线面分析法读组合体视图

小结:

(1)形体分析法和线面分析法两者都是划线框、对投影,但形体分析法是从体的角度出发,得到的是一个形体的三个投影,而线面分析法是从物体的表面出发,得到的是一个面的三个投影。

(2)形体分析法适合于叠加方式形成的组合体,线面分析法比较适合切割方式形成的组合体。而往往一个组合体既有叠加又有切割,读图时,一般以形体分析为主,想象出物体总体结构形状,而对于复杂的局部切割,采用面形分析,确定这些部位表面的形状和位置。

### 3.已知物体的两个视图求第三视图

已知物体的两个视图求第三视图是一种培养和检验读图能力的一种方法。先用形体分析法和线面分析法读懂已知的两视图,再利用形体分析法和线面分析法补画出第三视图。

【例 4-3】 如图 4-19(a)所示,已知物体主、左视图,补画俯视图。

(1)读懂已给的两视图,想象出物体的形状。根据主视图可以将物体分为 $A$、$B$、$C$、$D$ 四个部分,如图 4-19(a)所示。各部分的分析如图 4-19(b)～(d)所示。

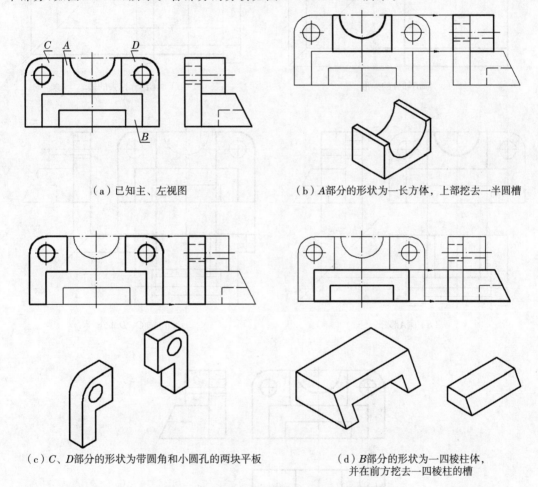

（a）已知主、左视图

（b）$A$部分的形状为一长方体,上部挖去一半圆槽

（c）$C$、$D$部分的形状为带圆角和小圆孔的两块平板

（d）$B$部分的形状为一四棱柱体, 并在前方挖去一四棱柱的槽

**图 4-19 由两视图补画第三视图的形体分析**

再从主、左视图上可以看出,$A$ 部分位于 $B$ 部分的上方中间靠后,$C$、$D$ 部分则分居 $A$、$B$ 部分的两侧,且 $A$、$B$、$C$、$D$ 后侧面共面。

综合上述分析,可想象出如图 4-20 所示的空间形状。

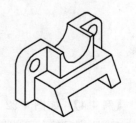

**图 4-20 想象出的物体形状**

（2）补画俯视图。用形体分析的方法,逐个补画出各部分的俯视图,最后完成整个组合体的俯视图。作图次序如图 4-21 所示。

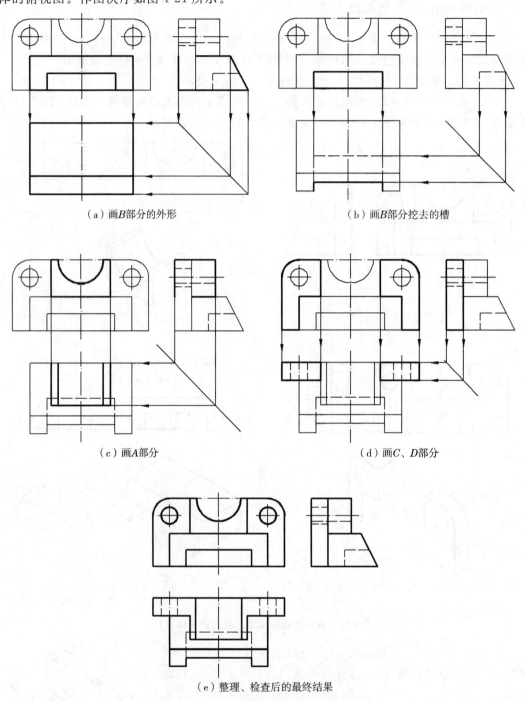

（a）画B部分的外形

（b）画B部分挖去的槽

（c）画A部分

（d）画C、D部分

（e）整理、检查后的最终结果

图 4-21 由两视图补画第三视图的方法

【例 4-4】 如图 4-22 所示,已知物体主、左视图,补画俯视图。

（1）读懂已给的两视图,想象出物体的形状。从主、左视图外部轮廓可知,该物体是由一

个长方体切割而成。主视图的缺口说明长方
体左上角被正垂面 $P$ 切去一块三棱柱,如图
4-23(a)所示;左视图的缺口说明长方体前面被
侧垂面 $Q$ 和水平面 $R$ 切去一块柱体。最终形
状如图 4-23(b)所示。

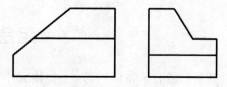

图 4-22　补画俯视图

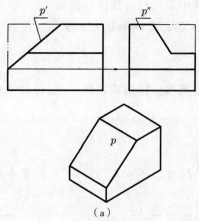

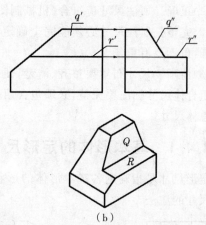

(a)　　　　　　　　　　　　　　　　　(b)

图 4-23　读图过程

(2)补画俯视图。按顺序分别画出长方体及被切去各块后的俯视图,如图 4-24(a)~(c)
所示。最后验证正垂面 $P$ 的 $p$ 与 $p''$ 是否类似。

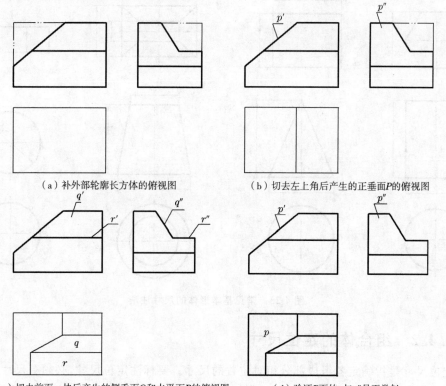

(a)补外部轮廓长方体的俯视图　　　　　　(b)切去左上角后产生的正垂面 $P$ 的俯视图

(c)切去前面一块后产生的侧垂面 $Q$ 和水平面 $R$ 的俯视图　　(d)验证 $P$ 面的 $p$ 与 $p''$ 是否类似

图 4-24　补图过程

# 4.4　组合体的尺寸标注

视图只能表示物体的形状,物体大小则要靠尺寸来确定。标注组合体尺寸的基本要求是:

(1)正确。所注尺寸应符合《机械制图》国家标准中有关尺寸注法的规定。

(2)完整。所注尺寸必须能完全确定组成组合体各部分的形状大小及相对位置。既不能遗漏,也不要有重复。

(3)清晰。尺寸布置要整齐、清楚,便于阅读。

组合体尺寸标注要完整,必须包含组成组合体各基本形体的定形尺寸、定位尺寸和组合体的总体尺寸。

## 4.4.1　基本形体的定形尺寸

定形尺寸是指确定各基本形体的形状和大小的尺寸。图 4-25 示出了常见基本形体的定形尺寸的注法。

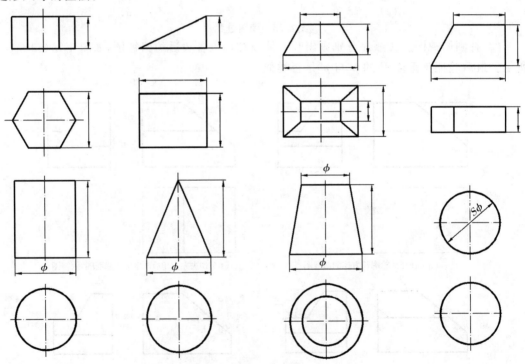

图 4-25　常见基本形体的尺寸注法

## 4.4.2　组合体的定位尺寸

定位尺寸是指确定各组成部分相对位置的尺寸。要标注定位尺寸,必须有尺寸基准。

尺寸基准是指标注尺寸的起始点。物体有长、宽、高三个方向的尺寸,在每个方向上至少有一个尺寸基准。通常以物体的对称面(线)、轴线、底面和端面作为尺寸基准。图 4-26

所示是一些常见形体的定位尺寸。

需要注意的是,回转体的定位尺寸,一般是标注它的轴线的位置,不能标注其轮廓素线的位置。

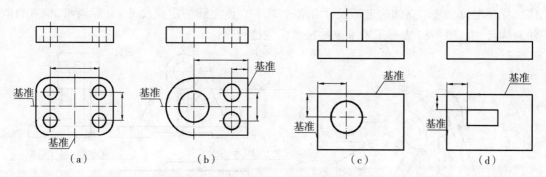

图 4-26　常见形体的定位尺寸及基准要素

### 4.4.3　截切、相贯体的尺寸标注

图 4-27 是切割立体的尺寸标注示例,在图中除了应该标注基本立体的定形尺寸外,还应该注出截平面的定位尺寸。注意,不能直接在截交线上标注尺寸。

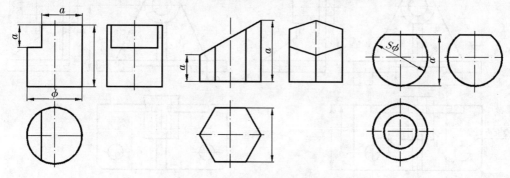

图 4-27　切割体的尺寸注法

图 4-28 是相贯立体的尺寸标注示例,在图中除了应该标注每个基本立体的定形尺寸外,还应该注出两相交立体的定位尺寸。注意,不能直接在相贯线上标注尺寸。

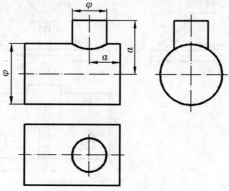

图 4-28　想象出的物体形状

### 4.4.4 标注组合体尺寸的方法

标注尺寸时,一般先对组合体进行形体分析,选定长、宽、高三个方向的尺寸基准,然后依次标注出每个基本立体的定形尺寸和各个基本立体之间的定位尺寸,最后调整、检查、标注总体尺寸。图4-29表示了轴承座的尺寸标注过程。

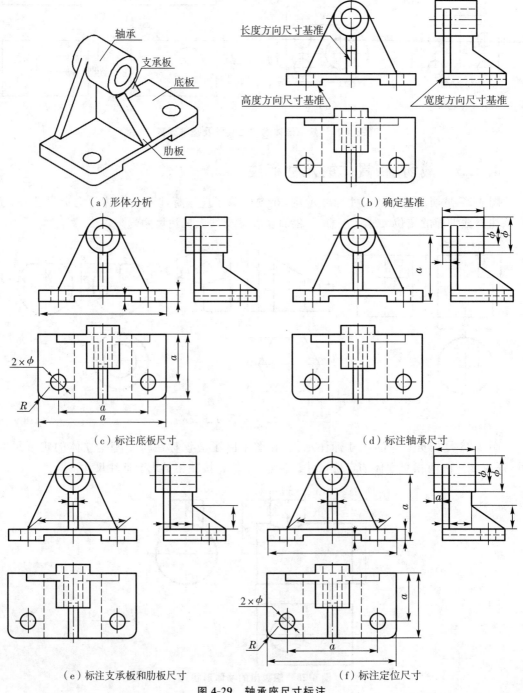

（a）形体分析

（b）确定基准

（c）标注底板尺寸

（d）标注轴承尺寸

（e）标注支承板和肋板尺寸

（f）标注定位尺寸

**图4-29 轴承座尺寸标注**

## 4.4.5 组合体尺寸标注的注意点

(1)同一形体的尺寸应尽量集中标注,且尽量标注在形状特征最明显的视图上,以便于读图,如图 4-30 所示。

(2)半径尺寸都应注在投影为圆弧的视图上,如图 4-30 所示。

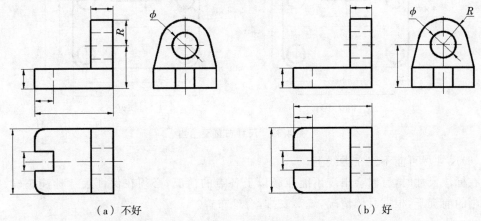

（a）不好　　　　　　　　　　　　　　（b）好

**图 4-30　尺寸要集中标注在特征视图上**

(3)同轴圆柱,直径尺寸尽量标注在投影为非圆的视图上,如图 4-31 所示。

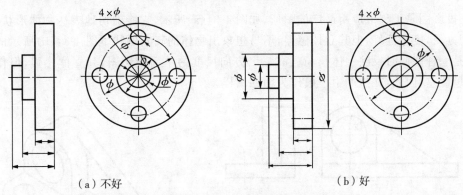

（a）不好　　　　　　　　　　　　　　（b）好

**图 4-31　回转体直径尺寸尽量标注在非圆视图上**

(4)对称结构的尺寸,不能只注一半,如图 4-32 所示。

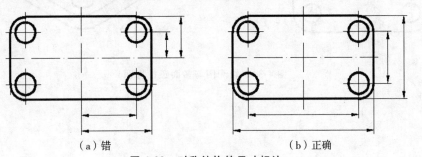

（a）错　　　　　　　　　　　　　　（b）正确

**图 4-32　对称结构的尺寸标注**

(5)标注尺寸排列要整齐。小尺寸在内,大尺寸在外;平行尺寸之间的间隔应一致;尺寸尽量布置在视图外面,以免尺寸线、尺寸数字与视图轮廓相交。特别注意,当无法避免尺寸数字与其他图线重合时,其他图线应断开,如图4-33所示。

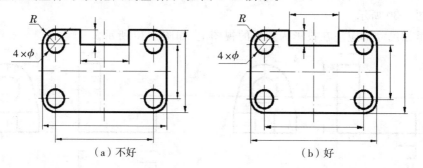

（a）不好　　　　　　　　　　　　（b）好

图 4-33　尺寸布置要恰当

(6)尺寸尽可能不注在虚线上。

在标注尺寸时,有时会出现不能兼顾以上各点的情况,必须在保证尺寸标注正确、完整和清晰的前提下,根据具体情况,统筹安排,合理布置。

# 4.5　轴测图

正投影图是工程上应用最广的图形,如图4-34(a)所示,它能确切地表达物体形状大小,且作图方便,度量性好,但其立体感差,不易想象出物体的真实形状。图4-34(b)所示的是轴测图,是一种能同时反映物体长、宽、高三个方向尺度的单面投影图,其立体感强,但作图麻烦,度量性差,因此,在生产中一般作为辅助图样。

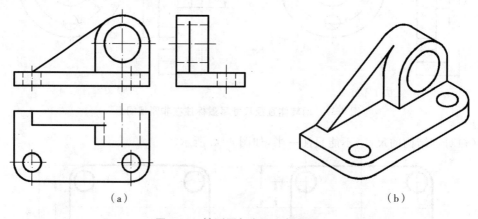

（a）　　　　　　　　　　　　　　　（b）

图 4-34　轴测图与多面正投影图

### 4.5.1 轴测图的基本知识

**1.轴测图的形成**

将物体连同其参考直角坐标系,沿不平行任一坐标面的方向,用平行投影法投射在单一投影面上所得到的图形称为轴测投影或轴测图。轴测投影中的单一投影面称为轴测投影面,用 $P$ 表示。空间直角坐标 $OX$、$OY$、$OZ$ 在 $P$ 面上的投影称为轴测轴,分别用 $O_1X_1$、$O_1Y_1$、$O_1Z_1$ 表示,如图 4-35 所示。用正投影法形成的轴测图形称为正轴测图,如图 4-35(a)所示,投射方向 $S$ 垂直于轴测投影面 $P$;用斜投影法形成的轴测图称为斜轴测图,如图 4-35(b)所示,投射方向 $S$ 倾斜于轴测投影面 $P$。

**2.轴间角和轴向伸缩系数**

轴测轴之间的夹角 $\angle X_1O_1Y_1$、$\angle X_1O_1Z_1$、$\angle Y_1O_1Z_1$ 称为轴间角。坐标轴轴向线段的投影长度与实际长度的比值称为轴向伸缩系数。$OX$、$OY$、$OZ$ 的轴向伸缩系数分别用 $p$、$q$、$r$ 表示,其定义如下(如图 4-35 所示):

$$p = \frac{O_1A_1}{OA}; \quad q = \frac{O_1B_1}{OB}; \quad r = \frac{O_1C_1}{OC}$$

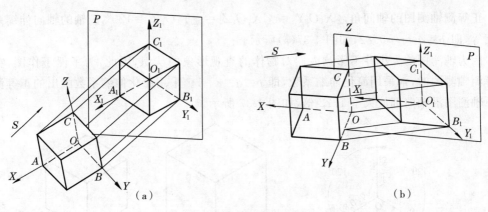

**图 4-35 轴测图的形成**

**3.轴测图的基本性质**

由于轴测投影是平行投影,所以具有平行投影的全部特性:
(1)物体上相互平行的线段,它们的轴测投影也相互平行。
(2)物体上与坐标轴相互平行的直线段,它们的轴测投影也平行于相应的轴测轴,且投影长度(即轴测图中)等于线段的实长与相应的轴向伸缩系数的乘积。因此,画轴测图时,凡是与坐标轴平行的直线段,可以沿着轴向进行作图和测量,"轴测"二字就是指"沿轴测量"的意思。

**4.轴测图的分类**

如前所述,按照投射方向不同,轴测图分为正轴测图和斜轴测图 2 类。每类再根据轴向伸缩系数的不同,又可分为 3 种(如图 4-36 所示)。为了作图方便,常采用正等测轴测图和斜二测轴测图。

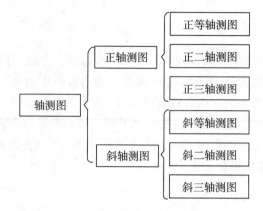

图 4-36 轴测图的分类

## 4.5.2 正等测轴测图

### 1. 轴间角和轴向伸缩系数

正等测轴测图的轴间角 $\angle X_1 O_1 Y_1 = \angle X_1 O_1 Z_1 = \angle Y_1 O_1 Z_1 = 120°$,三轴的轴向伸缩系数都相等,即 $p=q=r\approx0.82$,如图 4-37(a)所示。

因为轴测图的大小并不影响人们对物体的直观形象的认识,因此,为了便于作图,在画正等测轴测图时,常采用简化伸缩系数,即 $p=q=r=1$。采用简化伸缩系数画出的正等测图比原轴测图沿轴向都放大了 1.22 倍,如图 4-37 所示。

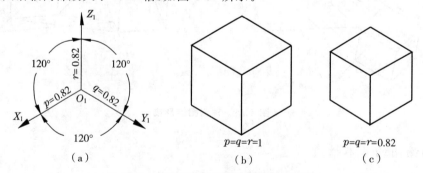

图 4-37 正等测的轴间角与轴向伸缩系数

### 2. 正等轴测图的画法

绘制物体轴测图的常用方法有坐标法、切割法和叠加法。其中坐标法是最基本的画法。

(1)坐标法。坐标法就是根据物体坐标关系定出物体表面各顶点的轴测投影,依次连接各顶点形成物体轴测图。

【例 4-5】 作出如图 4-38(a)所示正六棱柱的正等轴测图。

(1)分析:正六棱柱前后、左右对称,可选棱柱的轴线作为 Z 轴,棱柱顶面的中心为坐标原点 O。为减少不必要的作图线,首先作出正六棱柱顶面正六边形的轴测图,然后再作出各侧棱,最后连线作出底面完成正六棱柱的轴测图。

(2)作图:

① 画轴测轴 $O_1X_1$、$O_1Y_1$、$O_1Z_1$,并根据 $a$ 和 $b$ 在轴测轴上直接定出 $I_1$、$IV_1$、$D_1$、$E_1$ 四点,如图 4-38(b)所示。

② 过 $D_1$、$E_1$ 两点分别作 $O_1X_1$ 的平行线,在线上定出 $II_1$、$III_1$、$V_1$、$VI_1$ 各点;依次连接各顶点即得顶面的轴测图,如图 4-38(c)所示。

③ 过顶点 $VI_1$、$I_1$、$II_1$、$III_1$ 向下作 $OZ$ 轴的平行线,并在其上量取高度 $h$,依次连接得底面的轴测图,然后描深,如图 4-38(d)所示。在轴测图上,不可见的线一般不画出。

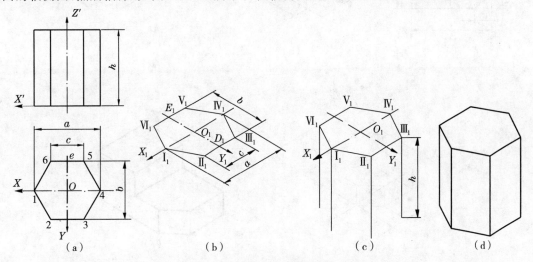

图 4-38 正六棱柱正等测的作图步骤

(2)切割法。如果物体是由基本立体通过一系列的切割而形成,此时可以先画出完整的基本立体,再在其上逐步"切割",最终得到物体的轴测图的方法,称为切割法。

【例 4-6】 求作图 4-39(a)所示立体的正等轴测图。

(1)分析:该立体可以看成由一个长方体切割而成。左上方被切去一个四棱柱,左前下方被切去一个三棱柱。画图时可先画出完整的长方体,再画出被切割部分,从而完成该立体的正等测图。

(2)作图:

① 选定坐标原点和轴测轴,根据尺寸 $l$、$w$、$h$ 先画出长方体的正等轴测图,如图 4-39(b)所示。

② 根据尺寸 $a$、$b$,在长方体左上角作出切掉一部分长方体后的立体正等轴测图,如图 4-39(c)所示。

③ 根据尺寸 $c$、$d$,在立体的左前方切去一三棱柱,即得该立体的正等轴测图,如图 4-39(d)所示。

④ 擦去多余作图线,加深后得如图 4-39(d)所示的正等轴测图。

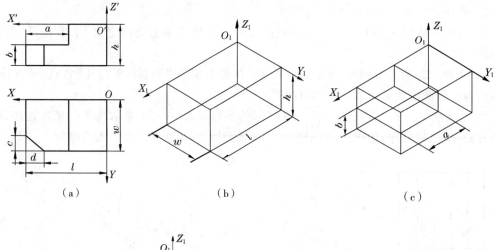

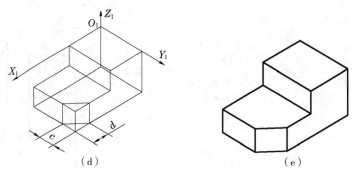

图 4-39　带切口的立体正等测的作图步骤

(3)叠加法。如果物体是由几个基本立体叠加而成,可以按照各部分的相对位置关系将它们各自的轴测图叠加起来,得到物体的轴测图的方法,称为叠加法。

【例 4-7】　求作如图 4-40(a)所示物体的正等轴测图。

(1)分析:该物体可以看成由一个大长方体叠加一个小长方体和一个三棱柱形成。根据它们的相对位置关系分别画出它们的轴测图。注意,画后一个基本形体时,首先用坐标法定出它与前一个形体的相对位置。

(2)作图:

① 选定坐标原点和轴测轴,根据尺寸 $l$、$w$、$b$ 先画出大长方体的正等轴测图,如图 4-40(b)所示。

② 根据尺寸 $a$,定出小长方体与大长方体的位置,然后根据 $c$、$d$、$h$ 画出小长方体正等轴测图,如图 4-40(c)所示。

③ 根据尺寸 $e$,定出三棱柱与大长方体的位置,然后根据 $f$ 画出三棱柱的正等轴测图,如图 4-40(d)所示。

④ 擦去多余作图线,加深后得如图 4-40(e)所示的正等轴测图。

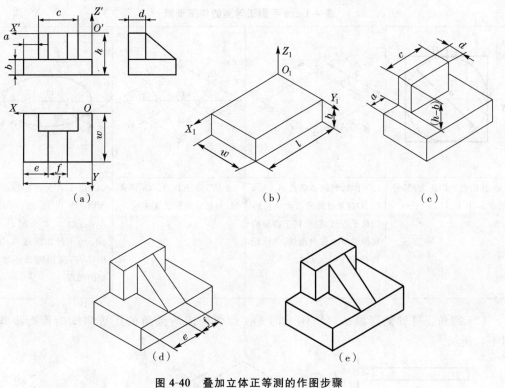

(a)　　　　　　　　(b)　　　　　　　　(c)

(d)　　　　　　　　(e)

**图 4-40　叠加立体正等测的作图步骤**

## 3.回转体的正等轴测图画法

(1)平行于坐标面的圆的正等测画法。平行于三个坐标面的圆的正等测均为椭圆,如图 4-41 所示。通常用"菱形法"近似作图。

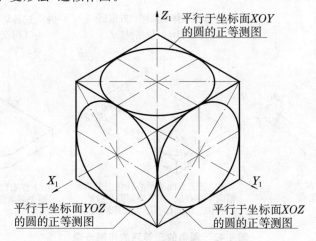

**图 4-41　坐标面圆的正等测**

表 4-1 表示了水平面的圆的正等测的作图方法。

表 4-1 水平圆正等测的作图步骤

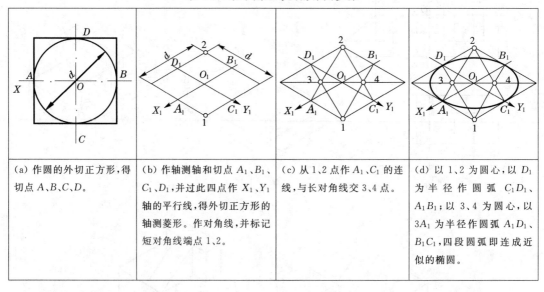

| (a) 作圆的外切正方形,得切点 A、B、C、D。 | (b) 作轴测轴和切点 $A_1$、$B_1$、$C_1$、$D_1$,并过此四点作 $X_1$、$Y_1$ 轴的平行线,得外切正方形的轴测菱形。作对角线,并标记短对角线端点 1、2。 | (c) 从 1、2 点作 $A_1$、$C_1$ 的连线,与长对角线交 3、4 点。 | (d) 以 1、2 为圆心,以 $D_1$ 为半径作圆弧 $C_1D_1$、$A_1B_1$;以 3、4 为圆心,以 $3A_1$ 为半径作圆弧 $A_1D_1$、$B_1C_1$,四段圆弧即连成近似的椭圆。 |
|---|---|---|---|

（2）圆角正等轴测图画法。物体上的 1/4 圆弧构成的圆角的正等测图的作图步骤如图 4-42所示。

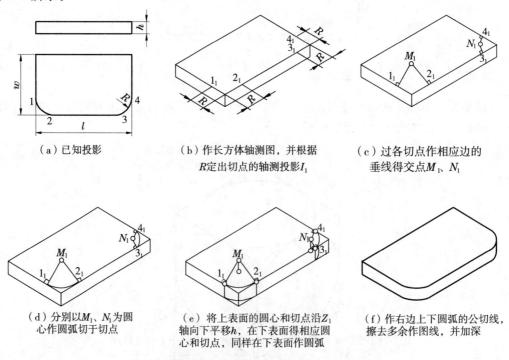

图 4-42 圆角的正等测的作图步骤

（3）回转体的正等轴测图画法。

【例 4-8】 作圆柱的正等轴测图。

分析：作图时，可分别作出顶圆和底圆的正等测图，然后再作两椭圆的公切线。

作图步骤如图 4-43 所示。

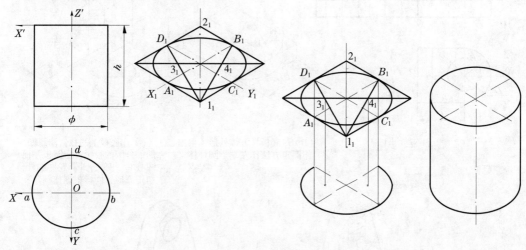

**图 4-43 圆柱的正等测的作图步骤**

【例 4-9】 作横放圆台的正等轴测图。

圆锥体的作图方法与圆柱体类似，具体作图步骤如图 4-44 所示。

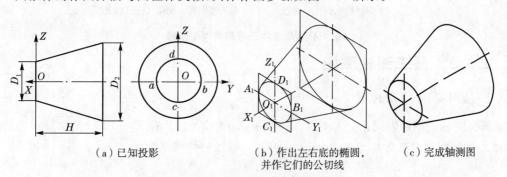

（a）已知投影          （b）作出左右底的椭圆，          （c）完成轴测图
                            并作它们的公切线

**图 4-44 圆锥正等测的作图步骤**

【例 4-10】 作如图 4-45(a)所示组合体的正等轴测图。

分析：该物体可以看成由一个底板和一个竖板组成。作图时根据它们的相对位置关系分别画出它们的轴测图。作图步骤如图 4-45(b)～(e)所示。

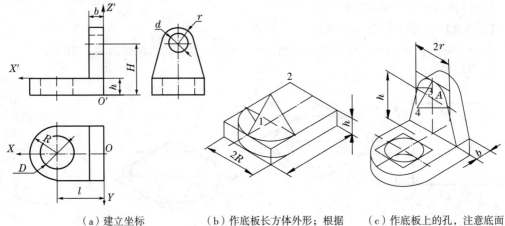

（a）建立坐标　　　　　　（b）作底板长方体外形；根据　　　（c）作底板上的孔，注意底面
　　　　　　　　　　　　　作圆角方法作左端半圆柱体　　　　的部分圆的投影；定竖板左面
　　　　　　　　　　　　　　　　　　　　　　　　　　　　　圆心A，作部分外圆轮廓的外
　　　　　　　　　　　　　　　　　　　　　　　　　　　　　切正方形，同样根据作圆角

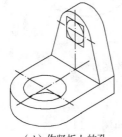 

（d）作竖板上的孔　　　　　（e）擦去作图线，加深，完成轴测图

图 4-45　组合体正等测的作图步骤

## 4.5.3　斜二测轴测图

### 1.轴间角和轴向伸缩系数

　　斜二测轴测图的轴间角 $\angle X_1O_1Z_1=90°$，$\angle X_1O_1Y_1=\angle Y_1O_1Z_1=135°$；$X$ 轴轴向伸缩系数和 $Z$ 轴轴向伸缩系数均等于 1，即 $p=r=1$，$Y$ 轴轴向伸缩系数 $q=0.5$，如图 4-46 所示。

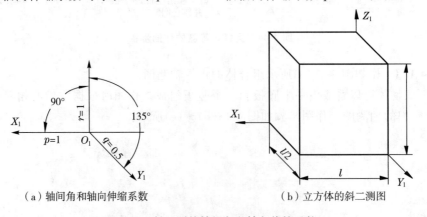

（a）轴间角和轴向伸缩系数　　　　　　　（b）立方体的斜二测图

图 4-46　斜二测的轴间角和轴向伸缩系数

### 2.斜二测轴测图的画法

由于斜二测的正面(平行于 $XOZ$ 坐标面)能反映物体正面的实形,因此画斜二测时,当物体某个面的形状比较复杂,且具有较多圆或圆弧时,常将该面置于与 $XOZ$ 坐标面平行,这样作图较为方便。

【**例 4-11**】 作出端盖的斜二测轴测图,如图 4-47(a)所示。

分析:该物体的前面有较多的圆,故采用斜二测作图比较方便,坐标原点设在中间圆的圆心上。作图时,先作后面大圆盘,然后再作前面的圆筒。具体作图步骤如图 4-47 所示。

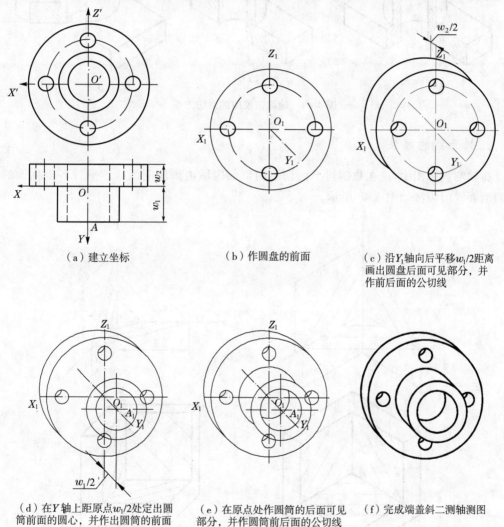

（a）建立坐标

（b）作圆盘的前面

（c）沿$Y_1$轴向后平移$w_1/2$距离画出圆盘后面可见部分,并作前后面的公切线

（d）在$Y$轴上距原点$w_1/2$处定出圆筒前面的圆心,并作出圆筒的前面

（e）在原点处作圆筒的后面可见部分,并作圆筒前后面的公切线

（f）完成端盖斜二测轴测图

**图 4-47 端盖的斜二测轴测图作法**

## 4.5.4 轴测剖视图的画法

在轴测图上,为了表示机件的内部形状,可假想用剖切平面将零件的一部分剖去,这种剖切后的轴测图称为轴测剖视图。

### 1. 轴测剖视图的剖切方法

一般采用两个剖切平面沿坐标面方向切掉零件的四分之一将零件剖开(如图 4-48(a)所示)。尽量避免用一个剖切平面剖切整个零件(如图 4-48(b)所示)和选择不正确的剖切位置(如图 4-48(c)所示)。

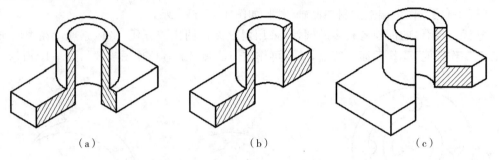

（a） （b） （c）

**图 4-48 轴测剖视图的剖切方法**

### 2. 剖面线的画法

在轴测剖视图中,应在被剖切平面切出的剖面区域内画出剖面线。平行各坐标面的剖面的剖面线的画法如图 4-49 所示。

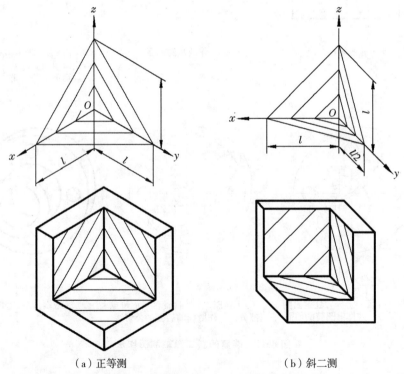

（a）正等测 （b）斜二测

**图 4-49 轴测剖视图中剖面线的画法**

3. 轴测剖视图的画法

轴测剖视图的具体画法有下述 2 种(以正等轴测图为例)。

(1)画法一:先画外形再剖切。

① 确定坐标轴的位置,如图 4-50(a)所示。

② 画出外形轮廓的轴测图,如图 4-50(b)所示。

③ 沿 X、Y 轴向分别画出剖切平面与圆筒内外表面的交线,得到断面形状,如图 4-50(c)所示。

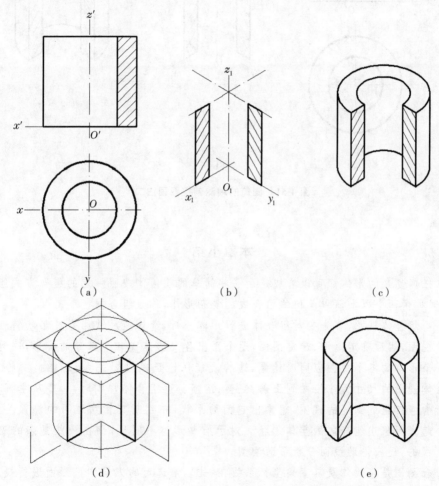

图 4-50  圆筒的轴测剖视图画法一

④ 画出剖切后下部孔的轴测投影,如图 4-50(d)所示。

⑤ 最后擦去被剖切掉的四分之一部分轮廓,并画上剖面线,即完成该底座的轴测剖视图(如图 4-50(e)所示)。

(2)画法二:先画断面形状,再画剖开后的可见轮廓。

① 确定坐标轴的位置,如图 4-51(a)所示。

② 在轴测图上作出 $X_1O_1Z_1$ 和 $Y_1O_1Z_1$ 面上的断面的形状和剖面线,如图 4-51(b)所示。

③ 画出剖面后的可见投影。注意不要漏画剖开后孔中可见的线,如图 4-51(c)所示。画法二的特点是可以少画被切去部分的线,但对初学者来说,画法一比较容易入手。

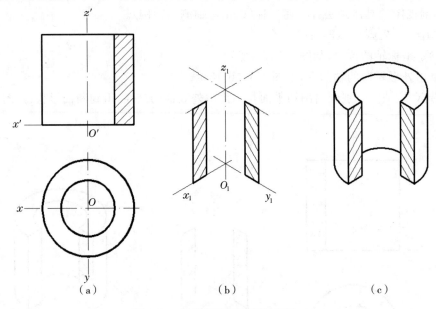

图 4-51　圆筒的轴测剖视图画法二

## 本章小结

任何复杂的形体都可以看成是由一些简单的几何体按照一定的组合方式组合而成的,这种由两个以上简单几何体组合成的复杂形体,称为组合体。

画组合体视图,首先要对组合体进行形体分析,选择能反映组合体形状特征的视图为主视图,然后确定比例、选定图幅,逐个画出各个形体或各个部分的投影,同时应注意同一个形体的各个视图应同时绘制,这样既能保证正确投影关系,还能提高绘图速度。组合体视图的尺寸标注应做到正确、完整、清晰。读组合体视图时,一般从主视图入手,分析看懂各组成部分的视图,想象出它们的形状,并判断其相互之间的位置关系,最后综合起来想象出组合体的整体形状。对于有些形体不明显,存在一些复杂的表面或表面交线的,还应借助线面分析帮助读图。

轴测图是将物体及其直角坐标系放在一起,沿选定的方向向投影面进行投影,而得到的一个同时反映物体长、宽、高的三个表面的图形。该图形能直接表示物体的立体形状,立体感强,易读懂。正等轴测图的三个轴间角相等,均为 $120°$;三个轴间伸缩系数也相等($p_1=q_1=r_1\approx0.82$)。在实际作图时,为了作图方便,常采用简化伸缩系数,即 $p=q=r=1$。斜二等轴测图在 $OX$、$OZ$ 轴的轴向伸缩系数相等($p_1=r_1=1$),而 $OY$ 轴的轴向伸缩系数 $q_1=0.5$,轴间角 $\angle X_1O_1Z_1=90°$,$\angle X_1O_1Y_1=\angle Y_1O_1Z_1=135°$。

# 第 **5** 章
## 机件的表达方法

**学习目标**

☐ 掌握视图、剖视图、断面图的概念、画法、标注方法和适用条件。

☐ 了解局部放大图和常用的简化表示法。

☐ 初步应用各种表达方法，完整、清晰地表达机件的内外结构形状。

当零件的结构形状比较复杂，为了使图样能够正确、完整、清晰地表达零件内外结构形状，仅用主、俯、左三个视图往往不能满足表达要求，因此，国家标准《机械制图》图样画法中规定了绘制机械图样的基本方法。本章主要介绍常用的零件表达方法。

## 5.1 视 图

视图主要用于表达机件的外部结构和形状，一般只画出机件的可见部分，必要时才画出其不可见部分。视图有基本视图、向视图、局部视图和斜视图 4 种。

### 5.1.1 基本视图

国家标准《机械制图》图样画法中规定，如图 5-1 所示，以正六面体的 6 个面作为基本投影面，把零件放置在正六面体中，分别将零件向 6 个基本投影面投射所得的视图称为基本视图。除了前面已经介绍过的主、俯、左视图外，新增如下 3 个视图：

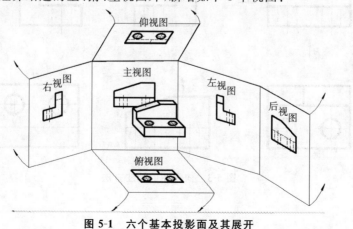

**图 5-1 六个基本投影面及其展开**

右视图——由右向左投射得到的视图。

仰视图——由下向上投射得到的视图。

后视图——由后向前投射得到的视图。

基本投影面按图 5-1 展开后各视图的配置位置如图 5-2 所示,此时一律不注视图名称。6 个基本视图仍满足"长对正、高平齐、宽相等"的投影规律,如图 5-2 所示。

6 个基本视图反映空间的上下、左右和前后的位置关系,如图 5-2 所示。特别应注意,左右视图和俯仰视图靠近主视图的一侧,反映零件的后面,而远离主视图的一侧,反映零件的前面。

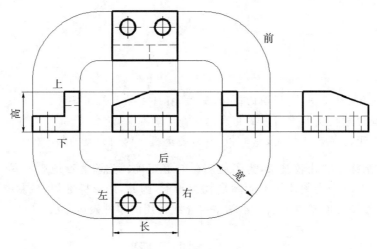

图 5-2　基本视图的配置

## 5.1.2　向视图

6 个基本视图如不能按图 5-2 配置视图时,则必须在相应视图的上,用箭头指明投影方向并注上字母,在对应视图的上方标注"×"("×"为大写的拉丁字母)。这种位置可自由配置的视图称为向视图,如图 5-3 所示。

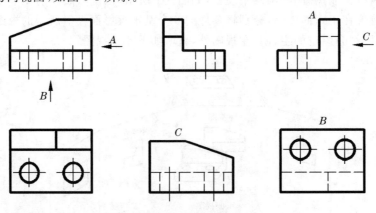

图 5-3　向视图的标注方法

### 5.1.3 局部视图

将机件的某一部分向基本投影面投射所得的视图,称为局部视图。局部视图是一个不完整的基本视图,当机件上的某一局部形状没有表达清楚,而又没有必要用一个完整的基本视图表达时,可将这一部分单独向基本投影面投射,表达机件上局部结构的外形,避免因表达局部结构而重复画出别的视图上已经表达清楚的结构。利用局部视图可以减少基本视图的数量。如图 5-4 所示,机件左侧凸台和右上角缺口的形状,在主、俯视图上无法表达清楚,又没有必要画出完整的左视图和右视图,此时可用局部视图表示两处的特征形状。

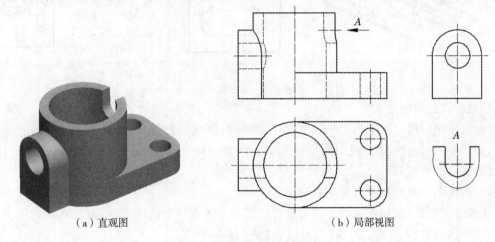

（a）直观图    （b）局部视图

**图 5-4   局部视图的配置与标注**

局部视图的配置与标注规定如下:

(1)局部视图上方标出视图名称"×"("×"为大写拉丁字母),在相应的视图附近用箭头指明投影方向,并标注相同的字母,如图 5-4 中的局部视图"A"所示。当局部视图按投影关系配置,中间又没有其他图形隔开时,可省略标注,如图 5-4 中的局部左视图所示。

(2)为了看图方便,局部视图应尽量配置在箭头所指的一侧,并与原基本视图保持投影关系。但为了合理利用图纸幅面,也可将局部视图按向视图配置在其他适当的位置,如图 5-4 中的局部视图"A"所示。

(3)局部视图的断裂边界线用波浪线表示,如图 5-4 中的局部视图"A"所示。但当所表达的部分是与其他部分截然分开的完整结构,且外轮廓线自成封闭时,波浪线可以省略不画,如图 5-4 中的局部左视图所示。画波浪线时应注意:不应与轮廓线重合或画在其他轮廓线的延长线上;不应超出机件的轮廓线;不应穿空而过。

### 5.1.4 斜视图

将零件向不平行于任何基本投影面投射所得的视图称为斜视图。斜视图用来表达零件上倾斜表面的真实形状。

如图 5-5(a)所示零件上倾斜结构,在俯视图和左视图上均不能反映实形,如果设置一个辅助投影面 $V_1$ 与零件的倾斜部分平行,且垂直于另一基本投影面(图 5-5(a)中为 $V$ 面),然后将零件的倾斜部分向辅助投影面 $V_1$ 面投射,就得到反映零件倾斜部分实形的视图,即斜视图,它如主俯视图一样,存在着"长对正,宽相等"的投影规律。

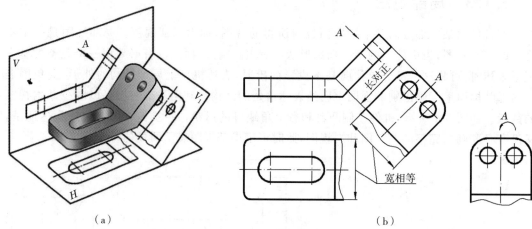

|（a）| |（b）|

图 5-5  斜视图

斜视图画法和标注:

(1)斜视图一般只要求表达出倾斜部分的形状,因此,斜视图的断裂边界通常用波浪线表示,如图 5-5(b)"A 向"斜视图。当所表示的倾斜结构是完整的,且外形轮廓线又是封闭时,可省略波浪线或双折线。

(2)斜视图一般按投射方向配置和标注。

其标注方法是:在相应视图上用带字母的箭头指明投射方向的表达部位,在斜视图上方用对应字母标出视图名称,如图 5-5(b)中"A 向"斜视图。

斜视图也可配置在其他适当位置。在不致引起误解时,允许将图形旋转,这时用旋转符号表示旋转方向,而表示视图名称的字母应写在旋转符号箭头端。旋转符号方向应与实际旋转方向一致。

# 5.2  剖视图

根据国家标准规定,物体的可见轮廓线用粗实线画出,不可见轮廓线用虚线表示。当零件内部形状较为复杂时,视图上就出现较多虚线,有些虚线甚至还可能与物体的外形轮廓线相重叠,如图 5-6 所示。虚实线相混的图形既不利于看图,也不便于标注尺寸。为了解决这个问题,国家标准规定用剖视图来表示物体内部结构的形状。

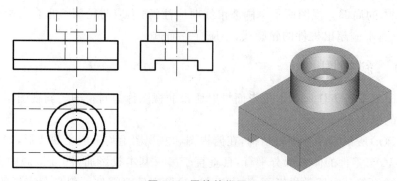

图 5-6  零件的视图

## 5.2.1 剖视图的概念

### 1. 剖视图的形成

如图 5-7(a)所示,假想用剖切平面剖开零件,将处在观察者和剖切平面之间的部分移去,而将其余部分向投影面投射并在剖面区域内画上剖面符号,所得的图形称为剖视图,简称剖视。剖切平面与零件的接触部分,称为剖面区域。

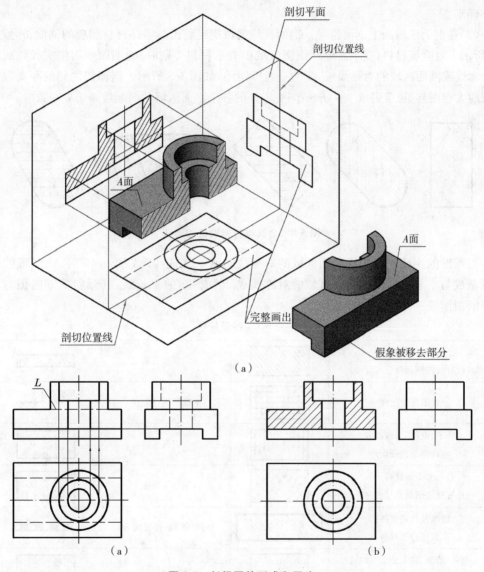

图 5-7 剖视图的形成和画法

### 2. 剖视图的画法

(1)确定剖切平面的位置。一般用平面作为剖切面。为了能清楚地表示零件内部结构的真实形状,一般剖切平面应平行于相应的投影面。同时,为避免剖切而产生不完整的结构要素,剖切平面应该通过零件内部孔、槽的轴线或与零件的对称平面相重合。

(2)搞清剖切后的情况。零件被剖切后,要想清楚移走哪部分,留下哪部分,搞清剖面区域的形状,剖切平面后面哪些是可见的,画图时要把剖面区域和剖切平面后面的可见轮廓画全,如图 5-7(b)所示。

为了保持图形清晰,在剖视图和其他视图中,看不见的轮廓线,只要不影响机件结构形状的表达,可以省略不画,如图 5-7(b)中的虚线 $L$,它表示机件上 $A$ 面的不可见部分的正面投影,在剖视图中省略并不影响机件的结构形状的表达。因 $A$ 面的位置由 $L$ 线的粗实线部分来确定。

(3)在剖面区域画上剖面符号。剖面区域需按规定画出与零件材料相应的剖面符号,如表 5-1 所示。对金属材料(或不需要在剖面区域中表示材料类别时)的剖面线用细实线画成与主要轮廓线或剖面区域的对称线成 45°的一组等距线,如图 5-8 所示。剖面线之间的距离视剖面区域的大小而异,通常可取 2~4mm;同一零件的各个剖面区域其剖面线画法应一致。

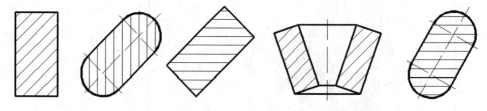

图 5-8　金属材料剖面线的画法

当图形的主要轮廓线或剖面区域的对称线与水平线成 45°或接近 45°时,该图形的剖面线可画成与主要轮廓线或剖面区域的对称线成 30°或 60°的平行线,其倾斜的方向仍与其他图形的剖面线一致,如图 5-9 所示。

表 5-1　剖面符号

| | 金属材料<br>(已有规定剖面符号者除外) | | 木质胶合板 | |
|---|---|---|---|---|
| | 线圈绕组元件 | | 基础周围的泥土 | |
| | 转子、电枢、变压器和<br>电抗器等的叠钢片 | | 混凝土 | |
| | 非金属材料<br>(已有规定剖面符号者除外) | | 钢筋混凝土 | |
| | 玻璃及供观察用的<br>其他透明材料 | | 格网(筛网、过滤网等) | |
| | 型砂、填沙、粉末冶金、砂轮、<br>陶瓷刀片、硬质合金刀片等 | | 固体材料 | |
| 木材 | 纵剖面 | | 液体材料 | |
| | 横剖面 | | 气体材料 | |

3.剖视图的标注

为了便于看图,画剖视图时需要标注如下内容(如图 5-10 所示):

(1)视图名称。在剖视图上方标注剖视图名称"×—×"("×"为大写拉丁字母)。

(2)剖切位置和投射方向。在相关视图上用剖切符号表示剖切平面起讫和转折位置,用箭头指明投射方向,并注上相应字母。

剖切符号用断开的粗实线表示,线宽为 $1\sim1.5d$($d$ 为粗实线线宽),线长约为 5mm,画时应尽可能不与图形的轮廓线相交。

下列情况可省略标注:

① 当剖视图按基本视图关系配置时,可省略箭头,如图 5-9 所示。

② 当单一剖切平面通过零件的对称平面,且平行基本投影面,剖视图又按基本视图关系配置时,可省略标注,如图 5-11(b)所示剖视图。

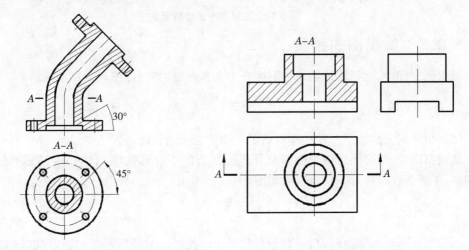

图 5-9 剖视图中的剖面线画法      图 5-10 剖视图的标注

4.画剖视图的注意点

(1)由于剖视图是假想的,当一个视图取剖视后,其他视图仍按完整的零件表达需要来绘制。

(2)剖切平面后面的可见部分应全部画出,不能遗漏,如图 5-11 所示。

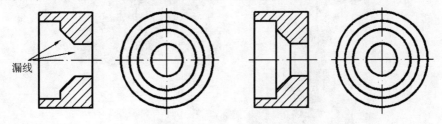

图 5-11 剖视图常见错误

(3)剖视图应省略不必要的虚线,只有对尚未表示清楚的零件结构形状才画出虚线;或画出虚线对清楚表示零件的结构形状有帮助,而又不影响图形清晰,如图 5-12 所示。

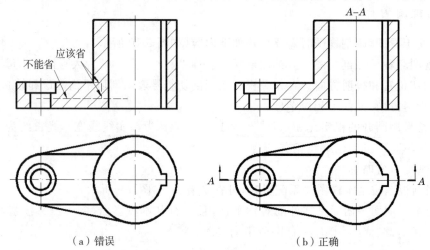

（a）错误　　　　　　　　　　（b）正确

图 5-12　剖视图中虚线的画法

## 5.2.2　剖视图的种类

根据国家标准,剖视图按剖切范围可分为全剖视图、半剖视图和局部剖视图。

### 1. 全剖视图

用剖切平面完全地剖开零件所得的剖视图称为全剖视图。

适用范围:全剖视图适用于内部形状比较复杂的不对称机件(如图 5-7 所示)或外形比较简单(不需要保留时)的对称机件(如图 5-11(b)所示)。

### 2. 半剖视图

当零件具有对称平面时,在垂直于对称平面的投影面上投影所得的图,可以以对称中心线为界,一半画成剖视,另一半画成视图,这种剖视图称为半剖视图,如图 5-13、5-14 所示。

图 5-13　半剖视图的剖切

（1）适用范围。半剖视图适用于内外形状都需要表达的对称机件，如图 5-13 所示。若零件的形状接近于对称，且不对称部分已有其他视图表达清楚时，也可画成半剖视图，如图 5-14 所示。

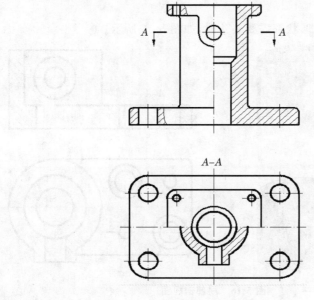

图 5-14　半剖视图

（2）标注方法。半剖视图的标注方法与全剖视图标注相同。

（3）画半剖视图时应注意的问题。

① 在半剖视图上已表达清楚的内部结构，在不剖的半个视图上表示该部分的虚线不必画出（如图 5-13 所示）。

② 在半个剖视和半个视图的分界线规定画成点画线（如图 5-13 所示），而不能画成粗实线。

## 3．局部剖视图

用剖切平面局部地剖开零件所得的剖视图称为局部剖视图，如图 5-15 所示。

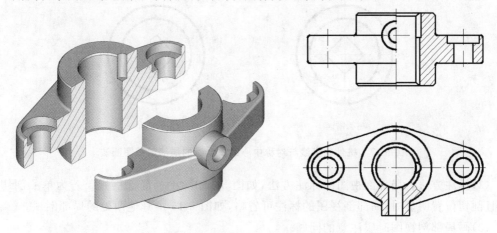

图 5-15　零件形状接近对称的半剖视图

（1）适用范围。局部剖视的应用不受机件的形状是否对称的条件限制，其剖切范围的大小，决定于需要表达的内外形状，所以应用比较灵活。一般用于下列几种情况：

① 机件上只有局部内形需要剖切表达，而又不宜（或无需）采用全剖视图，如图 5-16 中上下底板上的安装孔。

② 当不对称的机件内外形状都需要表达时，如图 5-16 所示。

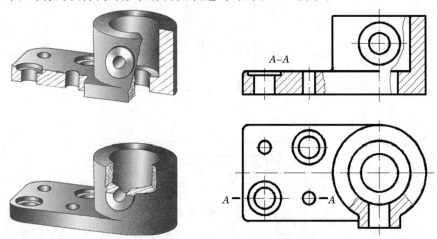

**图 5-16　局部剖视图**

③ 当对称机件的轮廓线与对称中心线重合时，则应画成局部剖视图，而不应采用半剖视图，如图 5-17 所示。

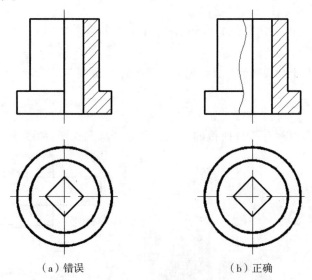

（a）错误　　　　　　　　　　（b）正确

**图 5-17　机件轮廓线与对称中心线重合时的局部剖视图画法**

（2）标注方法。局部剖视图的标注方法，如图 5-16 中 A-A 局部剖视。若为单一剖切平面，且剖切位置明显时，局部剖视图的标注可省略，如图 5-16 中其他两处的局部剖视。

（3）画局部剖视图时应注意的问题。

① 局部剖视图中，视图与剖视的分界线为波浪线（如图 5-15、5-16 所示），波浪线不应与

图样的其他图线重合，也不应出界，如图 5-18、5-19 所示。当被剖切的局部结构为回转体时，允许将该结构的中心线作为局部剖视与视图的分界线，如图 5-20 所示。

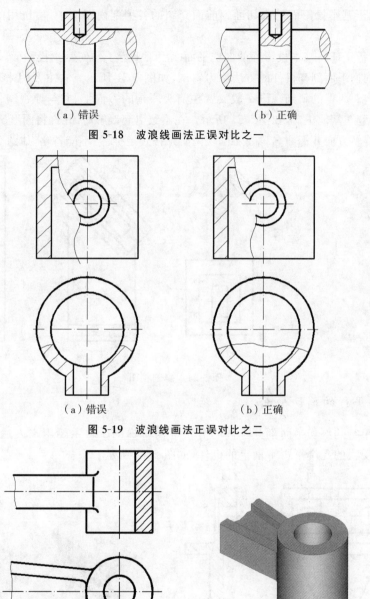

（a）错误 　　　　　　　　　　　（b）正确

图 5-18　波浪线画法正误对比之一

（a）错误 　　　　　　　　　　　（b）正确

图 5-19　波浪线画法正误对比之二

图 5-20　中心线作为分界线

② 局部剖视图运用的情况较多，但应注意，在同一视图中，不宜多处采用局部剖视图，以免使图形显得凌乱。

## 5.2.3　剖切面的种类

在画剖视图时，可以根据机件的结构特点，选用不同的剖切面和剖切方法来表达。

### 1.单一剖切面

（1）平行于基本投影面的剖切面。前面介绍的各种剖视图例中，所选用的剖切面都是这种剖切面。

（2）不平行于任何基本投影面的剖切平面。用不平行于任何基本投影面，却垂直于一个基本投影面的剖切平面剖开机件的方法称为斜剖，如图 5-21 所示。它主要用来表达机件倾斜部分的内部结构。所得的斜剖视图一般放置在箭头所指的方向上，并与原视图保持对应的投影关系，也可放置在其他位置，如图 5-21 所示。在不致引起误解时，允许将图形旋转，但要在剖视图上方指明旋转方向并标注名称。斜剖视图必须按规定标注，不能省略，如图 5-21 所示。

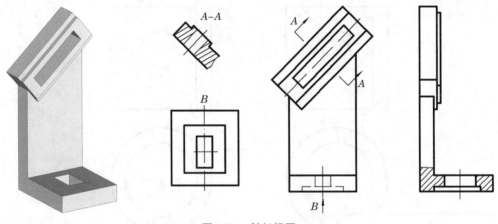

图 5-21　斜剖视图

### 2.几个平行的剖切平面

用几个平行的剖切平面剖开零件的方法称为阶梯剖。它主要用来表达孔、槽等内部结构处于不同层次的几个平行平面上的机件，如图 5-22 所示。

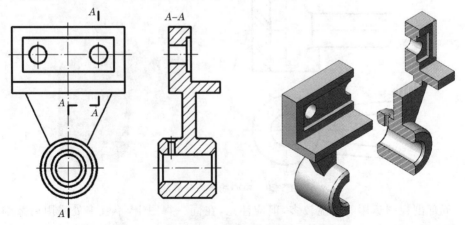

图 5-22　阶梯剖的剖视图

（1）标注方法。如图 5-22 所示，在剖切平面的起讫和转折处用相同的字母标出，转折处必须是直角。在剖切符号的两端画出箭头表示投射方向，在剖视图上方标注出相应的名称。当转折处位置很小时，可省略字母。当剖视图按投影关系配置，中间又没有其他图形隔开时,可省略箭头。

(2)画阶梯剖应注意的问题。

① 在剖视图上,不应画出两个平行剖切平面转折处的投影,如图 5-23(a)所示。

② 剖切平面的转折处,不允许与零件上的轮廓线重合,如图 5-23(b)所示。

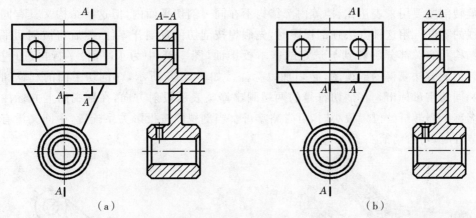

（a）　　　　　　　　　　　　（b）

图 5-23　阶梯剖中容易出现的错误

③ 当两个要素在图形上具有公共对称中心线或轴线时,可以以对称中心线或轴线为界各画一半,如图 5-24 所示。

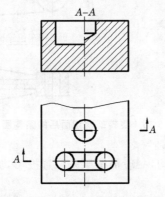

图 5-24　具有公共对称中心线的两要素的阶梯剖画法

④ 要正确选择剖切平面,在剖视图不应出现不完整的要素,如半个孔、不完整肋板等,如图 5-25 所示。

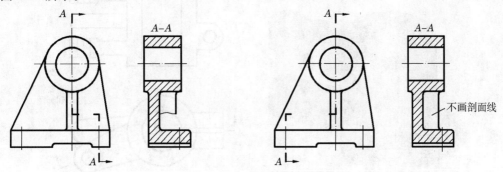

图 5-25　剖视图不应出现不完整的要素

### 3.几个相交剖切平面

(1)两个相交的剖切平面(交线垂直于某一基本投影面)。两个相交的剖切平面(交线垂直于某一基本投影面)剖开零件的方法称为旋转剖。

旋转剖主要用来表达孔、槽等内部结构不在同一剖切平面内,但这些结构又具有同一回转轴线的零件。用这种方法画剖视图时,先假想按剖切位置剖开零件,然后将被剖切平面剖开的结构及有关部分旋转到与选定的基本投影面(图 5-26 中为水平面)平行再进行投射。用旋转剖的方法获得的剖视图,必须加以标注。如图 5-26 所示,在剖切平面的起讫和转折处用相同的字母标出。在剖切符号的两端画出箭头表示投射方向,在剖视图上方标注出相应的名称。当转折处位置很小时,可省略字母。当剖视图按投影关系配置,中间又没有其他图形隔开时,可省略箭头。

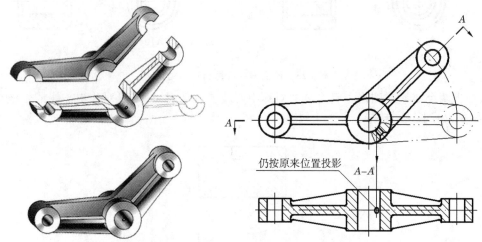

图 5-26 旋转剖剖切面后的结构画法

(2)画旋转剖应注意的问题。

① 在剖切平面后的其他结构,一般仍按原来位置投影,如图 5-26 中的 A-A 上剖视图中小圆孔画法。

② 当剖切后产生不完整的要素时,该部分仍按不剖绘制,如图 5-27 所示。

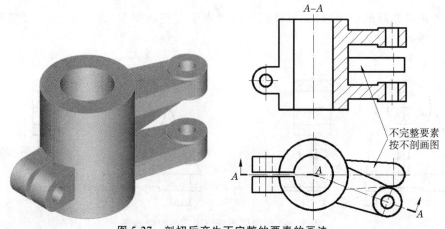

图 5-27 剖切后产生不完整的要素的画法

　　(3)几个相交的剖切平面。用几个相交的剖切平面剖开零件的方法称为复合剖,如图 5-28、图 5-29 所示,用来表达内形较为复杂,且分布位置不同的零件。用复合剖方法获得的剖视图,必须加以标注。当剖视图采用展开画法时,应标注"×—×展开",如图 5-29 所示。

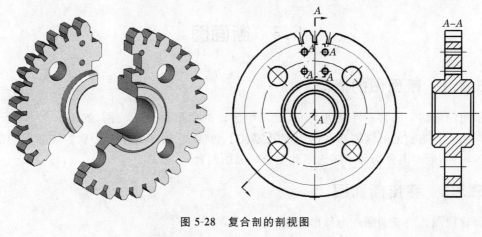

图 5-28　复合剖的剖视图

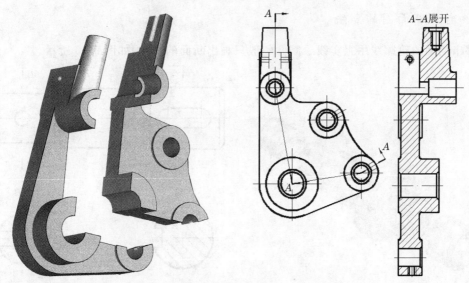

图 5-29　复合剖的展开画法

## 5.2.4　剖视图的尺寸标注

　　在组合体中我们已经介绍了视图上的尺寸标注,这些基本方法同样适用于剖视图。但在剖视图中标注尺寸时,还应注意以下几点:

　　(1)在同一轴线上的圆柱和圆锥的直径尺寸,一般应尽量标注在剖视图上,避免标注在投影为同心圆的视图上。但在特殊情况下,当在剖视图上标注直径尺寸有困难时,或者需借助尺寸标注表达形体时,可以注在投影为圆的视图上。

　　(2)当采用半剖视图时,有些尺寸不能完整地标注出来,则尺寸线应略超过圆心或对称中心线,此时仅在尺寸线的一端画出箭头。

（3）在剖视图上标注尺寸,应尽量把外形尺寸和内部结构尺寸分开在视图的两侧标注,这样既清晰又便于看图。尺寸一般标注在图形外,必要时可将尺寸注在图形中间。

（4）如必须在剖面中注写尺寸数字时,在数字处应将剖面线断开。

# 5.3 断面图

## 5.3.1 断面图的概念

假想用剖切平面将零件某处切断,仅画出断面的图形称为断面图,如图 5-30 所示。断面图常用来表达轴上的键槽和孔的深度及零件上肋板、轮辐等的断面形状。按断面图配置位置的不同,断面图分为移出断面图和重合断面图两种。

## 5.3.2 移出断面图

画在视图外的断面图称为移出断面图。

### 1. 移出断面图的画法

移出剖面的轮廓线用粗实线绘制。一般只画出断面的形状,如图 5-30 所示。

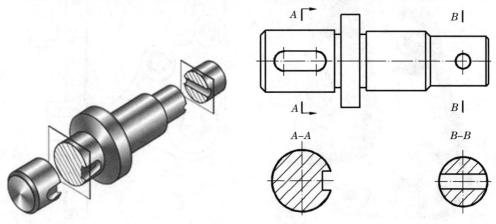

图 5-30 键槽断面图

画移出断面图应注意以下几点:

（1）当剖切平面通过回转面形成的孔或凹坑时,这些结构应按剖视绘制,如图 5-30 中 B-B 断面、图 5-31 所示。

（2）当剖切平面通过非圆孔,会导致出现完全分离的两个断面时,则这些结构亦应按剖视绘制。如图 5-32 中 A-A 断面。

（3）用两个或多个相交剖切平面剖切得出的移出断面图,中间一般应断开,如图 5-33（a）所示。

（4）对称的移出剖面也可画在视图的中断处,如图 5-33（b）所示。

### 2. 移出断面图的配置标注

移出断面图一般配置在剖切线的延长线上,如图 5-30 所示,必要时可以配置在其他适当位置,如图 5-31 中的一处断面图,在不至于引起误解时,允许将断面图旋转,如图 5-32 所示。

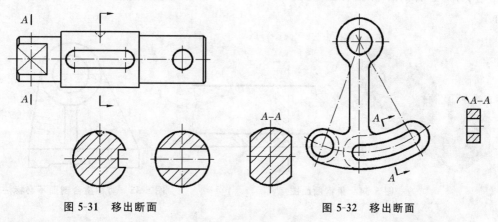

图 5-31 移出断面          图 5-32 移出断面

移出断面图一般用剖切符号表示剖切位置,用箭头表示投射方向,并注上字母(一律水平书写),在断面图的上方应用相同的字母标出相应的名称,如图 5-30 中 *A-A*、*B-B* 剖面。如下情况可以省略某些标注:

(1)配置在剖切符号延长线上的不对称移出断面图,可省略字母(如图 5-31 所示)。

(2)不配置在剖切符号延长线的对称移出断面图以及按投影关系配置的不对称移出剖面,均可省略箭头(图 5-31 中 *A-A* 剖面)。

(3)配置在剖切符号延长线上的对称移出断面图(图 5-31 中右端的移出剖面),以及配置在视图中断处的对称移出剖面(如图 5-33 所示),均不必标注。

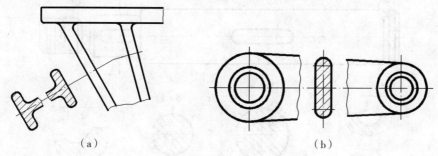

(a)                          (b)

图 5-33 非圆孔移出剖面的画法

## 5.3.3 重合断面图

画在视图内的断面图称为重合断面图。

### 1. 重合断面图的画法

重合断面图的轮廓线用细实线绘制。当视图中的轮廓线与重合剖面的图形重叠时,视图中的轮廓线仍应连续画出,不可间断,如图 5-34 所示。重合断面画成局部时,习惯上不画波浪线,如图 5-35 所示。

### 2.重合断面图的标注

对称的重合剖面,不必标注(如图 5-35 所示)。不对称重合剖面,可省略字母(如图 5-34 所示)。

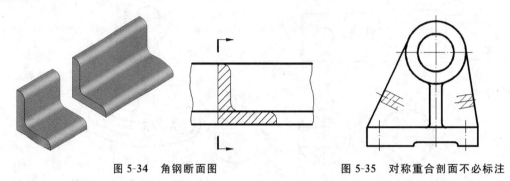

图 5-34　角钢断面图　　　　　　　　图 5-35　对称重合剖面不必标注

## 5.4　局部放大图、简化画法及其他规定画法

### 5.4.1　局部放大图

将零件的部分细小结构,用大于原图的比例画出的图形称为局部放大图,如图 5-36 所示。

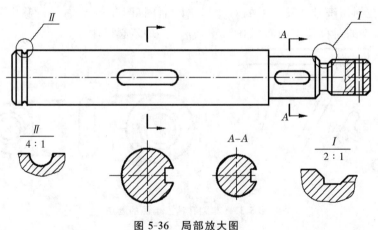

图 5-36　局部放大图

绘制局部放大图时,用细实线圈出被放大的部位,并尽量配置在被放大部位的附近。当零件上有几个被放大的部位时,必须用罗马数字依次标明被放大的部位,并在局部放大图上方标注出相应的罗马数字和所采用的比例,如图 5-36 中Ⅰ、Ⅱ局部放大图,当零件上被局部放大的部位仅有一处时,在局部放大图的上方只需标明所采用的比例。

## 5.4.2 简化画法及其他规定画法

在表 5-2 中介绍了图标规定部分简化画法和其他规定画法。

表 5-2 简化画法和其他规定画法

| 内 容 | 图 例 | 说 明 |
|---|---|---|
| 相同结构的简化画法 | 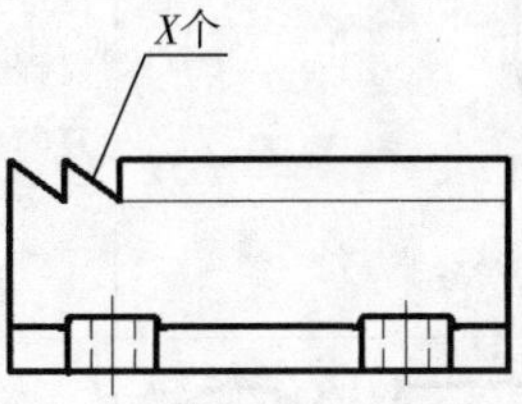 | 当零件上具有若干相同结构,如齿、槽等,并按一定规律分布时,只要画出几个完整的结构,其余用细实线连接,但在图中必须注明该结构的总数。 |
| | 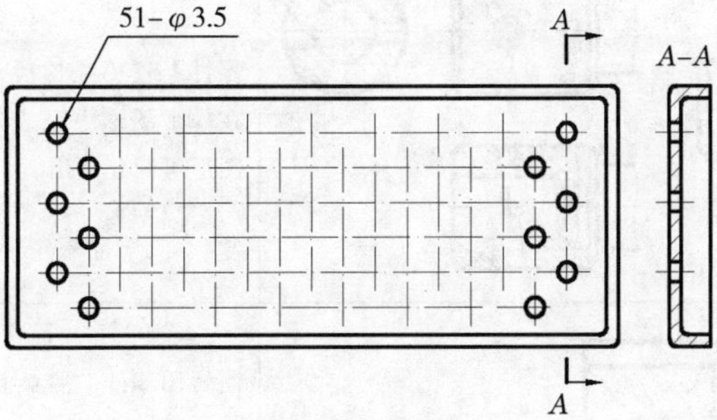 | 当零件上具有若干直径相同且成规律分布的孔,可以仅画出一个或几个,其余用点画线表示其中心位置,但在图中必须注明孔的总数。 |
| 法兰盘上均匀分布孔的画法 | 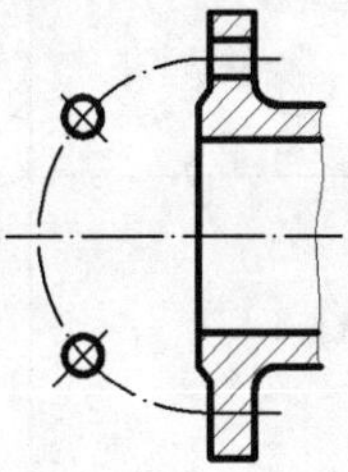 | 零件法兰盘上均匀分布在圆周上直径相同的孔。 |
| 零件上的肋、轮辐、孔等的剖切 | 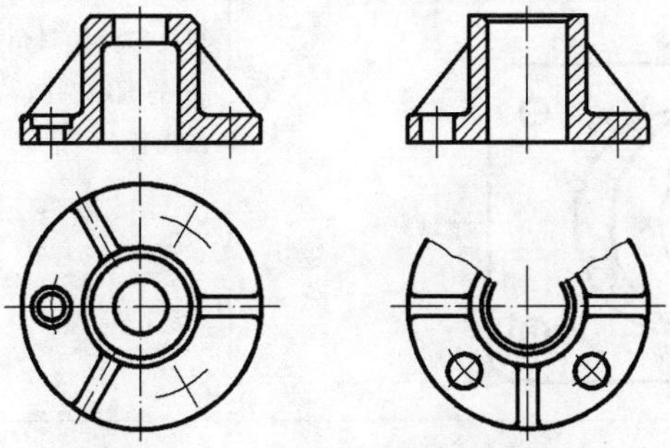 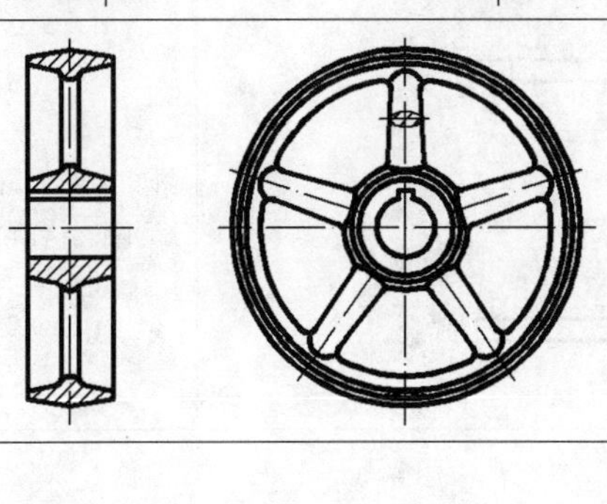 | (1) 对于零件上的肋、轮辐及薄壁等结构,当剖切平面沿纵向剖切时,这些结构不画剖面符号,而用粗实线将它与其邻接部分分开。<br>(2) 在回转体零件上均匀分布的肋、轮辐、孔等结构,不处于剖切平面上时,可将这些结构旋转到剖切平面上画出其剖视图。<br>(3) 均匀分布的孔,只画一个,其余用中心线表示孔的中心位置。 |

| 内　容 | 图　例 | 说　明 |
|---|---|---|
| 对称图形的简化画法 | | 在不致引起误解时,对称零件的视图可只画一半(或四分之一),并在对称中心线的两端画出两条与其垂直的平行细实线。 |
| 较小结构的简化画法 | | 零件上较小结构所产生的交线,如在一个图形中已表示清楚时,其他图形可简化画出。 |
| 平面的表示法 | | 回转体零件上的平面在图形上不能充分表达时,可用两条相交的细实线表示。 |
| 斜度不大的结构 | | 与投影面倾斜角度小于或等于30°的圆或圆弧,其投影可用圆或圆弧代替。 |
| | | 斜度零件上斜度不大的结构,其投影可按小端画出。 |

续　表

| 内　容 | 图　例 | 说　明 |
|---|---|---|
| 折断画法 | 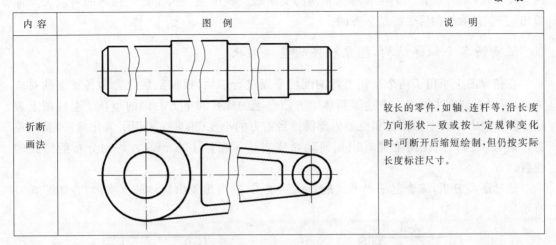 | 较长的零件,如轴、连杆等,沿长度方向形状一致或按一定规律变化时,可断开后缩短绘制,但仍按实际长度标注尺寸。 |

# 5.5　读剖视图的方法和步骤

## 5.5.1　读剖视图的方法

在掌握了机件的各种表达方法后,还要进一步根据机件已有的视图、剖视、断面等表达方法,分析了解剖切关系及表达意图,从而想象出机件的内部形状和结构,即读剖视图。要想很快地读懂剖视图,首先应具有读组合体视图的能力,其次应熟悉各种视图、剖视、断面及其表达方法的规则、标注与规定。读图时以形体分析法为主,线面分析法为辅,并根据机件的结构特点,从分析机件的表达方法入手,由表及里逐步分析和了解机件的内外形状和结构,从而想象出机件的实际形状和结构。

## 5.5.2　读剖视图的步骤

下面以图 5-36 所示箱体的剖视图为例,说明读剖视图的步骤。

### 1.分析所采用的表达方法,了解机件的大致形状

箱体采用了三个基本视图。因为箱体左右基本对称,主视图采用了半剖视,一半表达箱体主体的外形和前方圆形凸台及三个支承板的形状特征,一半表达箱体的内部结构。因为箱体前后不对称,左视图采用了全剖视,进一步表达箱体内部的结构形状。俯视图主要表达箱体的外形和顶面上的九个螺孔的相对位置以及空腔内部圆锥台和外部三个支承板前后的相对位置,只用了局部剖视表达安装孔的阶梯形状。

### 2.以形体分析法为主,看懂机件的主体结构形状

从三个视图的投影可以看出,箱体的主体是一个具有空腔的长方体,上方有一正方形凸台,并有正方形孔与空腔相通;主体前面有一圆形凸台,并有阶梯孔与空腔相通;空腔内部有一竖直的圆锥台,圆锥台中有一上下的通孔。在主视图上可以看到,箱体上方有左右对称的

两个支承板,下方也有一个与其形状相同的支承板。根据主、俯、左三个视图的对应关系能看出,三个支承板在后表面是平齐的。

### 3.看懂各个细部结构,想象机件的整体形状

在俯视图上采用了两个互相平行的剖切平面进行剖切,根据剖切位置和各视图的对应关系,可以看到在主视图上表达了箱体上方凸台上的螺孔和下方右侧的小孔。左视图上表达了箱体前方凸台上的螺孔和空腔内部圆锥台前方的小孔(相贯线采用了简化画法)及其位置。同时,在俯、左视图上能看出用简化画法表达了箱体上方和前方均匀分布的螺孔的位置。

通过逐步分析,综合起来思考就能看懂剖视图,进而想象出箱体的真实形状,如图 5-37所示。

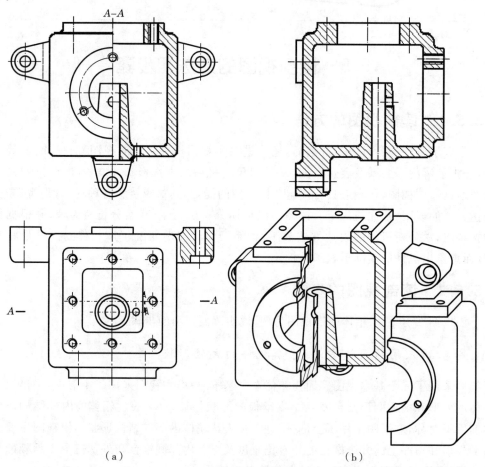

（a）　　　　　　　　　　　　　　（b）

图 5-37　箱　体

# 5.6　第三角投影简介

我国国家标准规定优先采用第一角画法,但为适应国际科学技术交流的需要,我们应当

了解第三角画法。互相垂直的投影面将空间划分为 4 个分角,如图 5-38 所示。将物体放在第三分角内,并使投影面处于观察者和物体之间而得到正投影的方法称为第三角投影法。

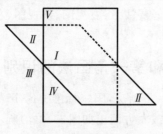

图 5-38　四个分角

## 5.6.1　第三角投影法中的基本视图

在第三角投影中,同样有 6 个基本投影面,将物体分别向基本投影面投射可以得到 6 个基本视图,它们的名称分别称之为前视图、顶视图、右视图、左视图、底视图和后视图,按图 5-39(a)展开后,6 个基本视图的配置如图 5-39(b)所示。

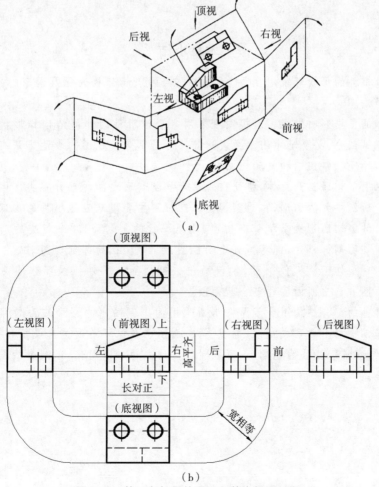

图 5-39　第三角投影的展开和基本视图配置

第三角投影与第一角投影的基本区别在于观察者与投影面、物体三者的相对位置不同和视图的配置不同,但是第三角投影仍然采用正投影法绘制,因而视图间的投影规律,如"长对正、高平齐、宽相等"同样适用。要注意:右视图、顶视图、左视图及底视图靠近前视图的一侧为物体上的后面。

## 5.6.2　第三角画法和第一角画法的识别符号

为了识别第三角画法和第一角画法,国家标准 GB/T14692 — 1993 规定采用第三角画法时,必须在图纸标题栏的上方或左方画出如图 5-40(a)所示的第三角画法的识别符号。当采用第一角画法时,一般不画出第一角识别符号,必要时可画出如图 5-40(b)所示的第一角画法的识别符号。

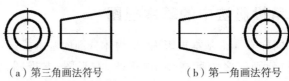

（a）第三角画法符号　　　　　　　（b）第一角画法符号

**图 5-40　第三角画法和第一角画法识别符号**

## 本章小结

表达机件的形状可采用视图、剖视图、断面图、局部放大图及国家标准规定的画法和简化画法。

物体的正投影叫做视图。视图主要用来表达机件的外部结构和形状,一般只绘制机件的可见部分,必要时才用虚线表达其不可见部分。视图的表达方法有基本视图、向视图、局部视图、斜视图和旋转视图。

假想用剖切面剖开物体,将处在观察者和剖切面之间的部分移去,而将其余部分向投影面投射所得到的图形,称为剖视图。剖视图主要用来表达机件的内部结构和形状。剖视采用的剖切面形式有单一剖切面、几个平行的剖切面、几个相交的剖切面等,用任何一种剖切面剖开机件,都可得到全剖视图、半剖视图、局部剖视图。

假想用剖切面将机件剖开,仅仅画出该剖切面与机件接触部分的图形,称为断面图。断面图有移出断面图和重合断面图。

将机件的部分结构用大于原图形所采用的比例画出的图形称为局部放大图,局部放大图可以根据需要画成视图、剖视图、断面图。在保证不致引起误解和不会产生错解的前提下,在常规画法的基础上,可以对机件的表达加以简化,以减少绘图工作量,提高绘图效率。

# 第 **6** 章
## 标准件与常用件

**学习目标**

☐ 掌握螺纹紧固件、键、销、齿轮、轴承、弹簧等标准件和常用件的画法。
☐ 掌握各种标准件和常用件的标注方法。

螺栓、螺钉、螺母、垫圈、键、销、滚动轴承、齿轮、弹簧等标准件和常用件应用极为广泛，为了便于批量生产和使用，对它们的结构和尺寸已全部或部分标准化了。绘图时，对标准件和常用件的某些结构和形状不必按其真实投影画出，而是根据相应的国家标准所规定的画法、代号和标记进行绘图和标注。

# 6.1 螺 纹

在圆柱或圆锥表面上，沿着螺旋线所形成的具有规定牙型的连续凸起，称为螺纹。螺纹分外螺纹和内螺纹，在圆柱或圆锥外表面上形成的螺纹称外螺纹，在其内孔表面上所形成的螺纹称内螺纹，如图 6-1 所示。螺纹有各种加工方法，如图 6-2 所示是在车床上车削加工外螺纹。

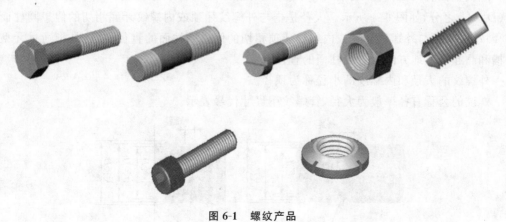

图 6-1　螺纹产品

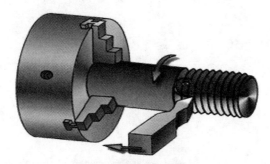

图 6-2 螺纹的车削加工

### 6.1.1 螺纹要素

牙型、直径、螺距、线数和旋向是螺纹的 5 个基本要素。内、外螺纹旋合时,这 5 个基本要素必须相同。

#### 1.牙型

在通过螺纹轴线的剖面上,螺纹的轮廓形状称为牙型。螺纹的牙型有三角形、梯形、锯齿形和矩形等,如图 6-3 所示。

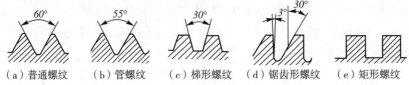

（a）普通螺纹　（b）管螺纹　（c）梯形螺纹　（d）锯齿形螺纹　（e）矩形螺纹

图 6-3 常用的螺纹牙型

不同牙型的螺纹应用不同,普通螺纹常用于连接零件,管螺纹常用于连接管道,梯形螺纹用于传递动力,锯齿形螺纹用于单方向传递动力。

#### 2.直径

螺纹直径有大径(内螺纹用大写字母 $D$、外螺纹用小写字母 $d$ 表示)、中径($D_1$、$d_1$)和小径($D_2$、$d_2$)之分,如图 6-4 所示。大径是指与外螺纹牙顶或内螺纹牙底相切的假想圆柱面的直径;小径是指与外螺纹牙底或内螺纹牙顶相切的假想圆柱面的直径;中径是指通过牙型上沟槽和凸起等宽地方的假想圆柱面的直径。

外螺纹的大径和内螺纹的小径称为顶径。

螺纹的公称直径一般为大径,管螺纹用尺寸代号表示。

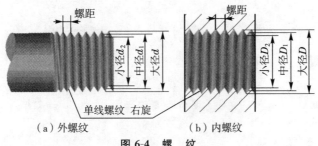

（a）外螺纹　　　　　　（b）内螺纹

图 6-4 螺 纹

3. 旋向

螺纹的旋进方向,有右旋和左旋之分,如图 6-5 所示。按顺时针方向旋进的螺纹为右旋螺纹,反之,按逆时针方向旋进的螺纹为左旋螺纹,一般常用右旋螺纹。

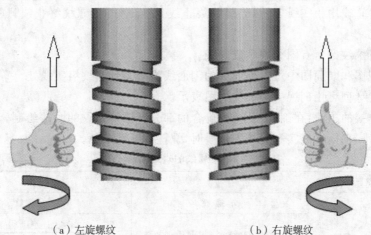

（a）左旋螺纹　　　　　　　　　（b）右旋螺纹

图 6-5　螺纹的旋向

4. 线数 *n*

线数又称头数,即在同一圆柱或圆锥表面上形成螺纹的条数。螺纹有单线和多线之分。沿一条螺旋线所形成的螺纹,称为单线螺纹;沿两条或两条以上在轴向等距分布的螺旋线所形成的螺纹,称为多线螺纹。如图 6-6 所示。

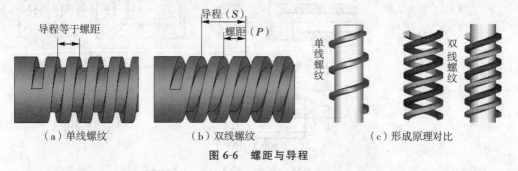

（a）单线螺纹　　　　　（b）双线螺纹　　　　　　（c）形成原理对比

图 6-6　螺距与导程

5. 螺距 *P* 和导程 *S*

螺距 *P* 是指相邻两牙在中径线上对应两点间的轴向距离;导程 *S* 是指在同一条螺旋线上的相邻两牙在中径线上对应两点间的轴向距离。如图 6-6 所示。

螺距、导程、线数三者的关系是:螺距(*P*)＝导程(*S*)÷线数(*n*)

凡是牙型、直径和螺距符合国家标准的螺纹,称为标准螺纹;牙型符合标准,而直径或螺距不符合标准的,称为特殊螺纹;牙型不符合标准的,如矩形螺纹,称为非标准螺纹。

## 6.1.2　螺纹的规定画法

为了看图和画图的方便,"国家标准 GB/T4459.1—95"规定了螺纹的表示方法,在图样中无需画出其实际投影,如表 6-1 所示。

(1)螺纹可见时,牙顶用粗实线表示,牙底用细实线表示,螺杆的倒角或倒圆处牙底细实线也应画出。

(2)在垂直于螺纹轴线的投影面的视图中,表示牙底的细实线圆的只画约3/4圈,倒角圆不画。

(3)螺纹终止线用粗实线表示,外螺纹终止线处被剖开时,螺纹终止线只画出表示牙型高度的一小段。

(4)不可见螺纹的所有图线均画成虚线。

(5)在剖视图和断面图中,内、外螺纹的剖面线均应画到螺纹粗实线处。

(6)螺纹的牙型可用剖视或局部放大图表示。

(7)螺纹连接的画法:在剖视图中,其旋合的部分应按外螺纹的画法绘制,其余部分仍按各自的画法表示,剖面通过实心螺杆的轴线时,螺杆按不剖绘制。

表6-1　螺纹的规定画法

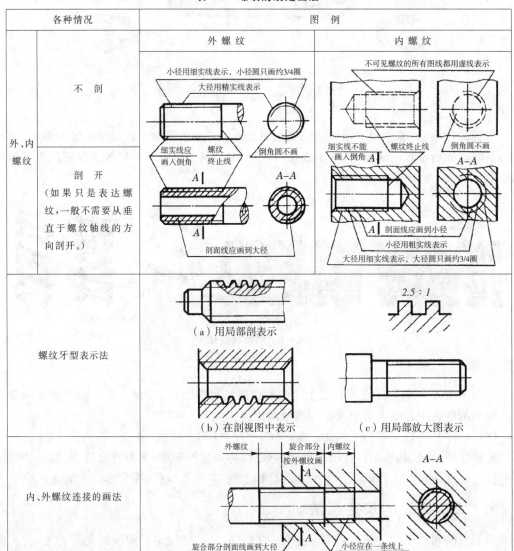

### 6.1.3 螺纹的标注

由于各种不同螺纹的画法都是相同的，无法表示出螺纹的种类和要素，因此绘制螺纹图样时，必须通过标注予以明确。各种常用螺纹的标注方法，如表 6-2 所示。

表 6-2 螺纹的标注方法

| 螺纹类别 | | 标 注 示 例 | 标 记 说 明 |
|---|---|---|---|
| 普通螺纹 | 粗牙 | 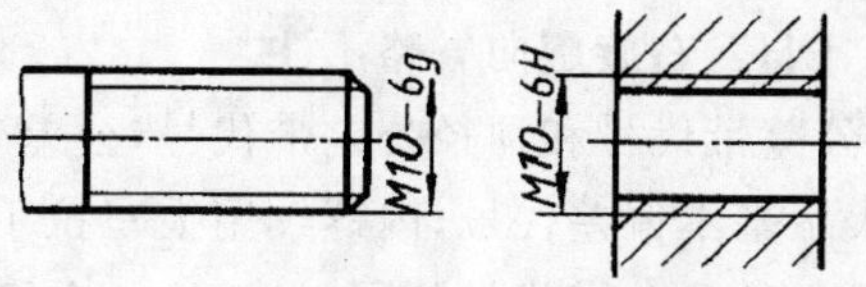M10-6g<br>M10-6H | 粗牙普通螺纹，大径 10，右旋；外螺纹中径和顶径公差带代号都是 6g；内螺纹中径和顶径公差带代号都是 6H；中等旋合长度。 |
| | 细牙 | 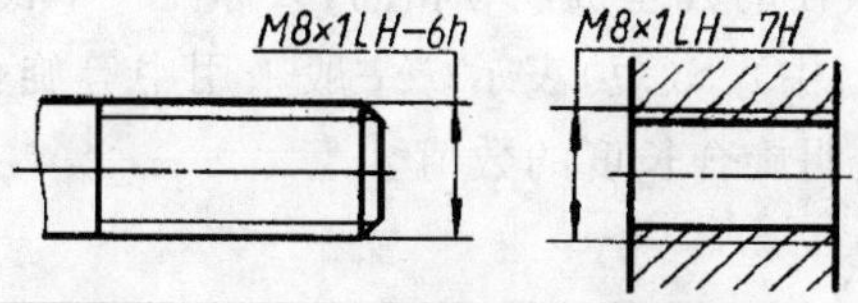M8×1LH-6h<br>M8×1LH-7H | 细牙普通螺纹，大径 8，螺距 1，左旋；外螺纹中径和顶径公差带代号都是 6h；内螺纹中径和顶径公差带代号都是 6h；内螺纹中径和顶径公差带代号都是 7H；中等旋合长度。 |
| 梯形螺纹 | | 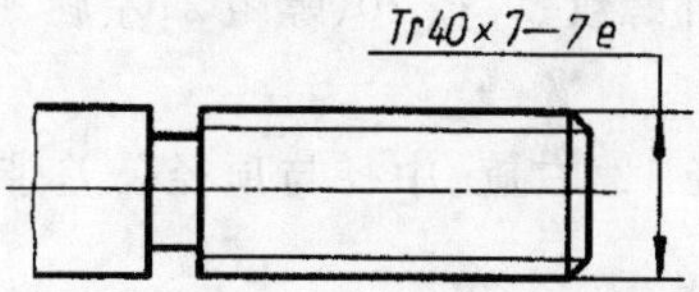Tr40×7-7e | 梯形螺纹，大径 40，单线，螺距 7，右旋，外螺纹，中径公差带代号 7e，中等旋合长度。 |
| 锯齿形螺纹 | | 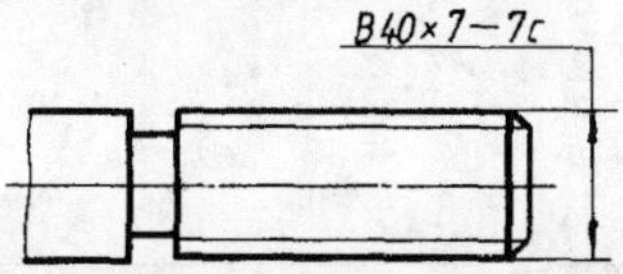B40×7-7c | 锯齿形螺纹，大径 40，单线，螺距 7，右旋，外螺纹，中径公差带代号为 7c，中等旋合长度。 |
| 管螺纹 | 非螺纹密封管螺纹 | 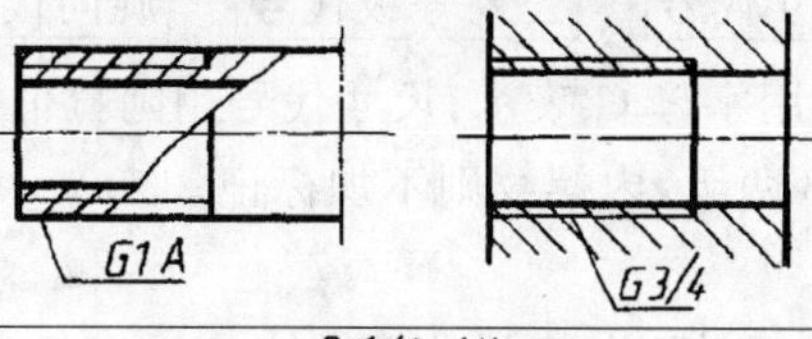G1A<br>G3/4 | 非螺纹密封的管螺纹，外螺纹的尺寸代号为 1，A 级；内螺纹的尺寸代号为 3/4，都是右旋。 |
| | 用螺纹密封管螺纹 | 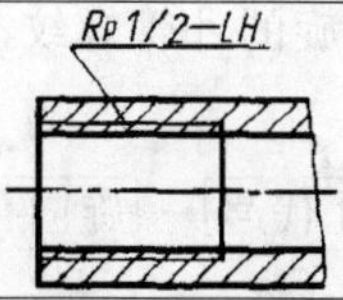Rp1/2-LH | 用螺纹密封的圆柱内螺纹，尺寸代号为 1/2，左旋。 |
| | | 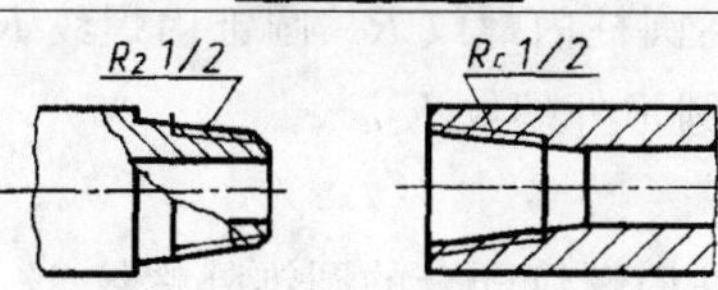R2 1/2<br>Rc1/2 | 用螺纹密封的、与圆锥内螺纹配合的圆锥外螺纹和圆锥内螺纹，它们尺寸代号均为 1/2，都是右旋。 |
| 矩形螺纹（非标准螺纹） | | 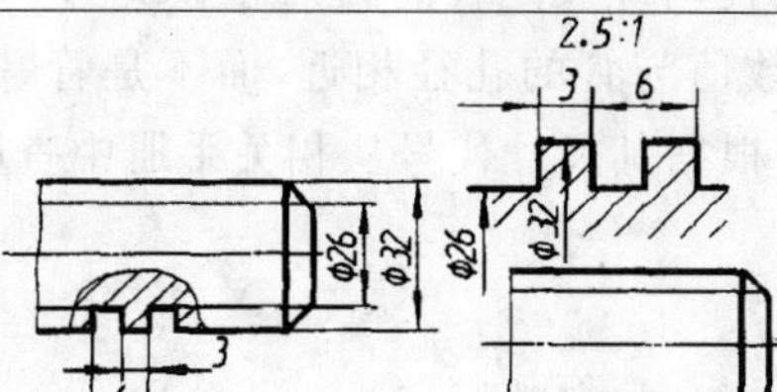2.5:1<br>3<br>6<br>ϕ26<br>ϕ32<br>ϕ26<br>ϕ32<br>3<br>6注法一 注法二 | 矩形螺纹，单线，右旋，螺纹尺寸如图所示。 |

### 1.普通螺纹

普通螺纹的完整标记为

$$\boxed{螺纹代号}—\boxed{螺纹公差带代号}—\boxed{螺纹旋合长度代号}$$

螺纹代号:细牙普通螺纹代号由牙型符号(特征代号)"M"、"公称直径(大径)×螺距"、"旋向"组成;粗牙普通螺纹代号由牙型符号"M"、"公称直径(大径)"、"旋向"组成。螺纹的旋向标注方法相同,左旋螺纹旋向标"LH",右旋旋向省略不注。

普通螺纹公差带代号:包括中径公差带代号和顶径公差带代号,公差带代号由数字后加字母组成,数字表示公差等级,字母表示基本偏差代号,内螺纹用大写拉丁字母表示,外螺纹用小写拉丁字母表示。如果中径和顶径的公差带代号相同,只标注一个代号。

旋合长度代号:用字母 L(长)、N(中)、S(短)表示。一般采用中等旋合长度,为了简化,其代号 N 可以省略,特殊需要时可注明旋合长度的数值。

标记示例:

M20×2LH-5g6g-L 表示细牙普通外螺纹、大径 20、螺距 2、左旋、中径公差带代号 5g、顶径公差带代号 6g、长旋合长度。

M12-6H 表示粗牙普通内螺纹、大径 12、右旋、中径与顶径公差带代号均为 6H、中等旋合长度。

### 2.管螺纹

(1)非螺纹密封的管螺纹的标记为

$$\boxed{螺纹特征代号}—\boxed{尺寸代号}—\boxed{公差等级代号}—\boxed{旋向代号}$$

非螺纹密封的管螺纹的特征代号用字母 G 表示;尺寸代号用阿拉伯数字表示,单位是英寸;螺纹公差等级代号,外螺纹分 A、B 两级,内螺纹则不加标记。

标记示例:

G1/2 A-LH 表示尺寸代号为 1/2,A 级、左旋的外管螺纹。

(2)用螺纹密封的管螺纹的标记为

$$\boxed{螺纹特征代号}—\boxed{尺寸代号}—\boxed{旋向代号}$$

用螺纹密封的管螺纹的特征代号为:圆柱内螺纹 $R_p$、圆锥内螺纹 $R_c$、与圆柱内螺纹配合的圆锥外螺纹 $R_1$、与圆锥内螺纹配合的圆锥外螺纹 $R_2$。

标记示例:

$R_1$1 表示尺寸代号为 1、右旋、与圆柱内螺纹配合的圆锥外螺纹。

应注意:各种管螺纹尺寸代号,其数值与管的孔径相近,而不是管螺纹的大径。如若确定管螺纹的大径、中径、小径的数值,需根据其尺寸代号从相关手册中查取。

### 3.梯形螺纹和锯齿形螺纹

梯形螺纹和锯齿形螺纹的标注内容相同,完整标记为

$$\boxed{梯形螺纹代号}—\boxed{中径公差带代号}—\boxed{旋合长度代号}$$

梯形螺纹的牙型代号为"Tr"，锯齿形的牙形代号为"B"。单线螺纹代号用"牙型代号"、"公称直径×螺距"、"旋向"表示；多线螺纹用"牙型代号"、"公称直径×导程（P 螺距）"、"旋向"表示。梯形螺纹和锯齿形螺纹的旋合长度分为中（N）和长（L）两组，当旋合长度为中（N）时，不标注代号"N"。

标记示例：

Tr40×14(P7)LH-8e-L 表示公称直径为 40，导程为 14，螺距为 7，中径公差带为 8e，长旋合长度的双线、左旋的梯形螺纹。

B40×7-7c 表示公称直径为 40，螺距为 7，中径公差带为 7c，中等旋合长度的单线、右旋的锯齿形螺纹。

### 4. 特殊螺纹

对于特殊螺纹，则应在牙型符号前加注"特"字。对于非标准螺纹，则应画出牙形，并标注出明确的尺寸。

国家标准规定，公称直径以 mm 为单位的螺纹，如普通螺纹、梯形螺纹和锯齿形螺纹等，其标记在图样上应直接标注在大径的尺寸线或其延长线上；管螺纹的标记一律标注在引出线上，引出线应由大径处引出或由对称中心线处引出。

# 6.2　螺纹连接

螺纹连接是工程上应用最广泛的连接方式。常见的连接形式有螺栓连接、双头螺柱连接和螺钉连接。常用的紧固件有螺栓、双头螺柱、螺母、垫圈、螺钉等。因其尺寸、结构已经标准化，故称为标准件，它们的结构形式和尺寸可按规定标记从标准中查出。常用螺纹连接件及其标记见表 6-3。

表 6-3　常用螺纹连接件及其规定标记

| 名称及标准编号 | 简　图 | 简化标记及其说明 |
|---|---|---|
| 六角头螺栓—A 和 B 级<br>GB/T 5782—2000 | 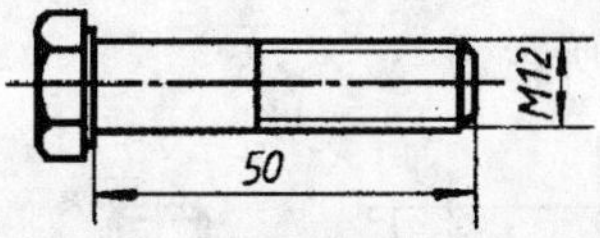 | 螺栓　GB/T 5782　M12×50<br>[表示螺纹规格 $d$ = M12、公称长度 $l$ = 50mm、性能等级为 8.8 级、表面氧化、产品等级为 A 级的六角头螺栓] |
| 双头螺柱（$b_m$=1.25$d$）<br>GB/T 898—1988 |  | 螺柱　GB/T 898　AM12×50<br>[表示两端均为粗牙螺纹、螺纹规格 $d$ = M12、公称长度 $l$=50mm、性能等级为 4.8 级、A 型的双头螺柱] |
| 开槽圆柱头螺钉<br>GB/T 65—2000 | 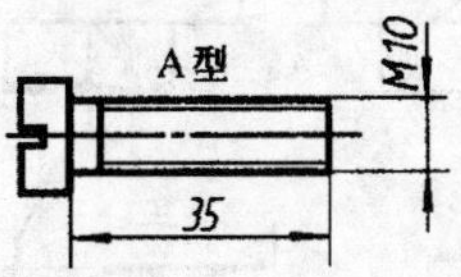 | 螺钉　GB/T 65　M10×35<br>[表示螺纹规格 $d$ = M10、公称长度 $l$ = 35mm、性能等级为 4.8 级、不经表面处理的 A 级开槽圆柱头螺钉] |
| 开槽沉头螺钉<br>GB/T 68—2000 | 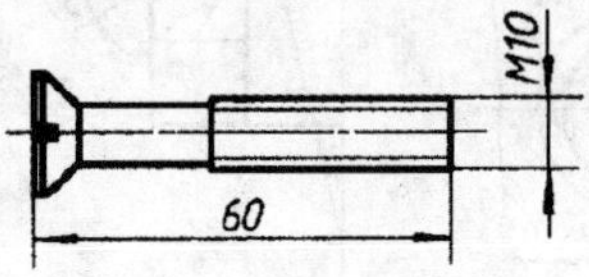 | 螺钉　GB/T 68　M10×60<br>[表示螺纹规格 $d$ = M10、公称长度 $l$ = 60mm、性能等级为 4.8 级、不经表面处理的 A 级开槽沉头螺钉] |

续　表

| 名称及标准编号 | 简　图 | 简化标记及其说明 |
|---|---|---|
| 十字槽沉头螺钉<br>GB/T 819.1—2000 | M10<br>40 | 螺钉　GB/T 819.1　M10×40<br>[表示螺纹规格 $d$＝M10、公称长度 $l$＝40mm、性能等级为 4.8 级、H 型十字槽、不经表面处理的 A 级十字槽沉头螺钉] |
| 开槽锥端紧定螺钉<br>GB/T 71—1985 | M10<br>35 | 螺钉　GB/T 71　M10×35<br>[表示螺纹规格 $d$＝M10、公称长度 $l$＝35mm、性能等级为 14H 级、表面氧化的开槽锥端紧定螺钉] |
| I 型六角螺母—A 级和 B 级<br>GB/T 6170—2000 | M12 | 螺母　GB/T 6170　M12<br>[表示螺纹规格 $D$＝M12、性能等级为 8 级、不经表面处理、产品等级为 A 级的 I 型六角螺母] |
| 平垫圈—A 级<br>GB/T 97.1—1985<br>平垫圈 倒角型—A 级<br>GB/T 97.2—1985 | $\phi$13 | 垫圈　GB/T 97.1　12<br>[表示标准系列、规格为 12mm、性能等级为 140HV 级、不经表面处理的平垫圈]<br>注：从标准中可查得，当垫圈规格（螺纹大径）为 12mm 时，该垫圈的孔径为 $\phi$13。 |

螺纹连接画法的基本规定：在螺纹连接装配图中，凡不接触表面的，无论间隙大小，在图上都应画出间隙；两零件接触表面画一条粗实线；两零件邻接时，不同零件的剖面线方向应相反，或者方向一致、间隔不等；螺纹连接在画成剖视图时，对于紧固件和实心件按不剖绘制，旋合部分按外螺纹的规定画法绘制，其余部分按各自的规定画法绘制；为提高绘图速度，螺纹连接图常采用比例画法（根据螺纹公称直径（$d$、$D$），其余部分结构尺寸按与公称直径成一定比例关系绘制）；提倡采用简化画法（螺纹紧固件上的工艺结构，如倒角、退刀槽、缩颈可省略不画；对不穿透螺孔可将钻孔、螺孔深度合在一起画出）。

## 6.2.1　螺栓连接

螺栓连接是将螺栓的杆部穿过两个被连接件的通孔，套上垫圈再用螺母拧紧，使两个零件连接在一起的一种连接方式。螺栓用来连接不太厚并能钻成通孔的零件。

螺栓连接的比例关系和画法如图 6-7 所示。

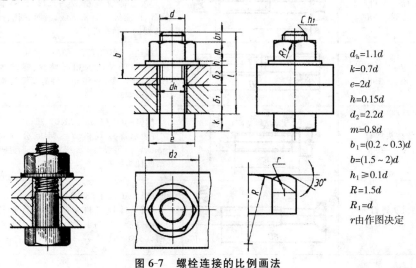

$d_h$=1.1$d$
$k$=0.7$d$
$e$=2$d$
$h$=0.15$d$
$d_2$=2.2$d$
$m$=0.8$d$
$b_1$=(0.2～0.3)$d$
$b$=(1.5～2)$d$
$h_1$≥0.1$d$
$R$=1.5$d$
$R_1$=$d$
$r$ 由作图决定

图 6-7　螺栓连接的比例画法

螺栓的有效长度可按 $l \geqslant \delta_1 + \delta_2 + 0.8d + 0.15d + (0.2 \sim 0.3)d$ 估算,并查表选取与估算值相近的标准值。

### 6.2.2 螺柱连接

螺柱连接一般用于被连接件之一比较厚,或不允许加工成通孔,不便使用螺栓连接,或者拆卸频繁,不宜使用螺钉连接的场合。螺柱连接是在一个被连接零件上加工出螺孔,双头螺柱的旋入端全部旋入螺孔,而另一端穿过被连接零件的通孔,然后套上垫圈,再用螺母拧紧,将两个零件连接起来。双头螺柱两端都有螺纹,一端必须全部旋入被连接零件的螺孔内,称为旋入端;另一端用以拧紧螺母,称为紧固端。

螺柱连接的画法如图 6-8 所示。应先计算出双头螺柱的近似长度 $l = \delta + b_m$,再取标准长度值,然后确定双头螺柱的标记。

螺柱的公称长度可按下式估算:$l \geqslant \delta + 0.8d + 0.15d + (0.2 \sim 0.3)d$,并根据估算值,查表选取标准的 $L$ 值。

双头螺柱的旋入长度 $b_m$ 要根据被旋入件的材料而定,以确保连接的可靠。国标规定:被旋入件的材料为:钢和青铜取 $b_m = 1d$,铸铁取 $b_m = 1.25d$,铝取 $b_m = 2d$,材料强度在铸铁和铝之间的零件 $b_m = 1.5d$。

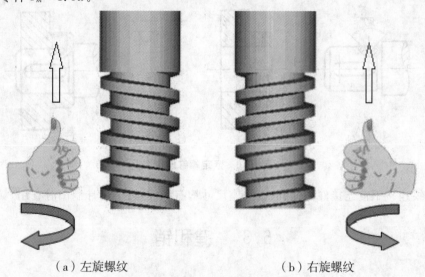

（a）左旋螺纹　　　　　　　　　　　（b）右旋螺纹

**图 6-8　双头螺柱连接的比例画法**

### 6.2.3 螺钉连接

螺钉连接一般用于受力不大而又不需经常拆装的场合,被连接零件中的一个加工出螺孔,其余零件都加工出通孔。装配时,先将螺钉杆部穿过一个零件的通孔而旋入另一个零件的螺孔,再用旋具(螺丝刀)拧紧,以螺钉头部压紧被连接件。

螺钉连接的画法,如图 6-9 所示。画图时,应先计算出公称长度的尺寸 $l = \delta + b_m$,再取标准值。螺柱的公称长度可按 $l = \delta + b_m$ 确定。其旋入端与螺柱相同,被连接板孔部画法与螺栓相同。螺钉连接时,螺钉旋入长度 $b_m$ 与双头螺柱的旋入长度 $b_m$ 一样,要根据被旋入件的材料而定,选取方法相同。螺钉头部结构有球头、圆柱头和沉头之分。

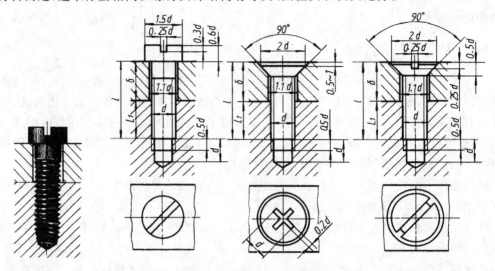

图 6-9　螺钉连接的比例画法

紧定螺钉用来固定两个零件的相对位置,紧定螺钉连接的画法如图 6-10 所示。

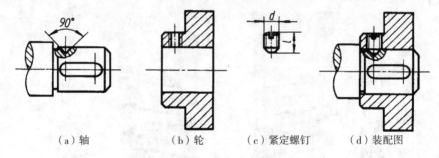

（a）轴　　　　　（b）轮　　　（c）紧定螺钉　　（d）装配图

图 6-10　紧定螺钉连接

在螺纹连接中被连接件的通孔、沉头座尺寸均有标准,可供设计制图时查用。

# 6.3　键和销

## 6.3.1　键连接

键主要用于轴和轴上零件(如齿轮、带轮)间的圆周向连接,以传递扭矩。在轮孔和轴上分别切制出键槽,键嵌入轴上的键槽内,再对准轮毂孔中的键槽(该键槽是穿通的),将轴、轮连接起来进行传动,如图 6-11 所示。

### 1.键的种类和标记

键的种类很多,常用的有普通平键、半圆键和钩头楔键等,如图 6-12 所示,其中平键应用最广。平键按轴槽结构可分圆头普通平键(A 型)、方头普通平键(B 型)和单圆头普通平键(C 型)3 种形式。半圆键常用于载荷不大的传动轴上。

图 6-11 键连接

键已标准化,其结构形式尺寸都有相应的规定。关于键与键槽的形式、尺寸可参看相关手册。表 6-4 列举了常用键的形式和规定标记。

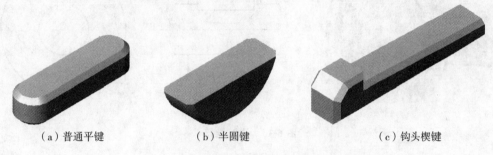

（a）普通平键       （b）半圆键       （c）钩头楔键

图 6-12 常用键的种类

表 6-4 键的形式和标记示例

| 名称及标准编号 | 简 图 | 标记及其说明 |
|---|---|---|
| 普通平键<br>GB/T 1096—1979 | 30<br>8 | 键 8×30 GB/T 1096—1979<br>［表示圆头普通平键（A 型），其宽度 $b=$ 8mm，长度 $L=30$mm。若为 B 型或 C 型则 $b$ 值前加注"B"或"C"］ |
| 半圆键<br>GB/T 1099—1979 | $\phi25$   6 | 键 6×25 GB/T 1099—1979<br>［表示半圆键，其宽度 $b=6$mm，直径 $d_1$ $=25$mm］ |
| 钩头楔键<br>GB/T 1565—1979 | 1:100<br>30   8 | 键 8×30 GB/T 1565—1979<br>［表示钩头楔键，其宽度 $b=8$mm，长度 $L=30$mm］ |

## 2.键连接的画法

键连接画法如图 6-13、图 6-14、图 6-15 所示,绘制时应注意以下几点:

(1)键连接时,键的两侧面是工作面,它与轴、轮毂的键槽两侧面相接触,分别只画一条线。

(2)普通平键和半圆键的上、下底面为非工作面,上底面与轮毂槽顶面之间留有一定的间隙,画两条线。

(3)钩头楔键连接中,键的斜面与键槽的斜面必须紧密接触,图上不能有间隙。

(4)在反映键长方向的剖视图中,轴采用局部剖视,键按不剖处理。

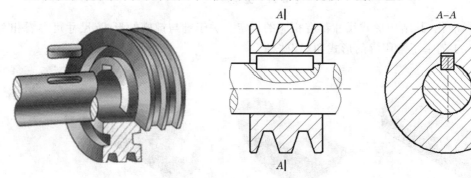

图 6-13  平键连接

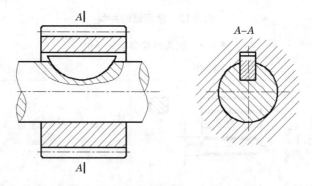

图 6-14  半圆键连接

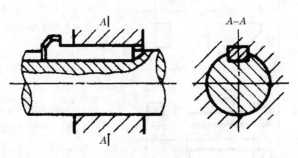

图 6-15  钩头键连接

## 6.3.2 销连接

销是标准件,常用的销有圆柱销、圆锥销和开口销等,如图 6-16 所示。

（a）圆柱销　　　　　　　　（b）圆锥销　　　　　　　　（c）开口销

图 6-16 常用的销

圆柱销和圆锥销可作连接零件之用,也可作定位之用(限定两零件间的相对位置);开口销常用于防止螺母的松脱或固定其他零件,如图 6-17 所示。

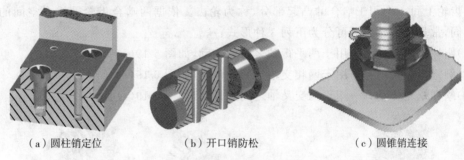

（a）圆柱销定位　　　　　　（b）开口销防松　　　　　　（c）圆锥销连接

图 6-17 销的应用示例

表 6-5 为销的形式和标记示例。圆柱销、圆锥销和开口销连接的画法分别如图 6-18 （a）、（b）、（c）所示,当剖切平面通过销的轴线时,销按不剖处理。

表 6-5 销的形式和标记示例

| 名称及标准编号 | 简　图 | 标记及其说明 |
|---|---|---|
| 圆柱销<br>GB/T 119.1—2000 | $\phi 10\,h8$ 60 | 销　GB/T 119.1　10h8×60<br>［表示公称直径 $d$＝10mm、公差为 h8、公称长度 $l$＝60mm、材料为钢、不淬火、不经表面处理的圆柱销］ |
| 圆锥销<br>GB/T 117—2000 | 1:50　0.8<br>$\phi 10$　60 | 销　GB/T 117　10×60<br>［表示公称直径 $d$＝10mm、公称长度 $l$＝60mm、材料为 35 钢、热处理硬度 28～38HRC、表面氧化处理的 A 型圆锥销］ |
| 开口销<br>GB/T 91—2000 | 45<br>$\phi 7.5$ | 销　GB/T 91　8×45<br>［表示公称规格 $d$＝8mm、公称长度 $l$＝45mm、材料为 Q215、不经表面处理的开口销］<br>注:公称规格为开口销孔的公称直径 |

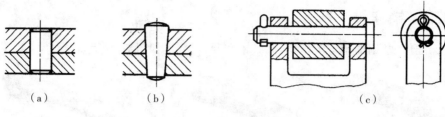

（a）　　　　　　　　（b）　　　　　　　　　　（c）

图 6-18　销连接的画法

# 6.4　齿　轮

齿轮是应用非常广泛的传动件，用于传递运动和动力，并具有改变转轴的转速和转向的作用。齿轮上每一个用于啮合的凸起部分，称为轮齿。依据两啮合齿轮轴线在空间的相对位置不同，常见的齿轮传动可分为下列 3 种形式：

（1）圆柱齿轮传动——用于两平行轴之间的传动，如图 6-19(a)所示。

（2）圆锥齿轮传动——用于两相交轴之间的传动，如图 6-19(b)所示。

（3）蜗杆蜗轮传动——用于两交叉轴之间的传动，如图 6-19(c)所示。

（a）圆柱齿轮传动　　　　　　（b）圆锥齿轮传动　　　　　　（c）蜗杆蜗轮传动

图 6-19　齿轮传动

## 6.4.1　圆柱齿轮

圆柱齿轮的轮齿有直齿、斜齿、人字齿等，圆柱齿轮的外形是圆柱形，由轮齿、齿盘、辐板（或辐条）、轮毂等组成。直齿圆柱齿轮是齿轮中常用的一种。

**1. 直齿圆柱齿轮轮齿的各部名称及代号**（如图 6-20 所示）

（1）齿顶圆（直径 $d_a$）。在圆柱齿轮上，其齿顶圆柱面与端平面的交线，称为齿顶圆。

（2）齿根圆（直径 $d_f$）。在圆柱齿轮上，其齿根圆柱面与端平面的交线，称为齿根圆。

（3）分度圆（直径 $d$）和节圆（直径 $d'$）。圆柱齿轮的分度曲面与端平面的交线，称为分度圆；平行轴齿轮副中的两圆柱齿轮的齿廓在连心线 $O_1O_2$ 上的 $C$ 点接触，则以 $O_1C$ 和 $O_2C$ 为半径的两个圆，称为相应齿轮的节圆。在标准齿轮正确啮合时，分度圆与节圆重合，即 $d=d'$。

(4)齿顶高($h_a$)。齿顶圆与分度圆之间的径向距离,称为齿顶高。

(5)齿根高($h_f$)。齿根圆与分度圆之间的径向距离,称为齿根高。

(6)齿高($h$)。齿顶圆与齿根圆之间的径向距离,称为齿高。

(7)齿距($p$)。在齿轮上,两个相邻而同侧的端面齿廓之间的分度圆弧长,称为齿距。齿距由齿厚($s$)和齿间($e$)组成,齿厚是齿轮的两侧齿面之间的分离圆弧长,齿间则是分度圆上相邻两齿间的弧长。标准齿轮,齿间和齿厚各为齿距的一半。

(8)齿宽($b$)。沿齿轮轴线方向量得的轮齿宽度。

(9)齿数($z$)。齿轮齿的个数。

(10)中心距($a$)。平行轴或交错轴齿轮的两轴线之间的最短距离,称为中心距。

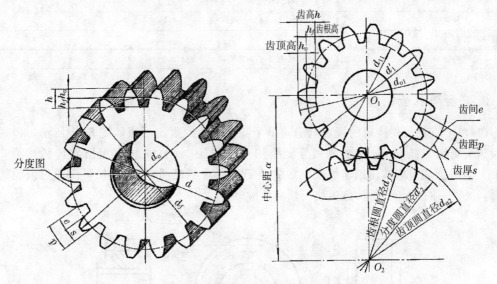

图 6-20　直齿圆柱齿轮轮齿的各部名称及代号

### 2.直齿圆柱齿轮的基本参数与轮齿各部分的尺寸关系

(1)模数。

根据分度圆周总长有

$$\pi d = pz$$

则

$$d = \frac{p}{\pi} z$$

齿距 $p$ 除以圆周率 $\pi$ 所得的商,称为齿轮的模数($m$),即 $m = p/\pi$,所以 $d = mz$。

模数 $m$ 越大,轮齿就越大;模数 $m$ 越小,轮齿就越小。两啮合轮齿的模数必须相等。为了简化和统一齿轮的轮齿规格,提高齿轮的互换性,便于齿轮的加工、修配,减少齿轮刀具的规格品种,提高其系列化和标准化程度,国家标准对齿轮的模数作了统一规定,见表 6-6。

表 6-6　圆柱齿轮标准模数摘录(GB/T1357—1987)

| 圆柱齿轮 $m$ | 第一系列 | 1,1.25,1.5,2,2.5,3,4,5,6,8,10,12,16,20,25,32,40 |
|---|---|---|
| | 第二系列 | 1.75,2.25,2.75,(3.25),3.5,(3.75),4.5,5,(6.5),7,9,(11),14,18,22 |

注:选用圆柱齿轮模数时,应优先选用第一系列,其次选用第二系列,括号内的模数尽可能不用。

(2)齿轮各部分的尺寸关系。模数和齿数是齿轮的基本参数,标准直齿圆柱齿轮的各部分尺寸都根据它们来确定(见表6-7)。

表6-7　标准直齿圆柱齿轮轮齿的各部分尺寸关系

| 名　称 | 尺寸关系 |
|---|---|
| 模数 $m$ | 由设计确定 |
| 齿顶高 $h_a$ | $h_a = m$ |
| 齿根高 $h_f$ | $h_f = 1.25m$ |
| 齿高 $h$ | $h = h_a + h_f = 2.25m$ |
| 分度圆直径 $d$ | $d = mz$ |
| 齿顶圆直径 $d_a$ | $d_a = d + 2h_a = m(z+2)$ |
| 齿根圆直径 $d_f$ | $d_f = d - 2h_f = m(z-2.5)$ |
| 齿距 $p$ | $p = \pi m$ |
| 中心距 $\alpha$ | $a = (d_1 + d_2)/2 = m(z_1 + z_2)/2$ |

### 3.直齿圆柱齿轮的规定画法

(1)单个直齿圆柱齿轮的规定画法。单个圆柱齿轮的规定画法如图6-21所示。齿顶圆和齿顶线用粗实线绘制,分度圆和分度线用点划线绘制(分度线应超出轮齿两端面 2～3mm),齿根圆和齿根线用细实线绘制或省略不画。在剖视图中,当剖切平面通过齿轮的轴线时,轮齿一律按不剖处理,齿根线用粗实线绘制。

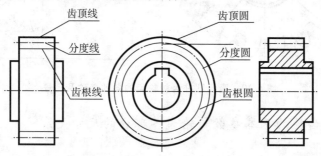

图 6-21　单个齿轮的规定画法

(2)直齿圆柱齿轮啮合的规定画法。两齿轮啮合时,非啮合区按单个齿轮绘制;啮合区按规定绘制,如图6-22所示。

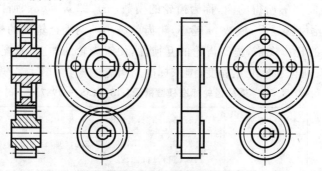

图 6-22　齿轮啮合的规定画法

①在垂直于齿轮轴线的投影面的视图中,相切的两节圆用点画线绘制;齿顶圆均按粗实线绘制,在啮合区的齿顶圆也可省略不画;齿根圆全部不画。

②在平行于齿轮轴线的投影面的视图中,当采用剖视且剖切平面通过两齿轮的轴线时,在啮合区将一个齿轮的轮齿用粗实线绘制,另一个齿轮的轮齿被遮挡的部分用虚线绘制或省略不画。若不作剖视,则啮合区内的齿顶线不必画出,此时节线用粗实线绘制。

## 6.4.2　斜齿圆柱齿轮

### 1.斜齿圆柱齿轮轮齿各部分的尺寸关系

斜齿轮与直齿轮的区别在于其轮齿排列方向与齿轮轴线间有一倾斜角(螺旋角)$\beta$,如图6-23所示。由于轮齿倾斜,轮齿端面齿形与轮齿法向截面的齿形不同,因此斜齿轮对应就有端面模数 $m_t$ 和法向模数 $m_n$。故法向模数与端面模数的关系为:$m_n = m_t \cos\beta$。

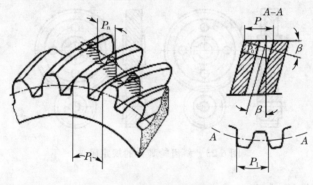

**图6-23　斜齿圆柱齿轮**

法向模数 $m_n$ 是斜齿圆柱齿轮的主要参数,设计时取标准值。斜齿圆柱齿轮各部分的尺寸关系见表6-8。

**表6-8　斜齿圆柱齿轮各部分尺寸关系**

| 名　称 | 尺寸关系 |
| --- | --- |
| 法向模数 $m_n$ | 由设计确定 |
| 齿顶高 $h_a$ | $h_a = m_n$ |
| 齿根高 $h_f$ | $h_f = 1.25 m_n$ |
| 齿高 $h$ | $h = h_a + h_f = 2.25 m_n$ |
| 分度圆直径 $d$ | $d = m_n z / \cos\beta$ |
| 齿顶圆直径 $d_a$ | $d_a = d + 2h_a = d + 2m_n$ |
| 齿根圆直径 $d_f$ | $d_f = d - 2h_f = d - 2.5 m_n$ |

### 2.斜齿圆柱齿轮的画法

(1)单个斜齿轮的画法。如图6-24所示,非圆视图画成半剖视或局部剖视,在未剖的部分以三条相互平行的细实线示意轮齿的倾斜方向。

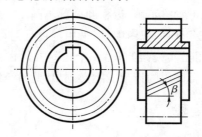

图 6-24　单个斜齿轮的画法

（2）斜齿轮的啮合画法。如图 6-25 所示,其啮合区的画法与直齿圆柱齿轮的画法相同。对于斜齿的表示,应在两个齿轮上未剖区域画出方向相反的示意线(相互啮合的斜齿轮,其轮齿的旋向应相反)。

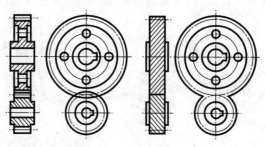

图 6-25　斜齿轮啮合的规定画法

## 6.4.3　直齿锥齿轮

直齿锥齿轮用于相交两轴间的传动(通常两轴相交成 $90°$),可以看作两齿轮的分度圆锥做摩擦滚动。由于锥齿轮的轮齿分布在圆锥面,所以,轮齿的厚度、高度都沿着齿宽的方向逐渐地变化,即其模数是变化的。为了计算和制造方便,规定锥齿轮的大端端面模数 $m_e$ 为标准模数( 参见 GB/T 12368—1990),根据大端端面模数来计算其他各部分尺寸。

表 6-9　直齿锥齿轮各部分的尺寸关系

| 名　称 | 尺寸关系 |
|---|---|
| 大端端面模数 $m_e$ | 由设计确定 |
| 齿顶高 $h_a$ | $h_a = m_e$ |
| 齿根高 $h_f$ | $h_f = 1.2 m_e$ |
| 齿高 $h$ | $h = h_a + h_f = 2.2 m_e$ |
| 分度圆直径 $d_e$ | $d = m_e z$ |
| 齿顶圆直径 $d_a$ | $d_a = m_e (z + 2\cos\delta)$ |
| 齿根圆直径 $d_f$ | $d_f = m_e (z - 2.4\cos\delta)$ |
| 外锥距(节锥长)$R_e$ | $R_e = m_e z / (2\sin\delta)$ |
| 分度圆锥角 $\delta_1$、$\delta_2$ | $\tan\delta_1 = z_1 / z_2$　　$\tan\delta_2 = z_2 / z_1$ |
| 齿宽 $b$ | $b \leqslant R_e / 3$ |

## 1.直齿锥齿轮的基本尺寸计算

直齿锥齿轮各部分名称如图 6-26 所示,其各部分的尺寸关系见表 6-9。

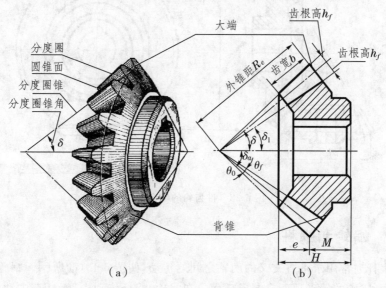

图 6-26　锥齿轮的各部分名称及代号

## 2.直齿锥齿轮的画法

单个锥齿轮的规定画法如图 6-27 所示,用两个基本视图来表达。其中主视图画成全剖视图,轮齿仍按不剖处理。端视图规定用粗实线画出大端和小端的顶圆,用点画线画出大端的分度圆。大、小端根圆及小端分度圆均不画出。除轮齿按上述规定画法外,齿轮其余各部分均按投影原理绘制。

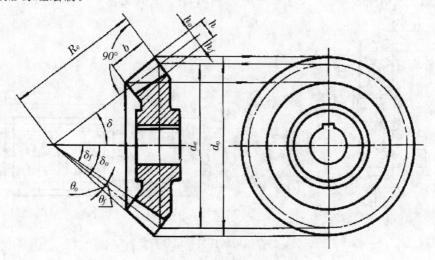

图 6-27　单个锥齿轮的规定画法

直齿锥齿轮的啮合画法如图 6-28 所示。

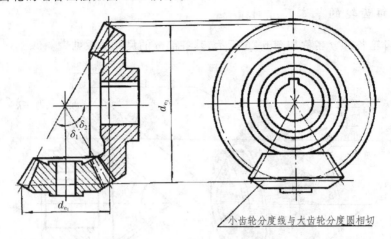

小齿轮分度线与大齿轮分度圆相切

图 6-28　锥齿轮的啮合画法

### 6.4.4　蜗轮和蜗杆

蜗轮和蜗杆通常用于垂直交叉的两轴之间的传动,如图 6-19(c)所示。蜗轮和蜗杆的齿向是螺旋形的,蜗轮的轮齿顶面常制成环面。在蜗轮、蜗杆传动中,蜗杆是主动件,蜗轮是从动件。蜗杆轴向剖面类似梯形螺纹的轴向剖面,有单头和多头之分。若蜗杆为单头,则蜗杆转一圈蜗轮只转过一个齿,因此可得到较高的速比。

#### 1.蜗轮和蜗杆的主要参数与尺寸计算

主要参数有:模数($m$)、蜗杆的特性系数($q$)、导程角($\lambda$)、中心距($a$)、蜗杆头数(或线数 $z_1$)、蜗轮齿数($z_2$)等,其中 $z_1$、$z_2$ 由传动的要求选定,根据上述参数可决定蜗杆与蜗轮的基本尺寸。蜗轮和蜗杆的各部分尺寸如图 6-29 所示,计算公式见表 6-10 和表 6-11。

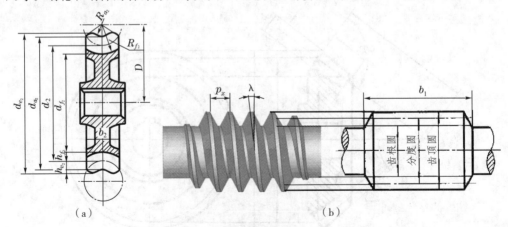

图 6-29　蜗轮蜗杆的各部分尺寸

(1)模数($m$)。为设计和加工方便,规定以蜗杆的轴向模数 $m_x$ 和蜗轮的端面模数 $m_t$ 为标准模数。一对啮合的蜗杆、蜗轮,其模数应相等,即 $m = m_x = m_t$。

（2）蜗杆的特性系数（$q$）。在制造蜗轮时，最理想的是用尺寸、形状与蜗杆完全相同的蜗轮滚刀来进行切削加工。但由于同一模数的蜗杆，其直径可以各不相同，这就要求每一种模数对应有相当数量直径不同的滚刀，才能满足蜗轮加工的需要。为了减少蜗轮滚刀的数目，在规定标准模数的同时，对蜗杆分度圆直径亦实行了标准化，且与 $m$ 有一定的匹配。蜗杆分度圆直径 $d_1$ 与模数 $m$ 之比称为蜗杆的特性系数 $q$，即：$q = d_1/m$，$q$ 的数值已标准化。

蜗杆、蜗轮的标准模数值与标准分度圆直径 $d_1$ 的搭配值及对应的蜗杆直径系数可由相应的资料（GB/T10085－1988）查得。

（3）蜗杆导程角即螺旋线升角（$\lambda$）。当蜗杆的 $q$ 和 $z_1$ 选定后，在蜗杆圆柱上的导程角即被确定。相互啮合的蜗轮与蜗杆，蜗轮的螺旋角 $\beta$ 与蜗杆的导程角 $\lambda$ 大小相等，方向相反。

（4）中心距（$\alpha$）。蜗轮与蜗杆啮合时，两者的轴间距称为中心距。

**表 6-10　蜗杆的尺寸计算**

| 名　称 | 尺寸关系 |
|---|---|
| 齿顶高 $h_a$ | $h_a = m$ |
| 齿根高 $h_f$ | $h_f = 1.2m$ |
| 全齿高 $h$ | $h = h_a + h_f = 2.2m$ |
| 分度圆直径 $d_1$ | $d_1 = mq$ |
| 齿顶圆直径 $d_{a_1}$ | $d_{a_1} = d_1 + 2h_a = d_1 + 2m$ |
| 齿根圆直径 $d_{f_1}$ | $d_f = d_1 - 2h_f = d_1 - 2.4m$ |
| 轴向齿距 $p_x$ | $p_x = \pi m$ |
| 导程角（螺旋线升角）$\lambda$ | $\tan\lambda = z_1/q$ |
| 蜗杆齿宽 $b_1$ | 当 $z_1 = (1 \sim 2)$，$b_1 \geqslant (11 + 0.06z_2)m$<br>当 $z_1 = (3 \sim 4)$，$b_1 \geqslant (12.5 + 0.09z_2)m$ |

**表 6-11　蜗轮的尺寸计算**

| 名　称 | 尺寸关系 |
|---|---|
| 分度圆直径 $d_2$ | $d_2 = m z_2$ |
| 齿顶圆（喉圆）直径 $d_{a_2}$ | $d_{a_2} = d_2 + 2h_a = m(z_2 + 2)$ |
| 齿根圆直径 $d_{f_2}$ | $d_{f_2} = d_2 - 2h_f = m(z_2 - 2.4)$ |
| 蜗轮外径 $d_{e_2}$ | $d_{e_2} = d_{a_2} + Km = m(z_2 + 2 + K)$<br>式中 $K$：当 $z_1 = 1$ 时，$K \leqslant 2$；当 $z_1 = 2 \sim 3$ 时，$K \leqslant 1.5$ |
| 蜗轮轮面角（包角）$2\gamma$ | $2\gamma = 70° \sim 90°$ |
| 中心距 $\alpha$ | $\alpha = (d_1 + d_2)/2$ |
| 齿顶圆弧半径 $R_{a_2}$ | $R_{a_2} = d_{f_1}/2 + 0.2m = d_1/2 - m$ |
| 齿根圆弧半径 $R_{f_2}$ | $R_{f_2} = d_{a_1}/2 + 0.2m = d_1/2 + 1.2m$ |
| 齿宽 $b_2$ | 当 $z_1 \leqslant 3$ 时，$b_2 \leqslant 0.75 d_{a_1}$，当 $z_1 \geqslant 4$ 时，$b_2 \leqslant 0.67 d_{a_1}$ |

## 2. 蜗轮和蜗杆的画法

（1）蜗杆的规定画法。蜗杆的规定画法与圆柱齿轮画法相同，如图 6-29（b）、图 6-30 所示。为了表达蜗杆上的牙型，一般采用局部剖视图或局部放大图。

(2)蜗轮的规定画法。蜗轮的规定画法,如图 6-29(a)、图 6-30 所示。在投影为圆的视图上,只画顶圆和分度圆,喉圆、齿根圆不画。剖视图上轮齿的画法与圆柱齿轮相同。

(3)蜗轮蜗杆啮合的画法。蜗轮蜗杆啮合的剖视图画法,如图 6-30(a)所示,当剖切平面通过蜗轮或蜗杆的轴线时,在蜗杆投影为圆的视图上,蜗杆的齿顶用粗实线绘制。在蜗杆投影为非圆的视图上,齿顶线画至与蜗轮齿顶圆相交而止。

蜗轮蜗杆啮合的外形画法,如图 6-30(b)所示,在蜗杆为圆的视图上,蜗轮与蜗杆投影重合部分,只画蜗杆;在蜗轮为圆的视图上,蜗杆与蜗轮各按规定画法绘制,在啮合区内蜗杆的分度线应与蜗轮的分度圆相切。

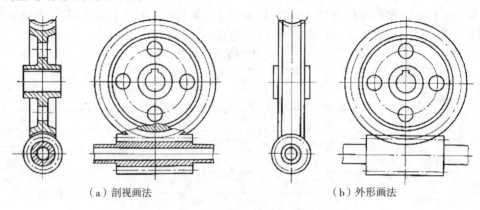

(a)剖视画法　　　　　　　　　　　(b)外形画法

图 6-30　蜗轮蜗杆啮合画法

# 6.5　滚动轴承

滚动轴承是用来支承传动轴的标准组件,由于它具有结构紧凑、摩擦阻力小、动能损耗小等优点,所以得到广泛使用。

## 6.5.1　滚动轴承的结构和分类

滚动轴承一般由外圈、内圈、滚动体和保持架四部分组成,如图 6-31 所示。

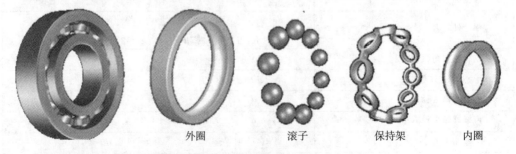

外圈　　　　　滚子　　　　保持架　　　　内圈

图 6-31　滚动轴承的结构

滚动轴承按可承受载荷的方向可分为 3 类,见表 6-12 所示。

(1)向心轴承——主要承受径向载荷,如深沟球轴承。

(2)推力轴承——仅能承受轴向载荷,如推力球轴承。

（3）向心推力轴承——可同时承受径向载荷和轴向载荷，如圆锥滚子轴承。

## 6.5.2　滚动轴承的标记与代号

滚动轴承的标记格式为

| 名称 | 代号 | 国家标准的编码 |

名称：滚动轴承。

代号：由前置代号、基本代号和后置代号构成。滚动轴承的代号通常用其中的基本代号表示。

基本代号由轴承类型代号、尺寸系列代号和内径代号构成。

轴承类型代号表示轴承的基本类型，用数字或字母表示。

尺寸系列代号由轴承的宽（高）度系列代号和直径系列代号组合而成，用两位阿拉伯数字来表示。宽（高）度系列代号表示内径相同而宽（高）度不同的滚动轴承。直径系列代号表示内径相同而外径不同的轴承。

内径代号表示轴承的公称内径，一般用两位阿拉伯数字表示。代号数字为 04～96 时，代号数字乘以 5，就为轴承内径。

不同轴承类型代号、尺寸系列代号、内径代号可查阅有关标准或滚动轴承手册。滚动轴承的标记举例见表 6-12 所示。

表 6-12　轴承的规定画法和特征画法

| 轴承名称、类型及标准号 | 类型代号 | 规定画法 | 特征画法 | 标记及说明 |
| --- | --- | --- | --- | --- |
| 外圈　内圈　滚动体　保持架<br><br>深沟球轴承 60000 型<br>GB/T 276—1994 | 6 | | | 滚动轴承 6204 GB/T 276—1994<br>［按 GB/T276—1994 制造，内径代号为 04（公称内径为 20mm），直径系列代号为 2，宽度系列代号为 0（省略）的深沟球轴承。］ |
| 圆锥滚子轴承 30000 型<br>GB/T 297—1994 | 3 | | | 滚动轴承 30205 GB/T 297—1994<br>［按 GB/T297—1994 制造，内径代号为 05（公称内径为 25mm），尺寸系列代号为 02 的圆锥滚子轴承。］ |

| 轴承名称、类型及标准号 | 类型代号 | 规定画法 | 特征画法 | 标记及说明 |
|---|---|---|---|---|
| 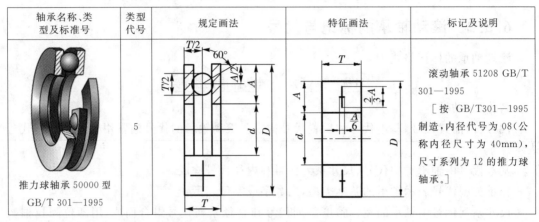<br>推力球轴承 50000 型<br>GB/T 301—1995 | 5 | | | 滚动轴承 51208 GB/T 301—1995<br>〔按 GB/T301—1995 制造，内径代号为 08（公称内径尺寸为 40mm），尺寸系列为 12 的推力球轴承。〕 |

### 6.5.3　滚动轴承的画法

滚动轴承是标准组件，可根据轴承的型号选购，因此通常不需要画出其组件图。

在装配图中，滚动轴承可采用简化画法或规定画法来绘制。简化画法又分为通用画法和特征画法。采用简化画法时，在同一图样上一般只采用其中一种画法。

在剖视图中，当不需确切地表示滚动轴承的外形轮廓、载荷特性和结构特征时，可用通用画法，其画法是用矩形线框及位于中央正立的十字形符号表示（各种符号、矩形线框和轮廓线均用粗实线绘制），如图 6-32 所示。如需要较形象地表示滚动轴承的结构特征时，可采用特征画法。如需要表达滚动轴承的主要结构时，可采用用规定画法。特征画法、规定画法如表 6-12 所示。

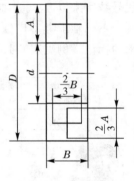

图 6-32　通用画法

# 6.6　弹　簧

弹簧是一种用来减振、夹紧、测力和储存能量的零件，其种类很多，用途很广。这里只介绍圆柱螺旋弹簧。

圆柱螺旋弹簧根据用途不同可分为压缩弹簧、拉力弹簧和扭力弹簧，如图 6-33 所示。

图 6-33　圆柱螺旋弹簧

### 6.6.1 圆柱螺旋压缩弹簧的各部名称及尺寸计算

(1)弹簧丝直径（$d$）。如图 6-34 所示。

(2)弹簧直径。中径 $D_2$ 是弹簧的规格直径；内径 $D_1 = D_2 - d$；外径 $D = D_2 + d$。

(3)节距（$t$）。除支承圈外，相邻两圈沿轴向的距离即为节距。一般 $t = D_2/3 \sim D_2/2$。

(4)有效圈数（$n$）、支承圈数（$n_2$）和总圈数（$n_1$）。为了使压缩弹簧工作时受力均匀，保证轴线垂直于支承端面，两端常并紧且磨平。这部分圈数仅起支承作用，所以叫支承圈。支承圈数有 1.5 圈、2 圈和 2.5 圈 3 种。2.5 圈用得较多，即两端各并紧 1.25 圈，其中包括磨平 3/4 圈。压缩弹簧除支承圈外，具有相等节距的圈数称有效圈数，有效圈数 $n$ 与支承圈数 $n_2$ 之和称总圈数 $n_1$，即：$n_1 = n + n_2$。

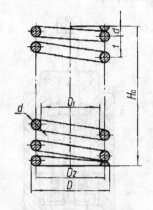

图 6-34 压缩弹簧的尺寸

(5)自由高度或长度（$H_0$）。弹簧在不受外力时的高度：$H_0 = nt + (n_2 - 0.5)d$。

(6)弹簧展开长度（$L$）。制造时弹簧簧丝的长度，$L \approx \pi D_2 n_1$。

### 6.6.2 圆柱螺旋压缩弹簧的规定画法

圆柱螺旋弹簧可画成视图、剖视图或示意图，分别如图 6-35(a)、(b)、(c)所示。画图时，应注意以下几点。

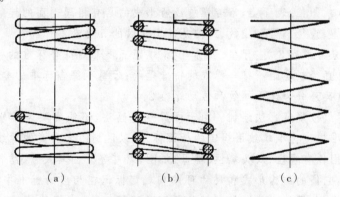

| (a) | (b) | (c) |

图 6-35 圆柱螺旋压缩弹簧的规定画法

(1)圆柱螺旋弹簧在平行于轴线的投影面上的图形，其各圈的外形螺旋轮廓线应画成直线。

(2)有效圈数在 4 圈以上的螺旋弹簧，允许每端只画 2 圈(不包括支承圈)，中间各圈可省略不画，只画通过簧丝剖面中心的 2 条点划线。当中间部分省略后，也可适当地缩短图形的长度。

(3)右旋弹簧或旋向不做规定的螺旋弹簧，在图上画成右旋，左旋弹簧允许画成右旋，但左旋弹簧不论画成左旋或右旋，一律要加注"LH"。

(4)在装配图中，弹簧后面被挡住的零件轮廓不必画出，可见部分应从弹簧剖面中心的点划线或其外侧的轮廓线画起,如图 6-36(a)所示;当弹簧被剖切,弹簧丝直径在图上等于或小于 2mm 时,其断面可以涂黑表示,如图 6-36(b)所示,也可采用示意画法,如图 6-36(c)所示。

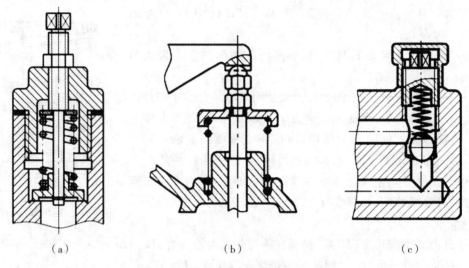

（a）　　　　　　　　　　（b）　　　　　　　　　　（c）

图 6-36　螺旋弹簧在装配图中的画法

# 本章小结

在圆柱(或圆锥)表面上,沿着螺旋线所形成的具有相同剖面的连续凸起和沟槽,称为螺纹。牙型、大径、螺距、线数、旋向是确定螺纹的五要素。

螺纹可分为下列 3 类:牙型、公称直径、螺距三要素均符合标准的标准螺纹;牙型符合标准,公称直径或螺距不符合标准的特殊螺纹;牙型不符合标准的非标准螺纹。按用途不同,螺纹又可分为连接螺纹和传动螺纹 2 类。

内、外螺纹按规定画法绘制。由于螺纹规定画法,不能真实表示螺纹种类及要素,因此国家标准规定标准螺纹用规定的标记标注,以区别不同种类的螺纹。

螺纹紧固件有螺栓、双头螺柱、螺母、垫圈、螺钉等。因其尺寸、结构已经标准化,故称为标准件,它们的结构形式和尺寸可按其规定标记在相应的标准中查出。螺纹要素全部相同的内、外螺纹才能连接。螺纹紧固件连接,通常有螺栓连接、螺柱连接和螺钉连接。螺纹连接图常采用比例画法;提倡采用简化画法。

齿轮是应用非常广泛的传动件,用以传递动力和运动,并具有改变转轴的转速和转向的作用。依据两啮合齿轮轴线在空间的相对位置不同,常见的齿轮传动可分为下列三种形式:圆柱齿轮传动、圆锥齿轮传动、蜗杆蜗轮传动。齿轮规定画法来绘制,在装配图中,按啮合画法绘制。

键和销为标准件,其结构形式尺寸和标记都有相应的规定。在图样中,键连接和销连接按其规定画法来绘制。

滚动轴承是用来支承传动轴的标准组件,滚动轴承一般由外圈、内圈、滚动体和保持架四部分组成,按可承受载荷的方向可分为向心轴承、推力轴承、向心推力轴承。滚动轴承的标记格式也有相应的规定。在装配图中,滚动轴承可采用简化画法或规定画法来绘制。

弹簧是一种用来减振、夹紧、测力和储存能量的零件。圆柱螺旋弹簧根据用途不同可分为压缩弹簧、拉力弹簧和扭力弹簧。圆柱螺旋弹簧按其规定画法来绘制,可画成视图、剖视图或示意图。

# 第7章
## 零件图

**学习目标**

- 理解零件图的内容和要求。
- 掌握零件图主视图和其他视图的选择原则，能够对典型零件进行视图分析。
- 掌握零件图尺寸基准的选择及尺寸标注的注意事项。
- 掌握零件图上粗糙度、尺寸公差及形位公差等技术要求的标注。

## 7.1　零件图的内容和要求

任何机器(或部件)都是由零件组成的。表示零件结构、大小及技术要求的图样称为零件图。零件图是设计部门提交给生产部门的重要技术文件，它必须反映出设计者的意图。同时，零件图也是制造和检验零件的重要依据。

以图 7-1、图 7-2 所示齿轮轴零件图为例，说明一张完整的零件图应包括下列内容。

(1)图形：用一组视图、剖视图、断面等图形，正确、完整、清晰地表达出零件各部分的结构形状。这个齿轮轴的零件图采用了主视图、局部放大图和移出剖面图等。

(2)尺寸：零件图上的尺寸不仅要标注的完整、清晰，而且还要标注的合理，能够满足设计意图，易于制造生产，便于检验。

(3)技术要求：用规定的代号、数字、字母或另加文字注解，简明、准确地给出零件在制造检验和使用时应达到的各项质量指标。如表面粗糙度、尺寸公差、形状位置公差、热处理等。

(4)标题栏：在零件图的右下角有标题栏，用于写明单位名称、零件名称、图号、材料、数量、比例以及设计、审核和时间等。

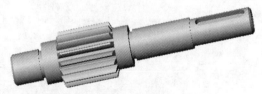

**图 7-1　齿轮轴**

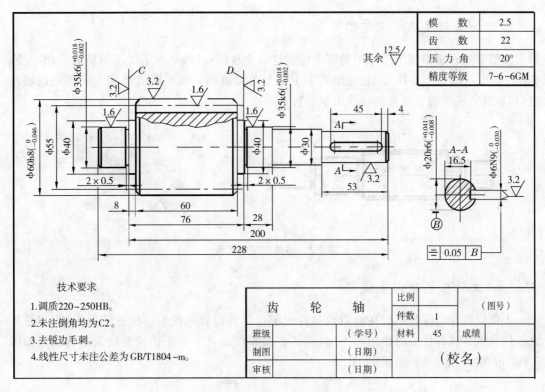

| 模 数 | 2.5 |
| 齿 数 | 22 |
| 压力角 | 20° |
| 精度等级 | 7-6-6GM |

图 7-2  齿轮轴零件图

技术要求
1.调质220~250HB。
2.未注倒角均为C2。
3.去锐边毛刺。
4.线性尺寸未注公差为GB/T1804-m。

| 齿 轮 轴 | | 比例 | | | (图号) |
| --- | --- | --- | --- | --- | --- |
| | | 件数 | 1 | | |
| 班级 | | (学号) | 材料 | 45 | 成绩 |
| 制图 | | (日期) | (校名) | | |
| 审核 | | (日期) | | | |

# 7.2  零件图的视图

零件图的视图选择就是选用合适的视图、剖视、剖面等表达方法,把零件的结构形状完整、清晰地表达出来。

选择视图的原则是:在对零件形状进行分析的基础上,首先考虑看图方便;再根据零件的结构特点,选用适当的表达方法;最后在完整、清晰地表示物体形状的前提下,力求制图简便。

## 7.2.1  主视图的选择原则

主视图是零件图中最重要的视图,主视图的选择直接影响到读图的方便与否。选择主视图的原则是:将反映零件信息量最多的那个视图作为主视图,通常考虑零件的工作位置、加工位置或安装位置。一般要考虑以下 3 个原则。

### 1. 形状特征最明显

主视图要能将组成零件的各个形体之间的相互位置和主要形体的形状、结构表达得最清楚。如图 7-3 所示的轴,按箭头 A 向、B 向与 C 向投影所得到的视图相比较,A 向反映形状特征更好。

## 2.以加工位置确定主视图

按照零件在主要加工工序中的装夹位置选取主视图,目的是为了加工制造者看图方便。如图 7-3 所示的轴类零件,其主要加工工序是车削和磨削。在车床或磨床上装夹是以轴线定位,所以主视图的选择常将轴线水平放置。

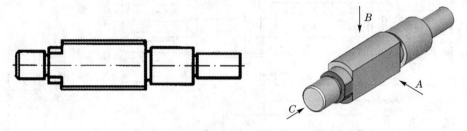

图 7-3　轴的主视图选择

## 3.以工作位置确定主视图

工作位置是指零件装配在机器或部件中工作时的位置。按工作位置选取视图,容易想象零件在机器或部件中的作用。支座、箱体等类零件适合于以工作位置确定主视图。如图7-4 所示,就是按工作位置绘制的。

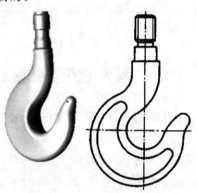

图 7-4　工作位置原则

## 7.2.2　其他视图的选择

其他视图的选择原则是:配合主视图,在完整、清晰地表达出零件结构形状的前提下,尽可能减少视图的数量,以方便画图和看图。选用时应注意以下几点。

(1)所选视图应具有独立存在的意义及明确的表达重点,注意避免不必要的细节重复。在明确表达零件的前提下,使视图的数量最少。

(2)应根据零件的结构特点和表达需要,将视图、剖视、断面、简化画法等各种表达方法加以综合应用,恰当地重组。

(3)选择表达方案时,应先考虑主要部分(较大的结构),后考虑次要的部分(较小的结构)。视图数量要采用逐个增加的方法,即凡增加一个视图都应自问:表达什么?是否需要剖切?怎样切?如此,直到确定出一个完整、清晰的表达方案。

此外,视图选择时,还应适当考虑制图比例以及图纸幅面等。

### 7.2.3　典型零件的视图分析

零件的形状各不相同,可大体将它们划分为几种类型。下面简单介绍一下其视图选择及表达方法。

#### 1.轴套类零件

这类零件主要为轴、套筒和衬套等,其作用主要是承装传动件(如齿轮、带轮等)和传递动力。轴类零件的基本形状为同轴回转体,在轴上通常带有键槽、销孔、中心孔、退刀槽和砂轮越程槽等局部结构。轴套类零件主要在车床上加工。

为了加工时看图方便,这类零件的主视图按其加工位置选择,一般将轴线水平放置,用一个基本视图(主视图)来表达其整体结构,如图 7-5 所示。

对轴上的键槽、销孔等结构,一般采用局部视图、局部剖视图、移出断面和局部放大图等表示。

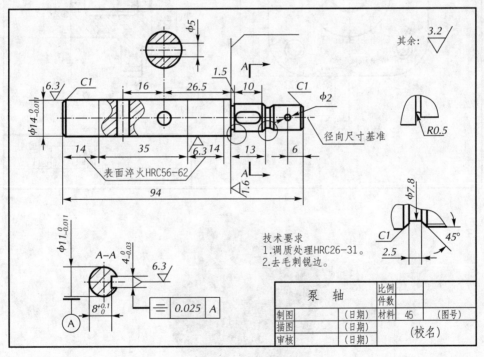

图 7-5　轴零件图

## 2.盘类零件

这类零件主要是齿轮、法兰盘、端盖等,其基本形体多为扁平的圆盘状结构,常带有各种形状的凸缘、均布的圆孔等局部结构。因此,除主视图外,还需增加其他基本视图。如图 7-6 所示的阀盖零件图,主视图采用全剖视图,显示了台阶与内孔的形状及其相对位置,同时也符合它主要的加工位置。

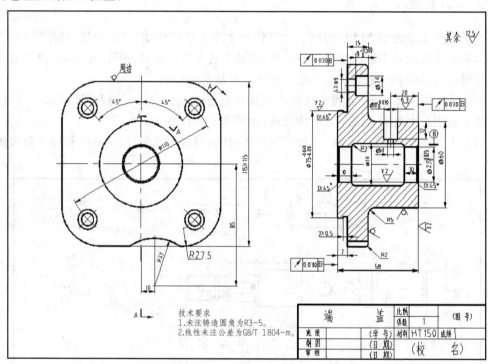

图 7-6　阀盖零件图

## 3.叉架类零件

这类零件常在机器的操纵机构中起操纵作用或支撑轴类零件作用。此类零件的结构比较复杂,常带有倾斜或弯曲部分,零件毛坯为铸件或锻件,需经多种机械加工。所以其主视图应能明显地反映零件的形状特征,并考虑零件的工作位置或安装位置。叉架类零件一般须用两个或两个以上基本视图。为表达内部结构,常采用全剖视图或局部剖视图。对倾斜部分的结构,往往采用写实图或采用斜剖切平面剖切获得的剖视图来表达。此外,还常采用局部视图、移出断面等表达局部结构形状。如图 7-7 所示的支架零件图,除主视图外,采用俯视图表达安装板、肋和轴承的宽度,以及它们的相对位置;此外,用 A 向局部视图,表达安装板左端面的形状,用移出剖面表达肋的剖面形状。

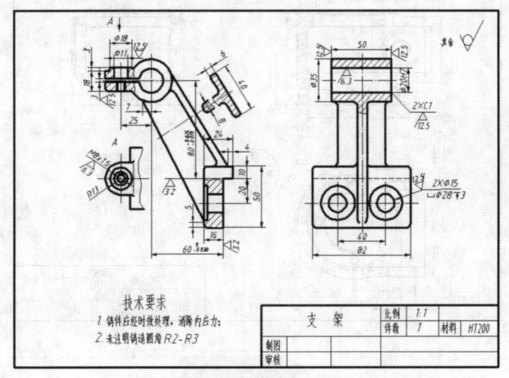

图 7-7　支架零件图

### 4. 箱体类零件

这类零件主要有各种泵体、阀体、变速器的箱体和机座等,其作用是容纳和支撑其他零件,是机器和部件的主体。它们的结构形状较为复杂,毛坯多为铸件,需经多道工序加工。

因此,对箱体类零件的主视图,应按零件的结构形状和工作位置选择。选用其他视图时,还需根据实际情况采用剖视、剖面、局部视图和斜视图等多种形式,以清晰地表达零件的内外结构形状。如图 7-8 所示,用全剖主视图和局剖俯视图表达零件的内外结构形状;采用局部视图表达箱体局部结构形状。

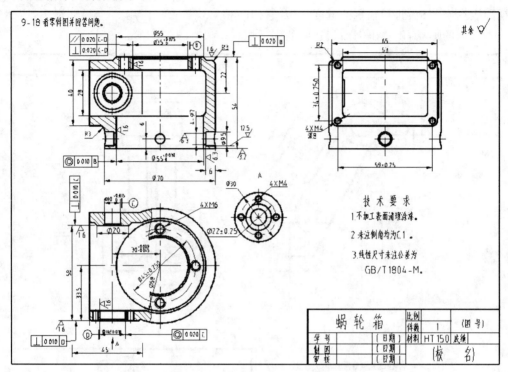

图 7-8  蜗轮箱零件图

# 7.3  零件图的尺寸标注及技术要求

在零件图上需标注以下内容:

(1)加工制造零件所需的全部尺寸。

(2)零件表面的粗糙度要求。

(3)尺寸公差和形状位置公差。

有关零件在加工、检验过程中应达到的其他一些技术指标,如材料的热处理要求等,通常作为技术要求写在标题栏上方或左侧的空白处。

### 7.3.1 零件图的尺寸标注

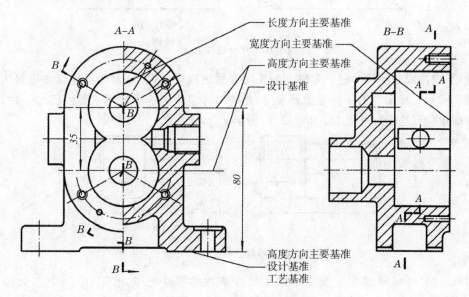

图 7-9 泵体的尺寸基准

#### 1.尺寸基准的选择

正确、合理地选择尺寸基准是尺寸标注合理与否的关键,一般以安装面、重要的端面、装配的结合面、对称平面和回转体的轴线等作为基准。零件在长、宽、高三个方向都应有一个主要尺寸基准。除此之外,在同一方向上有时还有辅助尺寸基准,如图 7-9 所示的泵体,作为箱体类零件的一种,此类零件通常以安装面、箱体的对称平面和重要的轴线作为尺寸基准。如图 7-9 所示的泵体,以左右方向的对称平面作为长度方向的尺寸基准;以零件前端面作为宽度方向的尺寸基准;以泵体底面作为高度方向的尺寸基准。

需要注意的是:主要基准和辅助基准之间一定要有尺寸联系,如图 7-9 中的尺寸 80、35;主要基准应尽量为设计基准同时也为工艺基准,辅助基准可为设计基准或工艺基准,如图 7-9 所示。

#### 2.尺寸标注的注意事项

(1)重要的尺寸应直接注出。零件在加工过程中必然会出现尺寸误差,为了使零件上的重要尺寸不受其他尺寸误差的影响,在零件图中应从基准出发,直接标注。

同一零件,尺寸标注形式不同,加工出来的零件的误差是不一样的。

图 7-10(a)为坐标式尺寸注法,标注的尺寸从一个基准出发,每段尺寸不受其他尺寸误差的影响。

图 7-10(b)为链状尺寸注法,标注的尺寸首尾相接,每段尺寸虽然相对独立,但后面的尺

寸总受到前面尺寸累积误差的影响。

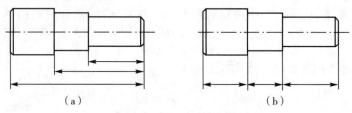

图 7-10  尺寸标注形式

（2）不能注成封闭尺寸链。零件在加工时必然出现尺寸误差，因此不能标注成封闭尺寸链，如图 7-11（a）所示。为了保证重要尺寸，常将尺寸链中的一个最不重要的尺寸不注，使尺寸误差都累积到这个尺寸上，如图 7-11（b）所示。

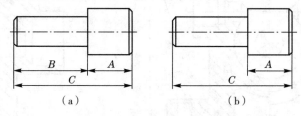

图 7-11  不能注成封闭尺寸链

（3）标注尺寸应考虑工艺要求。标注尺寸应考虑零件便于加工、便于测量，如图 7-12 所示。

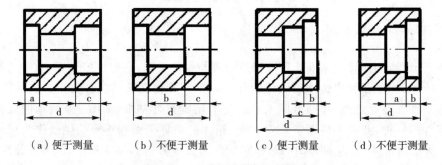

（a）便于测量    （b）不便于测量    （c）便于测量    （d）不便于测量

图 7-12  尺寸标注要便于测量

### 3.尺寸标注举例

分析如图 7-13 所示泵体尺寸标注的步骤。

（1）分析零件：如图 7-9 分析。

（2）选定尺寸基准：以左右方向的对称平面作为长度方向的尺寸基准；以零件前端面作为宽度方向的尺寸基准；以泵体底面作为高度方向的尺寸基准。

（3）标注主要尺寸：泵体的主要尺寸，如图 7-13 中已注出数值的尺寸，应从设计基准（主要基准）出发直接注出。

（4）标注其余尺寸：按工艺要求标注其余尺寸（如图 7-13 中未标数值者），注意，同一方向主要基准与辅助基准之间的联系尺寸应直接注出。

(5)检查调整:删去多余或重复的尺寸,补足漏标的尺寸,完成全部尺寸标注。

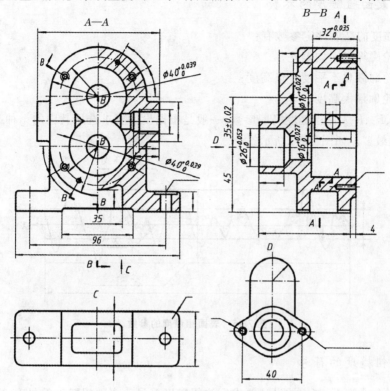

图 7-13 泵体的尺寸标注

## 7.3.2 表面粗糙度

### 1.表面粗糙度的概念

无论用何种方法加工的表面,都不会是绝对光滑的。在零件加工时,由于切削变形和机床振动等因素,使零件的实际加工表面在显微镜下可看到表面的峰、谷状。如图 7-14 所示。表面粗糙度是指零件加工表面上具有的较小间距和峰、谷组成的微观几何形状特性。

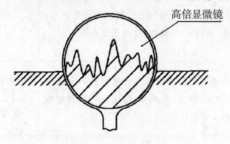

图 7-14 表面粗糙度

表面粗糙度是评定零件表面质量的一项技术指标,它对零件的配合性质、耐磨性、抗腐蚀性、接触刚度、抗疲劳强度、密封性和外观等都有影响。

## 2.评定表面粗糙度的参数

表面粗糙度的高度评定参数有:

$R_a$——轮廓算术平均偏差;

$R_z$——轮廓微观不平度十点高度;

$R_y$——轮廓最大高度。

对于 $R_a$、$R_z$、$R_y$ 3 种粗糙度高度参数,一般是根据设计要求选用其中的 1 种或 2 种,尤以选用 $R_a$ 数值最多。如图 7-15 所示。

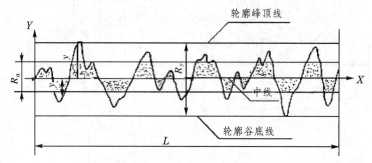

**图 7-15　表面粗糙度的参数**

## 3.表面粗糙度的符号

在零件的每个表面,都应按设计要求标注粗糙度符号。表面粗糙度符号有 3 种,见表 7-1 所示。

**表 7-1　表面粗糙度符号**

| 符　号 | 意　义 | 符号画法 |
|---|---|---|
| ∨ | 基本符号,单独使用没有意义。 | $H=1.4h$　线宽 $=0.1h$　$h=$字高 |
| ∨ | 表示表面粗糙度使用去除材料的方法获得,如车、铣、钻、磨、抛光、电火花加工等。 | 基本符号加一短画 |
| ∨ | 表示表面粗糙度使用不去除材料的方法获得,如铸、锻、冲压、热扎、冷轧加工等;或保持上道工序的状况。 | 基本符号加一圆圈 |

## 4.表面粗糙度符号(代号)在零件图上的标注方法

表面粗糙度的代号及意义见表 7-2 所示。在零件图上标注时应注意以下几点:

(1)同一零件图中,每个表面一般应标注一次表面粗糙度代(符)号。

(2)粗糙度符号的尖端必须从材料外指向材料表面,既不脱离也不超出所指表面。

**表 7-2  表面粗糙度的代号**

| 代 号 | 意 义 | 代 号 | 意 义 |
|---|---|---|---|
| 3.2 ∨ | $R_a$ 的上限值为 3.2$\mu$m,可采用任何方法达到表面粗糙度要求。 | 3.2 1.6 ∨ | $R_a$ 的上限值为 3.2$\mu$m,下限值为 1.6$\mu$m,须采用去除材料的方法达到表面粗糙度要求。 |
| $R_z$200 ∨ | $R_z$ 的上限值为 200$\mu$m,只许采用不去除材料方法达到表面粗糙度要求。 | $R_y$3.2 ∨ | $R_y$ 的上限值为 3.2$\mu$m,可采用任何方法达到表面粗糙度要求。 |
| $R_z$3.2 $R_z$1.6 ∨ | $R_z$ 的上限值为 3.2$\mu$m,下限值为 1.6$\mu$m,须采用去除材料方法达到表面粗糙度要求。 | 3.2 $R_z$12.5 ∨ | $R_a$ 的上限值为 3.2$\mu$m,$R_y$ 的上限值为 12.5$\mu$m,须采用去除材料的方法达到表面粗糙度要求。 |
| 3.2max ∨ | $R_a$ 的最大值为 3.2$\mu$m,须采用去除材料的方法达到表面粗糙度要求。 | 3.2max 1.6min ∨ | $R_a$ 的最大值为 3.2$\mu$m,$R_a$ 的最小值为 1.6$\mu$m,须采用去除材料的方法达到表面粗糙度要求。 |

(3)粗糙度代(符)号一般应标注在可见轮廓线、尺寸线、尺寸界线或引出线上,并尽量标注在有关的尺寸线附近,如图 7-16 所示。

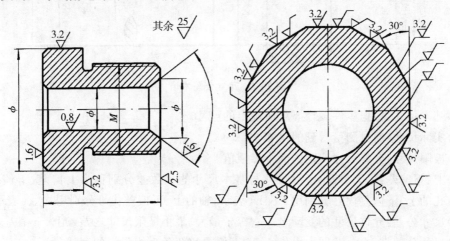

**图 7-16  表面粗糙度的标注**

(4)当零件所有表面具有相同的表面粗糙度时,可将代(符)号统一标注在图样的右上角;当零件的大部分表面具有相同的粗糙度要求时,对其中使用最多的一种代(符)号也可以统一标注在图样的右上角,并加注"其余"两字。凡统一标注的代号及文字高度均为图形上所注代号及文字高度的 1.4 倍,如图 7-16 所示。

(5)零件上连续表面及重复要素(槽、齿等)的表面,其表面粗糙度代(符)号只标注一次。

(6)零件上同一表面有不同的表面粗糙度要求时,须用细实线画出其分界线,并分别注上相应的尺寸和表面粗糙度代号。

### 7.3.3  公差与配合

**1.互换性**

从一批规格大小相同的零件中任取一件,不经加工与修配便可将其装配到机器上,并能够保证机器的使用要求,就称这批零件具有互换性。随着社会化生产分工越来越细,互换性既能满足各生产部门的广泛协作,又能进行高效率的专业化、集团化生产。

**2.尺寸公差**

制造零件时,为了使零件具有互换性,就必须对零件的尺寸规定一个允许的变动范围。为此,国家制定了极限尺寸制度,将零件制成后的实际尺寸限制在最大极限尺寸和最小极限尺寸的范围内。这种允许尺寸的变动量,称为尺寸公差。下面介绍公差的有关术语,如图7-17所示。

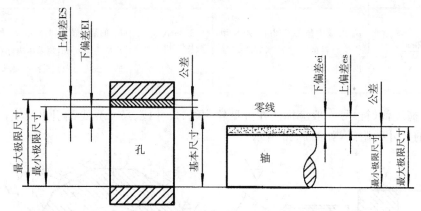

图 7-17　尺寸公差术语

(1)基本尺寸:根据零件设计要求所确定的尺寸。

(2)实际尺寸:通过测量得到的尺寸。

(3)极限尺寸:允许尺寸变动的两个界限值。

(4)上、下偏差:最大、最小极限尺寸与基本尺寸的代数差分别称为上偏差、下偏差。国标规定:孔的上、下偏差代号分别用 ES、EI 表示;轴的上、下偏差代号分别用 es、ei 表示。

(5)尺寸公差:允许尺寸的变动量。它等于最大、最小极限尺寸之差或上、下偏差之差。

(6)尺寸公差带:在公差图中由代表上、下偏差的两条直线限定的区域。

(7)零线:在公差图中表示基本尺寸或零偏差的一条直线。

例:一根轴的直径为 $\phi 50 \pm 0.008$

基本尺寸:$\phi 50$

最大极限尺寸:$\phi 50.008$

最小极限尺寸:$\phi 49.992$

上偏差＝50.008－50＝＋0.008

下偏差＝49.992－50＝－0.008

公差＝0.008－(－0.008)＝0.016

零件合格的条件:$\phi$50.008≥实际尺寸≥$\phi$49.992

### 3. 配合的种类

基本尺寸相同并相互结合的孔和轴的公差带之间的关系,称为配合。配合有紧有松,国家标准将其分为3类:

(1)间隙配合:具有间隙的配合,此时,孔的公差带在轴的公差带之上,孔比轴大,如图7-18(a)所示。

(2)过渡配合:可能具有间隙也可能具有过盈的配合,此时,孔的公差带与轴的公差带互相交叠,孔可能比轴大,也可能比轴小,如图7-18(b)所示。

(3)过盈配合:具有过盈的配合,此时,孔的公差带在轴的公差带之下,孔比轴小,如图7-18(c)所示。

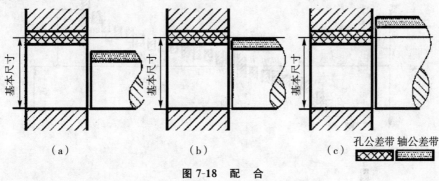

(a)　　　　　　　(b)　　　　　　　(c) 孔公差带 轴公差带

**图 7-18 配 合**

### 4. 标准公差和基本偏差

公差带是由标准公差和基本偏差组成的。标准公差确定了公差带的大小,基本偏差确定了公差带的位置,如图7-19所示。

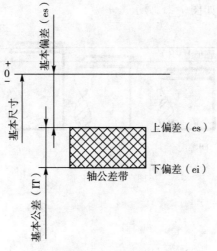

**图 7-19 公差带**

（1）标准公差：国家标准所列的，用以确定公差带大小的任一公差。标准公差分20个等级，即IT01、IT0、IT1～IT18。IT 表示标准公差，数字表示公差等级。IT01 公差值最小，精度最高；IT18 公差值最大，精度最低。如图 7-20 所示。

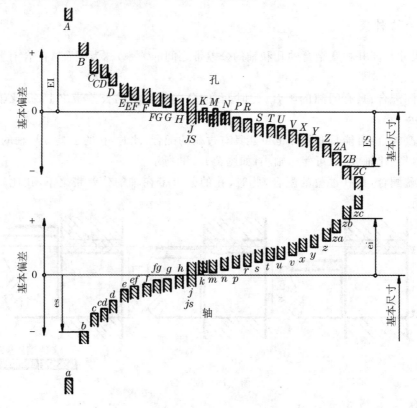

图 7-20 基本偏差系列图

（2）基本偏差：国家标准所列的，用以确定公差带相对于零线位置的上偏差或下偏差，一般是指靠近零线的那个偏差。孔和轴各有 28 个基本偏差，它的代号用拉丁字母表示，孔为大写字母，轴为小写字母。如图 7-21 所示。

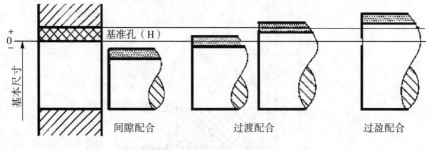

图 7-21 基孔制

5.基孔制与基轴制

（1）基孔制:基本偏差为一定的孔的公差带,与不同基本偏差的轴的公差带形成各种配合的一种制度,如图 7-21 所示。基孔制的孔为基准孔,代号为 H,其下偏差为零。

（2）基轴制:基本偏差为一定的轴的公差带,与不同基本偏差的孔的公差带形成各种配合的一种制度,如图 7-22 所示。基轴制的轴为基准轴,代号为 h,其上偏差为零。

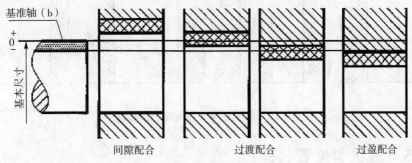

图 7-22　基轴制

6.优先配合和常用配合

国家标准《极限与配合 公差带和配合的选择（GB1801—1999）》中规定了优先配合和常用配合。

## 7.3.4　公差与配合的标注方法

1.在零件图中的标注

在零件图中有 3 种标注公差的方法:一是标注公差带代号;二是标注极限偏差值;三是同时标注公差带代号和极限偏差值,如图 7-23 所示。

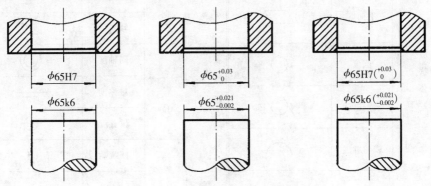

图 7-23　零件图中公差与配合的标注

2.在装配图中的标注

在装配图中一般标注配合代号或分别标出孔和轴的极限偏差值,如图 7-24 所示。在基本尺寸的后面用分式注出,分子为孔的公差带代号,分母为轴的公差带代号。

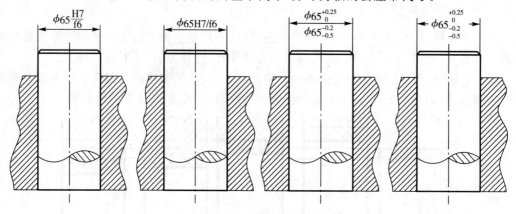

图 7-24　装配图中公差与配合的标注

## 7.3.5　形状和位置公差

### 1.形位公差的概念、分类及符号

零件加工时不但尺寸有误差,几何形状和相对位置也会有误差。为了满足使用要求,零件的几何形状和相对位置由形状公差和位置公差来保证。形状公差是指单一要素的形状对其理想要素形状允许的变动全量。位置公差是指关联实际要素的位置对其理想要素位置(基准)的允许变动全量。如表 7-3 所示。

表 7-3　形状公差和位置公差

| 分　类 | 名　称 | 符　号 | 分　类 | 名　称 | 符　号 |
|---|---|---|---|---|---|
| 形状公差 | 直线度 | —— | 位置公差 | 定向 | 平行度 | // |
| | 平面度 | | | | 垂直度 | ⊥ |
| | | | | | 倾斜度 | ∠ |
| | 圆度 | ○ | | 定位 | 同轴度 | ◎ |
| | 圆柱度 | | | | 对称度 | ≡ |
| | | | | | 位置度 | ⊕ |
| | 线轮廓度 | ⌒ | | 跳动 | 圆跳动 | ↗ |
| | 面轮廓度 | ⌒ | | | 全跳动 | ↗↗ |

### 2.形位公差的标注

(1)公差框格及其内容。在技术图样中,形位公差采用代号标注,也可以在技术要求中用文字说明。形位公差代号包括形位公差符号、公差框格、指引线、公差数值和基准符号等内容。形位公差框格用细实线绘制,要水平或垂直放置,框格的高度是图样和框格中尺寸数字高度的2倍。如图7-25所示。

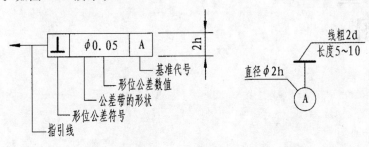

图 7-25　形位公差代号

(2)被测要素和基准要素的标注方法。标注位置公差的基准要用基准代号,基准代号的画法和标注如图7-25所示。注意,无论基准代号在图样上的方向如何,圆圈内的字母均应水平书写。

(3)形位公差的标注示例。如图7-26、图7-27所示零件图,当被测定的要素为线或表面时,从框格引出的指引线箭头,应指在该要素轮廓线或其延长线上。当被测要素是轴线时,应将箭头与该要素的尺寸线对齐。当基准要素是轴线时,应将基准符号与该要素的尺寸线对齐。

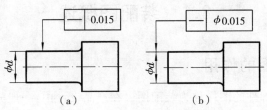

图 7-26　形状公差的标注示例

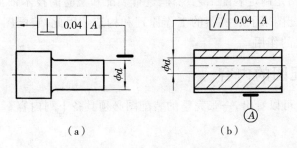

图 7-27　位置公差的标注示例

## 本章小结

零件图的内容包括一组视图、尺寸标准、技术要求和标题栏。本章介绍了零件图的视图选择原则;尺寸标注中尺寸基准的选择和标注时的注意事项;表面粗糙度、公差与配合、形位公差等技术要求的概念、符(代)号以及在图样上的标注方法。

# 第 **8** 章
# 装 配 图

**学习目标**

- ☐ 理解装配图的作用和内容。
- ☐ 掌握装配图的规定画法和常用的特殊表达方法及简化画法。
- ☐ 掌握装配图的零件序号及明细栏的编排方法。
- ☐ 掌握装配图的视图选择及绘制方法。
- ☐ 掌握看装配图的方法和步骤。

## 8.1 装配图概述

### 8.1.1 装配图的作用

表达机器、设备和部件的图样称为装配图。在产品设计中,一般先根据产品的工作原理图画出装配草图,由装配草图制成装配图,然后再根据装配图进行零件设计,并画出零件图。在产品制造中,装配图是制定装配工艺规程、进行装配和检验的技术依据。在机器使用和维修时,也需要通过装配图来了解机器的工作原理和构造。因此,装配图与零件图一样,都在生产中起着非常重要的作用。

### 8.1.2 装配图的内容

从图 8-1、图 8-2 可以看出,一张完整的装配图必须具备下列内容。

#### 1. 一组视图

用一组视图完整、清晰、准确地表达出机器的工作原理、各零件的相对位置及装配关系、连接方式和重要零件的形状结构以及传动路线等。

#### 2. 必要的尺寸

装配图上要有表示机器或部件的规格、特性及装配、检验、安装时所需要的一些尺寸。

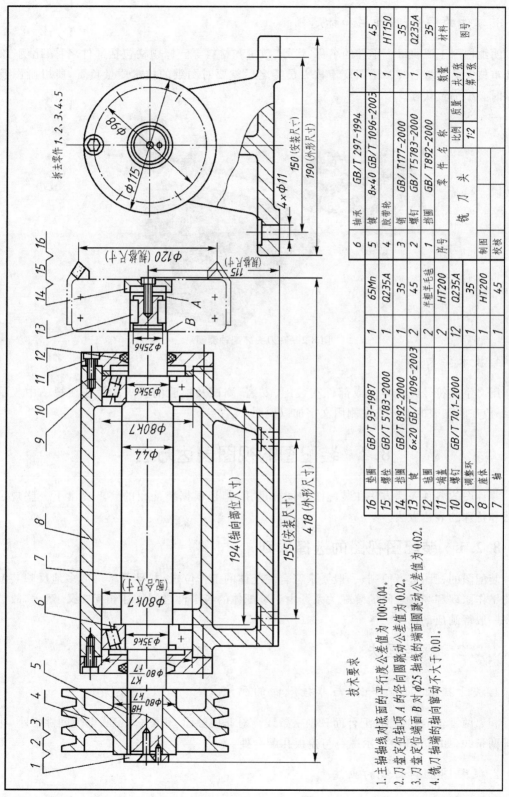

拆去零件1、2、3、4、5

## 技术要求

1. 主轴轴线对底面的平行度公差值为100:0.04。
2. 刀盘定位轴项A的径向圆跳动公差值为0.02。
3. 刀盘定位端面B对φ25轴线的端面圆跳动公差值为0.02。
4. 铣刀轴端的轴向窜动不大于0.01。

| 16 | 垫圈 | GB/T 93-1987 | 1 | 65Mn | | | | |
|---|---|---|---|---|---|---|---|---|
| 15 | 螺栓 | GB/T 5783-2000 | 1 | Q235A | | | | |
| 14 | 挡圈 | GB/T 892-2000 | 1 | 35 | | | | |
| 13 | 键 | 6×20 GB/T 1096-2003 | 2 | 45 | | | | |
| 12 | 毡圈 | | 2 | 半粗羊毛毡 | | | | |
| 11 | 端盖 | | 2 | HT200 | | | | |
| 10 | 螺钉 | GB/T 70.1-2000 | 12 | Q235A | | | | |
| 9 | 调整环 | | 1 | 35 | | | | |
| 8 | 座体 | | 1 | HT200 | | | | |
| 7 | 轴 | | 1 | 45 | | | | |

| 6 | 轴承 | GB/T 297-1994 | 2 | 45 | |
|---|---|---|---|---|---|
| 5 | 键 | 8×40 GB/T 1096-2003 | 1 | HT150 | |
| 4 | 胶带轮 | | 1 | 35 | |
| 3 | 销 | GB/T 177-2000 | 1 | Q235A | |
| 2 | 螺钉 | GB/T 5783-2000 | 1 | 35 | |
| 1 | 挡圈 | GB/T 892-2000 | 1 | | 图号 |
| 序号 | 零 件 名 称 | | 数量 | 材料 | |

| 铣 刀 头 | | | | 共 1 张 |
|---|---|---|---|---|
| | | 比例 | 质量 | 第 1 张 |
| | | 1:2 | | |
| 制图 | | | | |
| 校核 | | | | |

**图8-1 铣刀头装配图**

φ98
φ115
4×φ11
150 (安装尺寸)
190 (外形尺寸)

φ120 (极限尺寸)
115 (极限尺寸)
φ25k6
φ35k6
φ80k7
φ44
φ80k7 (极限尺寸)
φ80 k7
φ80 H8 k7
194 (轴向部位尺寸)
155 (安装尺寸)
418 (外形尺寸)
A B

### 3.零件的序号、明细栏和标题栏

明细栏用于说明每个零件的名称、代号、数量和材料等。标题栏包括部件名称、比例、绘图及审核人员的签名等。绘图及审核人员签名后就要对图纸的技术质量负责,所以画图及审核时必须细致认真。

图 8-2　铣刀头装配轴测图

### 4.技术要求

用文字或符号说明零件或部件在装配、安装、测试及检验的要求。无法在视图中表示时,一般在明细表的上方或左侧用文字加以说明。

# 8.2　装配图的视图表达方法

零件图的各种表达方法在装配图中同样适用,但还根据装配图的要求提出了一些规定画法和特殊的表达方法。

## 8.2.1　装配图视图的选择原则

装配图的视图选择原则,一般要求符合装配体的工作位置,并且要尽可能多地反映装配体的工作原理和零件之间的装配关系。由于装配体的各零件之间往往相互交叉、遮盖,故装配图一般都画成剖视图。

## 8.2.2　规定画法

### 1.关于接触面(配合面)与非接触面的画法

相邻两零件的接触面、配合面只画一条线。对非接触面、非配合表面,即使间隙再小,也应画两条线,如图8-3中所示螺钉与盖板孔配合处。

### 2.装配图上剖面线的画法

相邻零件的剖面线,其画法应有明显区别,或倾斜方向不同,或剖面线间距不同,同一个零件在各视图中,其剖面线的倾斜方向、间距均应保持一致,如图 8-4 所示。

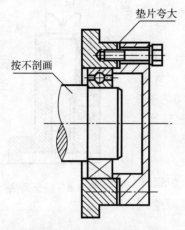 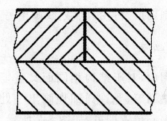

图 8-3　装配图表达方法　　　　　　　　图 8-4　剖面线画法

3.螺纹连接件、实心杆、实心球、轴、键等零件的画法

在装配图上作剖视时,当剖切平面通过标准件(螺母、螺钉、垫圈、销、键等)和实心件(轴、杆、柄、球等)的基本轴线时,这些零件按不剖绘制(即不画剖面线),如图 8-3 所示。如需表明零件的凹槽、键槽、销孔等结构时,可用局部剖视表示。

## 8.2.3　装配图的特殊表达方法和简化画法

1.特殊表达方法

(1)拆卸画法。在装配图的某个视图上,当某些零件遮住了需要的某些部分,可假想将这些零件拆卸后再绘出该视图,需要说明时可加注"拆去×××等"。

(2)结合面剖切画法。为了清楚地表达装配体的内部结构,可假想沿某些零件的结合面剖切,这时零件的结合面不画成剖面线,但被剖到的其他零件一般应画剖面线。如图 8-5 中 A-A 视图所示。

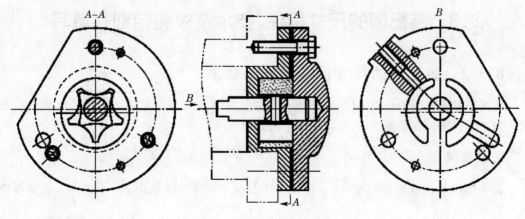

图 8-5　结合面剖切画法

（3）夸大画法。在装配图中，对于细小结构、薄片零件、微小间隙等，当很难以实际尺寸画出时，允许不按原比例而采用夸大画法，如图8-3中的垫片。

（4）假想画法。为表示部件或机器的作用、安装方法，可将其他相邻零件、部件的部分轮廓用双点划线画出，如图8-6所示。表示运动零件的运动范围或运动的极限为止，可按其运动的一个极限位置绘制图形，再用双点划线画出另一极限位置的图形。

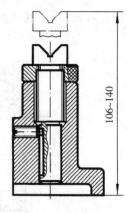

图 8-6　假想画法

### 2.简化画法

在装配图中，对于结构相同而又重复出现的紧固件如螺栓、螺钉、螺母、垫圈等，允许详细地画出一处或几处，其余只需用点划线表示其中心位置即可，如图8-7所示。

在装配图中，对薄的垫片等不宜画出的零件可将其涂黑，如图8-7所示。

在装配图中，零件的工艺结构如小圆角、倒角、退刀槽、起模斜度等可不画出，如图8-7所示。

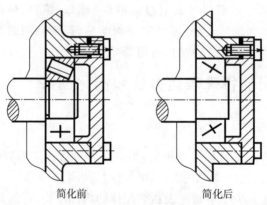

简化前　　　　　　　　　简化后

图 8-7　简化画法

## 8.3　装配图的尺寸标注、技术要求和明细栏填写

### 8.3.1　装配图的尺寸标注及技术要求

装配图和零件图的作用不同，它的作用是表达零部件的装配关系，因此，尺寸标注的要求不同于零件图。在装配图中，只需标注下列几种尺寸。

### 1.规格尺寸

说明部件规格或性能的尺寸，它是设计产品的主要依据。如图8-8中的 $\phi15$ 就是规格尺寸。

2.装配尺寸

装配尺寸是保证零件之间互相配合关系的尺寸,包括零件之间有配合要求的尺寸、零件间的连接尺寸以及重要的相对位置尺寸等。如图 8-8 所示,其中 $\phi28H11/c11$、$\phi6H9/d9$、$\phi12H9/d9$ 就是装配尺寸。

3.安装尺寸

安装尺寸是将部件安装到地基上或其他零件、部件相连接时所需要的尺寸,如图 8-8 所示,其中 G1/2 就属于安装尺寸。

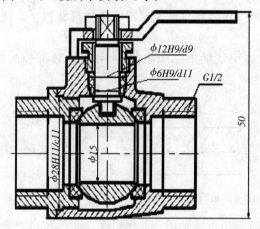

图 8-8 装配图的尺寸标注

4.外形尺寸

外形尺寸是指明本装配体总的长、宽、高,以供包装、运输及设计布局时使用的尺寸,如图 8-8 所示的 50。

不是每一张装配图都具有上述各种尺寸。在学习装配图的尺寸标注时,要根据装配图的作用,真正领会标注上述几种尺寸的意义,从而做到合理地标注尺寸。

5.装配图的技术要求

主要包括零件装配过程中的质量要求,以及在检验、调试过程中的特殊要求等。这些要求,应根据装配体的结构特点和使用性能注写。一般用文字写在明细栏上方或左侧的空白处,也可在视图中表示。如图 8-1 所示。

## 8.3.2 装配图中的零件编号及明细栏

在生产中,为了便于在图样管理、生产准备、零件装配时看懂装配图,必须对装配体中的各组成部分进行编号。

1.零件序号的编写规则

(1)在所指零部件的可见轮廓内画一圆点,然后从圆点开始画指引线(细实线),在指引线的另一端画一水平线或圆(细实线),在水平上或圆内注写序号,序号的高度比该装配图中所注尺寸数字的高度大一号或两号。如图8-9所示。

(2)指引线相互不能交叉;当通过有剖面线的区域时,指引线不应与剖面线平行;必要时,指引线可以画成折线,但只可曲折一次。如图8-9所示。

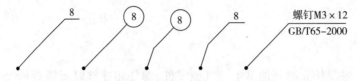

**图8-9 零件序号的编写方式**

(3)在指引线的另一端附近直接注写序号,序号字比该装配图中所注尺寸数字高度大两号。如图8-10所示。

(4)若所指部分内不便画圆点时,可在指引线的末端画出箭头,并指向该部分的轮廓。如图8-10所示。

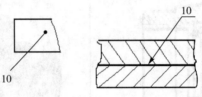

**图8-10 序号的编写方式**

(5)一组紧固件以及装配关系清楚的零件组,可以采用公共指引线。如图8-11所示。

(6)序号应按顺时针(或逆时针)方向整齐地顺序排列。如在整个图上无法连续时,可以在每个水平或垂直方向顺次排列。如图8-11所示。

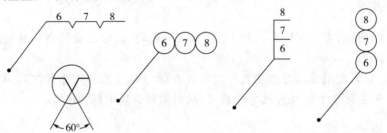

**图8-11 零件组序号的编写方式**

## 2.标题栏及明细栏

如图8-12所示,绘制和填写标题栏、明细栏时应注意以下问题:

(1)明细栏和标题栏的分界线是粗实线,明细栏的外框竖线是粗实线,明细栏的横线和内部竖线均为细实线。

(2)序号应自上而下顺序填写,如向上延伸位置不够,可以在标题栏紧靠左边的位置上自上而下延续。

(3)标准件的国标代号可写入备注栏。

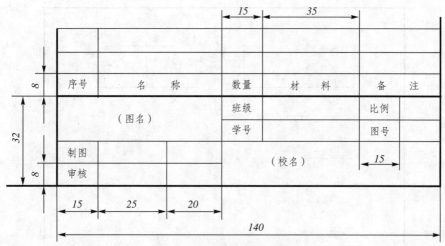

图 8-12 装配图的明细栏

# 8.4 装配图绘制

## 8.4.1 主视图的选择

在选择装配图的主视图时应考虑以下几个原则：

(1)应满足装配体的工作位置,并尽可能地反映该装配体的特征结构。

(2)主视图方向应能反映装配体的工作原理和主要装配干线。

(3)应尽可能反映零件之间的相对位置关系。

## 8.4.2 其他视图的选择

其他视图的选择应能补充主视图尚未表达或表达不够充分的部分。所选视图要重点突出,避免不必要的重复。如果装配图是供装配、调试、安装、维修所用,则只要画主、俯(左)视图。

## 8.4.3 绘图步骤

以虎钳装配图为例,如图 8-13 所示,说明画装配图时必须遵守以下步骤。

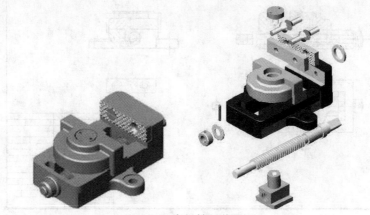

图 8-13 虎钳轴测装配图

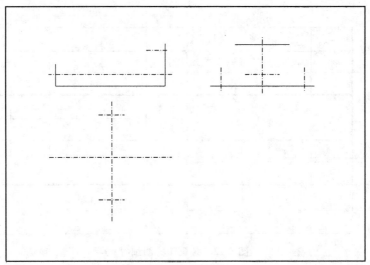

（a）合理布置视图

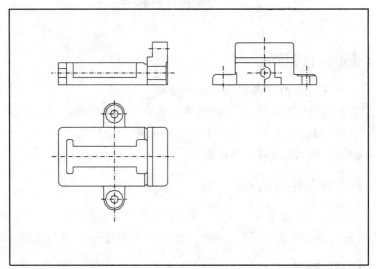

（b）打底图

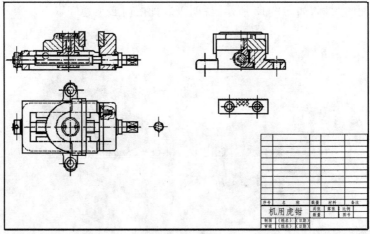

（c）视图细节描述

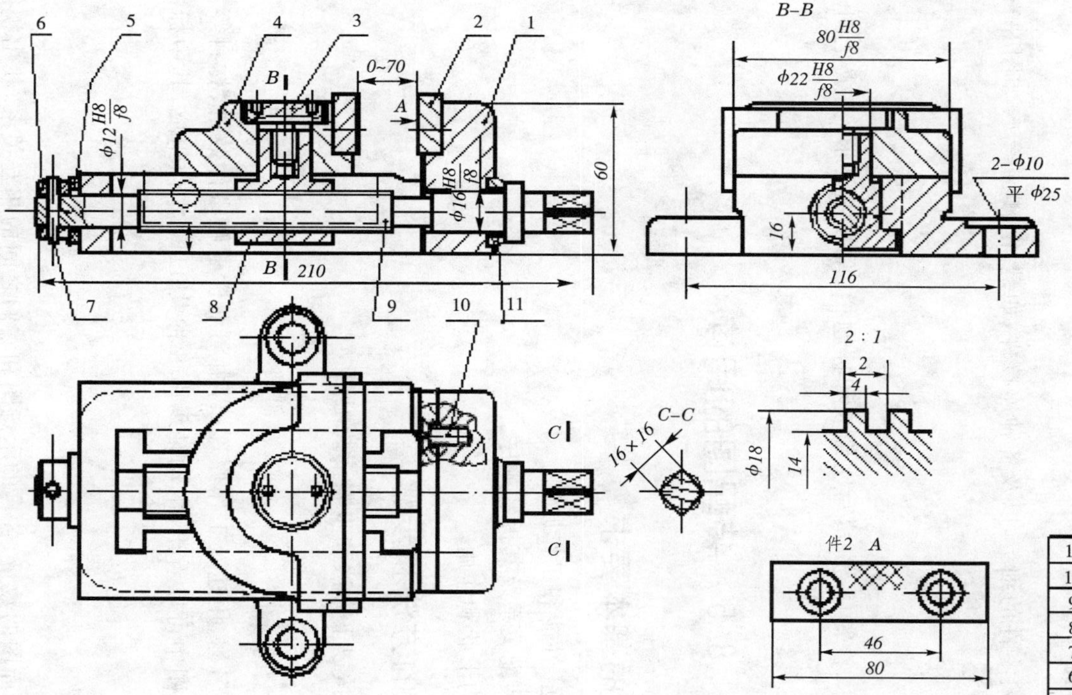

| 序号 | 名 称 | 数量 | 材料 | 备注 |
|---|---|---|---|---|
| 11 | 垫圈 | 1 | Q235-A | |
| 10 | 螺钉M8×18 | 4 | | GB68-85 |
| 9 | 螺杆 | 1 | Q275 | |
| 8 | 螺母 | 1 | Q235-A | |
| 7 | 铆4×20 | 1 | | GB117-86 |
| 6 | 环 | 1 | Q235-A | |
| 5 | 垫圈12 | 1 | | GB97.2-85 |
| 4 | 活动钳身 | 1 | HT150 | |
| 3 | 螺钉 | 1 | Q235-A | |
| 2 | 护口片 | 2 | 45 | |
| 1 | 固定钳身 | 1 | HT150 | |

| | | | | |
|---|---|---|---|---|
| | | | | 共张 | 第张 | 比例 | 图号 |
| 机用虎钳 | | | | |
| 制图 | （姓名） | （日期） | | |
| 审核 | （姓名） | （日期） | | |

技术要求

1. 装配后螺杆、活动钳身应能顺利地后移前动，不得有阻卡现象。
2. 虎钳闭合时，两护口板应全部接触不得留有缝隙。

（d）完成全图

**图8-14 装配图的绘图步骤**

1.选比例、定图幅、布图、绘制基础零件的轮廓线

应尽可能采用1:1的比例，这样有利于想象物体的形状和大小。确定比例后，根据表达方案确定图幅，确定图幅和布图时要考虑标题栏和明细栏的大小和位置。如图8-14（a）所示。

2.绘制部件的主体结构

不同的机器或部件，都有决定其特性的主体结构。首先应先画出它们的轮廓，再相继画出一些支撑、包容或与主体结构相接的重要零件。画图时，由主视图开始，几个视图配合进行。画剖视图时，以装配干线为准，由内向外逐个画出各零件的投影。如图8-14(b)所示。

3.画其他次要零件和细节

逐步画出主体结构与主要零件的细节，以及各种连接件，如键、销、螺钉等。如图8-14(c)所示。

4.完成全图

最后整体加深、标注尺寸、注写序号、填写明细表和标题栏，写技术要求，完成全图。如图8-14(d)所示。

# 8.5　装配图的阅读

## 8.5.1　读装配图的基本要求

(1)了解本装配体的用途、性能和工作原理。
(2)了解各部分之间的装配关系及其拆装顺序。
(3)想清楚各零件的结构形状和作用。

## 8.5.2　读装配图的方法和步骤

如图8-15所示，说明应按以下方法和步骤读装配图。

1.概括了解

看标题栏了解装配体的名称、用途及工作原理；再由明细栏了解零件数量、材料等。估计部件的复杂程度。从装配图中可以看出，滑动轴承由8种共11个零件组成，其中标准件有3种。

2.分析视图

了解各视图、剖视图、断面图的数量，各自的示意图和它们之间的相互关系，找出视图名称、剖切位置、投射方向，为深入读图做准备。

滑动轴承用了3个图形表达，其中主视图、俯视图采用了半剖视图，左视图采用了全剖

视图。从图中可以看出,轴承座底板上有 2 个固定孔,上方有螺纹孔及放置下轴衬的半圆形缺口,轴承盖板上有螺纹过孔及放置上轴衬的半圆形缺口。

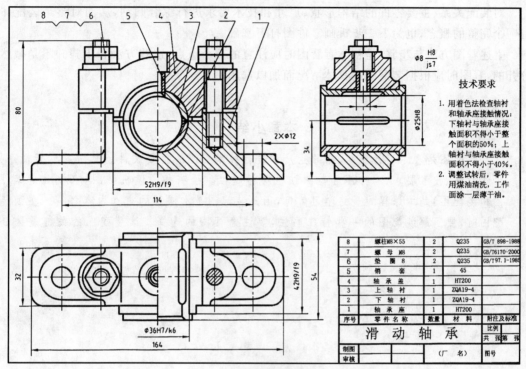

技术要求

1. 用着色法检查轴衬和轴承座接触情况:下轴衬与轴承座接触面积不得小于整个面积的50%;上轴衬与轴承座接触面积不得小于40%。
2. 调整试转后,零件用煤油清洗,工作面涂一层薄干油。

| 8 | 螺柱M8×55 | 2 | Q235 | GB/T 898-1988 |
| 7 | 螺 母 M8 | 2 | Q235 | GB/T6170-2000 |
| 6 | 垫 圈 8 | 2 | Q235 | GB/T97.1-1985 |
| 5 | 销 套 | 1 | 45 | |
| 4 | 轴 承 盖 | 1 | HT200 | |
| 3 | 上 轴 衬 | 1 | ZQA19-4 | |
| 2 | 下 轴 衬 | 1 | ZQA19-4 | |
| 1 | 轴 承 座 | 1 | HT200 | |
| 序号 | 零 件 名 称 | 数量 | 材 料 | 附注及标准 |

滑 动 轴 承

| | | 比例 | |
| --- | --- | --- | --- |
| | | 共 张第 张 | |
| 制图 | | （厂 名） | 图号 |
| 审核 | | | |

图 8-15 滑动轴承

### 3. 分析零件的作用与形状

首先依据剖面线划定各零件的投影范围,将复杂零件在各个视图上的轮廓分析清楚,进而运用形体分析法并辅以线面分析法,还可借助丁字尺、三角板、分规等查找其投影关系。分析零件主要结构形状时,还应考虑零件为什么要采用这种结构形状,以进一步分析该零件的作用。

分析零件形状的方法主要是根据零件在装配图中位置、作用及该零件的投影范围来想清楚零件的形状;有时可利用每个零件在各视图上剖面线的间隔、方向一致这一规定,来协助确定零件的投影范围。分析零件形状基本的依据就是按照以前所学过的投影原理、视图表达方法、零件间的装配关系,将零件的轮廓从装配图中分离出来,从而想清楚零件的形状。

从图中可知,轴承座起固定作用,轴承座与轴承盖由尺寸 52H9/f9 配合,装配形成一合孔,孔内放置两块轴衬,轴衬内形成装配孔,可放置旋转轴,轴承座与轴承盖通过双头螺柱固定。为了防松,采用了双螺母连接,为了便于润滑,在轴承盖上方装配了一带内孔的销套。

### 4.归纳总结

对装配关系、主要零件的结构形状、尺寸和技术要求进行综合归纳，从而对整个装配体有一个完整的概念，也为下一步拆画零件图打下基础。

上述看图方法与步骤，是初学者看图时应注意的几个重点，这些方法和步骤并不是截然分开的，看图时应根据装配图的具体情况而加以选用。

## 本章小结

装配图是表示设计思路、指导生产和进行技术交流的重要文件。其内容包括视图、尺寸标注、技术要求、零件序号与明细栏及标题栏。绘制和阅读机械图样（核心是零件图和装配图）是本课程的最终学习目标，因此装配图是本课程的重点内容之一。在画装配图时，要了解装配图的一些特殊画法，要注意视图的选择。读装配图的关键是区分零件。

# 第 9 章
## 计算机绘图基本知识

**学习目标**

☐ 掌握启动与退出 AutoCAD 2010 的操作方式。

☐ 掌握 AutoCAD 2010 系统显示界面的各个组成部分。

☐ 掌握 AutoCAD 2010 文件的基本操作。

☐ 掌握 AutoCAD 2010 图层的基本组成。

☐ 掌握 AutoCAD 2010 图层的设置。

## 9.1   AutoCAD 2010 的基本操作

### 9.1.1   项目内容

安全启动和退出 AutoCAD 2010 软件。

### 9.1.2   相关知识

AutoCAD 2010 安装对计算机硬件的需求建议如下：

| 硬件与软件 | 要　求 |
| --- | --- |
| 处理器 | Rentiun Ⅲ 800MHz 或更高 |
| 内存 | 512MB（推荐） |
| 显示器 | 1024×768 VGA 真彩色（最低要求） |
| 硬盘 | 350MB |
| DVD-ROM | 任意速度（仅用于安装） |
| 定点设备 | 鼠标、轨迹球或其他设备 |
| 操作系统 | Windows 2000、Windows XP、Windows 2003、Windows Vista、Windows 7 |

### 9.1.3   项目实施

**1. AutoCAD 2010 的启动**

通过点击 AutoCAD 2010 桌面快捷方式或者点击"开始"→"程序"→"Autodesk"→"AutoCAD 2010"→"Simplified Chinese"→"AutoCAD 2010"，启动 AutoCAD 2010，AutoCAD

2010 的界面中大部分元素的用法和功能与 Windows 软件一样，其用户界面如图 9-1 所示。

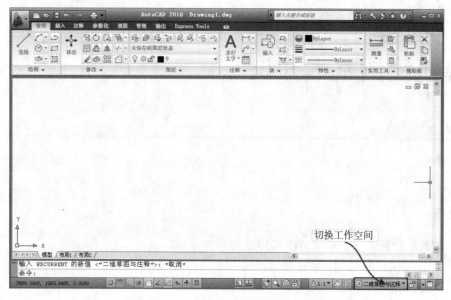

图 9-1　AutoCAD 2010 界面

系统设置了二维草图与注释、AutoCAD 经典和三维建模 3 种工作空间。用户可以通过单击如图 9-1 所示的按钮区域，根据需求在弹出的菜单中切换工作空间。如图 9-2 所示。

2. AutoCAD 2010 的安全退出

在 AutoCAD 2010 中，安全退出的方式有 3 种，具体如下：

(1)单击 AutoCAD 2010 操作界面右上角的"关闭"按钮。

(2)单击选择"文件"→"退出"命令。

(3)通过输入命令的方式，即在命令行键入"quit"命令，然后按回车键。

如果有尚未保存的文件，系统则弹出"是否保存"对话框，提示保存文件。单击"是"按钮保存当前文件，单击"否"按钮则不保存当前文件并退出，单击"取消"按钮则取消退出当前操作。

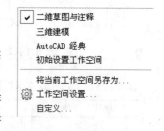

图 9-2　切换工作空间

## 9.1.4　项目小结

通过本项目的学习，基本了解 AutoCAD 2010 对计算机硬件的需求，掌握了 AutoCAD 2010 软件的安装过程，以及如何正确启动和退出软件。

# 9.2　AutoCAD 2010 的绘图环境及基本操作

## 9.2.1　项目内容

布置合理的用户界面及设定绘图区域大小。

## 9.2.2　相关知识

### 1. AutoCAD 2010 系统的界面和组成

启动 AutoCAD 2010 后,其界面如图 9-3 所示,其主要由快速访问工具栏、菜单栏、应用程序按钮、功能区面板、信息中心工具栏、命令窗口、状态栏、绘图区等组成。

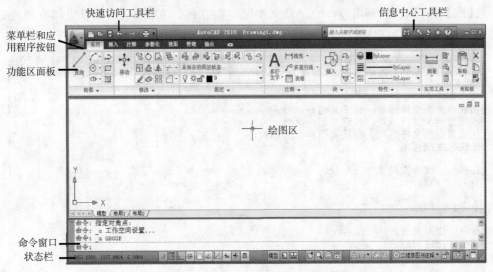

**图 9-3　AutoCAD 2010 界面组成**

(1)快速访问工具栏。默认的快速访问工具栏位于标题栏中,它显示和收集了一般常用工具,用户也可以根据需求自定义"快速访问工具栏"添加无限多的工具。

(2)菜单栏和应用程序按钮。菜单栏由常用、视图、插入、参数化、工具等项目构成,在各主菜单中,如果某个项目后面带有"……",则表示选择该命令选项后系统将会自动打开一个对话框,用户利用对话框完成具体的操作;如果其中的命令选项以灰色显示,则表示该命令目前不可使用。

单击"应用程序"按钮,可打开如下视图,从中可以搜索命令以及访问用于创建、打开、保存、输出、发布文件等工具,具体如图 9-4 所示。

(3)功能区面板。功能区面板主要集中各种功能按钮,同时系统将功能按钮按照一定操作的流程集中放置在一起,便于用户使用,用户点击它就能执行某些命令或者完成某种工作,这不仅免去繁琐的下拉菜单层层点击,而且大大提高了用户的工作效率。

(4)信息中心工具栏。信息中心工具栏可以满足用户对系统功能按钮不熟悉而无法及时查找到对应的功

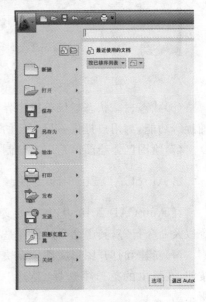

**图 9-4　应用程序菜单**

能按钮的需求,通过信息中心工具栏可以快速查找需要的功能指令。

(5)命令窗口。命令窗口由当前命令行和历史命令列表组成,当前命令行用来显示系统等待输入的指令,并接受用户输入的指令和参数;而历史命令列表主要是显示和保留系统自开启以来用户操作命令的历史记录,供用户查询。

采用命令进行输入操作时,如果用户对当前操作存在疑问或者不满意,可以通过【Esc】按钮来取消操作,然后重新输入。

按【F2】键可以独立调出"AutoCAD 文本"窗口,在该独立窗口中,可以更加方便地进行命令、参数输入以及历史操作的查询和编辑,具体如图 9-5 所示。

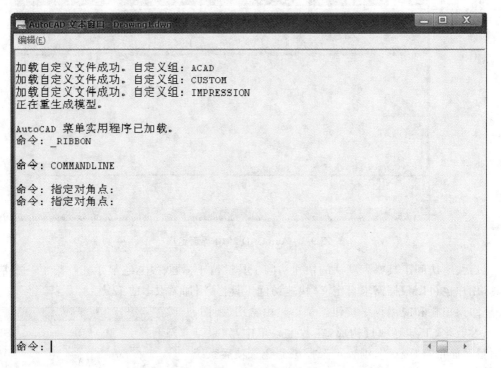

图 9-5　AutoCAD 文本窗口

(6)状态栏。状态栏位于操作界面的底部,主要用于显示坐标值、提示信息、显示和控制捕捉等功能,为用户提供一目了然的功能使用说明。

(7)绘图区。绘图区是用来绘制图样的区域,也是显示和观察图样的区域。

## 2. AutoCAD 2010 的文件操作

在 AutoCAD 2010 中,基本的文件操作包括打开图形文件、保存图形文件、使用菜单命令以及命令行等,其中命令的使用是在 AutoCAD 2010 中最常用的操作指令。

(1)新建和打开图形文件。在快速访问工具栏中单击"新建"按钮,或单击"菜单浏览器"按钮,在弹出的菜单中选择"新建"→"图形"命令,就会出现【选择样板】对话框,如图 9-6 所示。

在【选择样板】对话框中,用户可以根据自己的需求选择需要的样板文件,当点选相应的样板文件时,在右侧的预览区域就会出现相应的样板图形文件。样板文件通常包括图层、线型、文字等,样板文件主要是用于提升用户的绘图效率,保证图形的绘制质量。

图 9-6 【选择样板】对话框

用户也可以选择打开已经保存的文件或者自己设计的样板文件,选择"文件"→"打开"命令,或者在快速访问工具栏中点击"打开"命令,打开以前保存的文件,根据提示选择文件的位置,选择文件,点选"打开",完成文件打开,具体如图 9-7 所示。

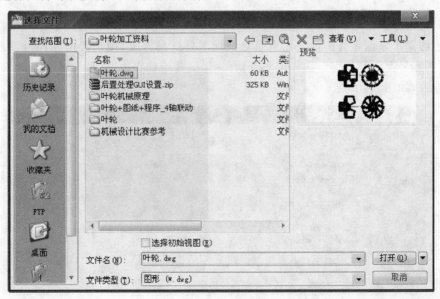

图 9-7 【选择文件】对话框

在【选择文件】对话框中,选择所需要打开的文件,一般在默认的情况下文件的类型都是".dwg",用户也可以根据需要选择其他打开方式,主要应用于不同软件文件数据之间的相互交流和互通。"打开"的方式主要包括打开、局部打开、以只读方式打开、以只读方式局部打开,其中前两种方式打开文件可以编辑，而后两种方式打开文件无法编辑，具体如图9-8所示。

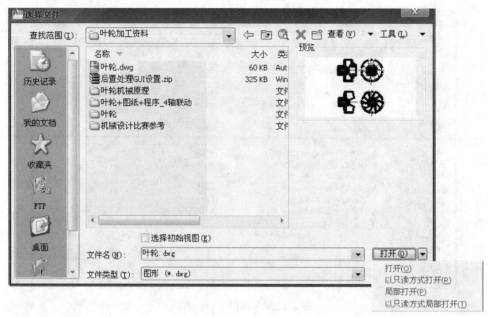

图9-8 "打开"方式选择

（2）保存图形文件。在AutoCAD 2010中，保存图形文件的方法有多种，主要包括：选择"文件"→"保存"命令；在快速访问工具栏中点击"保存"按钮；选择"文件"→"另存为"命令将当前图形保存。

用户在第一次保存创建的图形文件时，系统将自动打开【图形另存为】对话框，需要用户根据自己的需求来创建文件名。如果是对前期文件进行修改，用户点击保存时系统不会自动出现【图形另存为】对话框，如果需要重新命名，则需手动点击"文件"→"另存为"来完成文件名的修改，如图9-9所示。

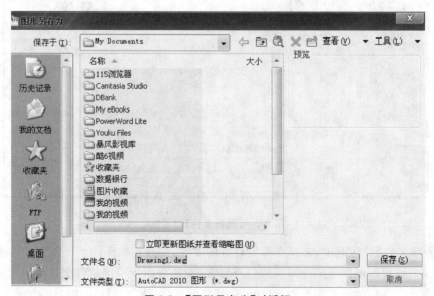

图9-9 【图形另存为】对话框

(3)加密图形文件。在 AutoCAD 2010 中,用户在保存文件时,可以根据自己的需要对文件进行加密设置,具体操作过程为:"文件"→"保存"或者"文件"→"另存为",打开【图形另存为】对话框,在对话框的右上角,点击"工具"按钮→"安全选项"设置密码,具体如图 9-10 所示。

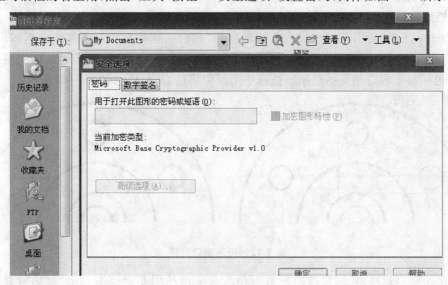

**图 9-10 【安全选项】对话框**

设置密码后,要想打开此文件,用户必须要输入正确的密码,否则将无法打开。用户在设置密码时可以根据自己的需求随机设置,如果用户需要提高密码的安全性能,可以通过点选"高级选项",根据需求修改密码设置的长度。

(4)调用命令。启动 CAD 绘图命令方式一般有 2 种:一是在命令行中输入命令的全称或者简称,二是通过鼠标点击菜单中对应的命令按钮。用户在操作过程中,一般是利用键盘输入命令和参数,利用鼠标执行工具栏中的命令、选择对象、捕捉关键点以及拾取点等。

① 键盘输入。一个典型的命令执行过程如图 9-11 所示:

命令:C
CIRCLE 指定圆的圆心或[三点(3P)/两点(2P)/切点、切点、半径(T)]:90,100
指定圆的半径或[直径(D)]<20.0000>:200

**图 9-11 命令执行过程**

其中:[ ]中以"/"隔开的内容表示每个选项,用户如果需要某个选项,只要将选项括号里面数字和字母通过键盘输入即可。例如需要三点设计圆弧,即通过键盘输入"3P",然后按确认键;< >中表示当前默认的数值。使用某一命令时,如果对该命令不熟悉,可以通过按【F1】来获得帮助的信息,也可以将指针放在该命令按钮附近片刻,即可显示相关简要的提示信息。

② 鼠标输入。利用鼠标点击界面上对应的命令按钮就可以启动相应的命令。在AutoCAD 绘图时,用户的多数命令是通过鼠标发出去的,鼠标的左右键、滚轮定义如下:

(a)左键:拾取键。用于单击工具栏上的命令按钮发出指令,在绘图中也用于框选图形。

(b)右键:一般作为回车键使用。单击右键常用来结束指令,在有些情况下,单击右键可以弹出快捷键菜单。

(c)滚轮:一般用于放大和缩小图形。在默认的情况下,缩放量为 10%。同时按住滚轮并拖动,可以平移图形。

(5)对象选择的方法。在 AutoCAD 2010 中,用户在使用编辑命令时,选择对象的方法有多种,主要有矩形窗口选择、交叉窗口选择、单击对象直接选择 3 种。

① 矩形窗口选择:当系统提示要选择编辑对象时,用户在需要编辑的图形左上角或者左下角点击一下,然后沿着对角线进行拖动鼠标,此时系统将显示一个实线矩形的窗口,使显示的窗口完全包含要编辑的图形,再使用左键点击下一点。此时矩形线框中的图形都被选中(不包括与矩形边相交的对象),被选中的对象将以虚线显示,如图 9-12 所示。

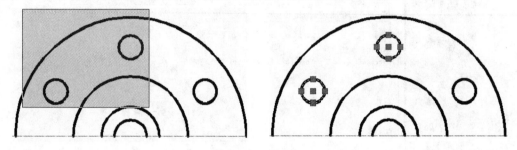

图 9-12　矩形窗口选择

② 交叉窗口选择:在编辑的图形右上角或右下角使用左键点击一下,然后沿着对角线拖动鼠标,此时系统将显示一个虚线的矩形的窗口,则在线框内以及和线框相交的对象全部都被选中。如图 9-13 所示。

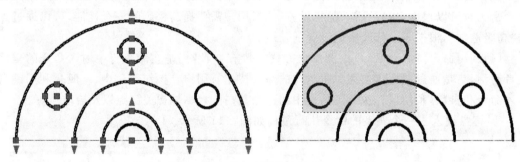

图 9-13　交叉窗口选择

③ 单击对象直接选择:当命令行提示"选择对象"时,绘图区则出现拾取框光标,将光标移动到某个图形对象上,单击鼠标左键,则可以选择与光标有公共点的图形对象,被选中的对象呈高亮显示。单击对象直接选择方式适合于构造选择集的对象较少的情况。如图 9-14所示,鼠标单击选择圆形。

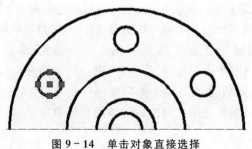

图 9－14　单击对象直接选择

一般在编辑的过程中,不可能一次完全选中所需要编辑的图形。因此,可以通过上述 2 种方法交替使用来完成对象的选择,若要删除已选择的对象,可以按住【Shift】键,然后再单击左键从选择集中清除多选的图形。

(6)图形的删除和恢复。可以使用以下 5 种方法从图形中删除对象:

① 使用"ERASE"命令删除对象,此时鼠标指针变成拾取小方框,移动该拾取框,依次单击要删除的对象,这些对象将以虚线显示,最后按回车键或单击鼠标右键,即可删除选中的对象。

② 选择对象,然后使用【Ctrl】+【X】组合键将它们剪切到剪贴板。

③ 选择对象,然后按【Delete】键。

④ 选择对象,在面板上单击按钮删除对象。

⑤ 选择对象,在菜单栏上依次选择"编辑"→"清除"命令,删除对象。

可以使用以下 4 种方式恢复操作:

① 使用 AutoCAD 提供的"OOPS"命令将误删除的图形对象进行恢复。但此命令只能恢复最上一次删除的对象。

② 使用"UNDO"命令来恢复误删的图形对象。

③ 选择"编辑"→"放弃"命令,来恢复误删的图形对象。

④ 使用工具栏按钮来恢复操作。

(7)快速缩放及移动图形。CAD 图形缩放及移动是常用的命令,一般通过"视图"菜单下面的工具栏按钮来实现,也可以通过点击右键选择快捷方式来实现平移和缩放。具体如图 9-15 所示。

图 9-15　缩放与平移

(8)预览打开的文件及在文件间切换。用户可以根据自己的需要打开多个图形文件,因此在文件间切换一般采用以下方法。

单击窗口底部的⌨按钮,显示所有打开文件的浏览图,点击就可以相互切换,如图9-16所示。

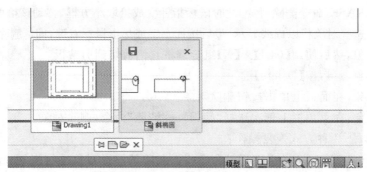

**图 9-16　预览文件及在文件间切换**

打开多个图形文件后,也可以利用窗口菜单来控制多个文件的显示方式,具体如图9-17所示。

**图 9-17　窗口菜单预览方式**

(9)在当前文件的模型空间及图纸空间切换。AutoCAD 提供了 2 种绘图环境:模型空间和图纸空间,一般在默认的情况下 AutoCAD 的环境是模型空间,单击状态栏上的🖼按钮,就出现"模型"、"布局 1"、"布局 2"等 3 个预览图,他们分别代表模型空间的图形"图纸1"、"图形 2"上的图形,单击其中任何一个,都可以切换到相应的图形,具体如图 9-18 所示。

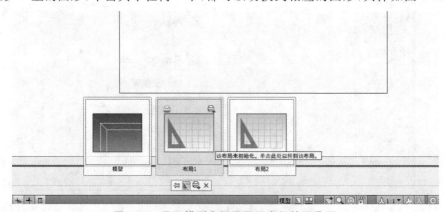

**图 9-18　显示模型空间及图纸空间的预览图**

### 3．AutoCAD 2010 绘图环境设置

一般情况下，用户安装好 AutoCAD 2010 后，启动后就可以在默认的环境下绘制图形，但是为了提升工作效率、提高绘图质量，需要在绘制图形前对系统参数、绘图环境做必要的设置。

（1）设置参数选项。在命令窗口输入"options"命令，或者点击右键然后点击"选项"可以打开【选项】对话框。在对话框中共包含 10 个子项目，主要包括文件、显示、打开和保存、打印和发布、系统、用户系统配置、草图、三维建模、选择集、配置。具体如图 9-19 所示。

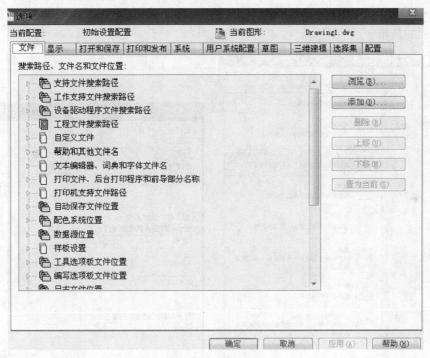

**图 9-19　【选项】对话框**

"文件"主要包括：确定 CAD 搜索的路径、文件名、文件位置和其他文件的路径以及用户的其他定义要求。

"显示"主要包括：窗口元素、布局元素、显示精度、显示性能、"十"字光标大小等显示属性。

"打开和保存"主要用于设置是否自动保存文件、文件自动保存的安全措施、保存文件的时间间隔以及是否加载外部参照等。

"打印和发布"主要是 CAD 图形的输出设置，在默认的情况下，一般输出设备为 Windows 打印机，用户可以根据自己的需求设置专门的出图设备，提高图形质量。

"系统"主要包括：三维性能、当前点设备、布局重生成选项、数据库连接选项以及常规选项等，用户可以根据需求自行设置。

"用户系统配置"主要包括：Windows 标准操作、插入比例、字段、优先输入等级等。

"草图"主要包括：自动捕捉、图标大小设置以及 Autocrack 设置等。

"三维建模"主要包括:三维十字光标、三维导航以及三维对象。

"选择集"主要包括:设置选择集模式、夹点大小以及拾取框大小等。

"配置"主要用于实现新建配置系统文件的设置、修改或者删除等操作。

(2)图形单位设置。用户在使用 AutoCAD 2010 之前,必须对图形单位进行设置,主要有以下两点考虑:

① 不同行业、不同国家使用不同的度量单位。

② 用 AutoCAD 2010 绘图时可采用 1∶1 比例进行设置。

因此,在绘图前必须对【图形单位】对话框进行相关参数设置。单击"菜单栏"→"图形实用工具"→"单位",或者在命令输入窗口输入"UNITS",然后按回车键,出现【图形单位】对话框,如图 9-20 所示。

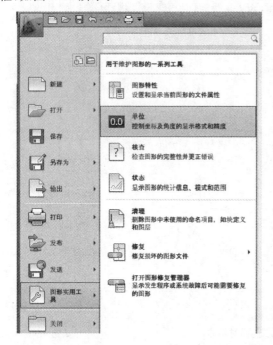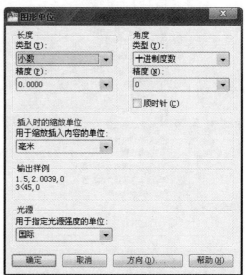

图 9-20　【图形单位】对话框

长度:在长度的选项区域中,通过类型和精度两个选项来设置长度参数,其中类型参数包括小数、分数、工程、建筑、科学等 5 种类别,分别适应于不同领域,一般在默认状态下,类型为小数,精度设置为小数点的后 4 位。

角度:在角度的选项区域中,通过类型和精度两个选项来设置角度参数,其中类型参数包括百分数、"十"字进度数、弧度等 5 种,分别适应于不同的领域,一般默认为"十"字进度数,精度为 0,以逆时针方向为正方向,如果点选"顺时针"选项则表示顺时针为正方向。

插入时的缩放单位:在插入时的缩放单位的下拉菜单中,有若干种单位可供选择,一般默认选择毫米。

输出样例:主要是显示长度和角度设置的类型。

光源:一般默认国际。

方向:在【图形单位】对话框中单击【方向】按钮,可以打开方向控制对话框,具体如

图 9-21 所示。

可以通过改变参数设置起始角度的方向，一般在默认的
情况下以东（0 度）的方向为向右的方向，逆时针方向为角度增
加的正方向。用户可以根据需要来设置起始方向，不仅可以
通过选择东、西、南、北作为起始位置，还可以通过屏幕坐标拾
取来确定起始位置。

（3）自定义工具栏。在绘制图形时，用户可以根据自己的
需要来自定义工具栏。通过单击"视图"→"工具栏"，进入工
具栏自定义设置，完成自定义工具栏设置，具体如图 9-22 所示。

**图 9-21　【方向控制】对话框**

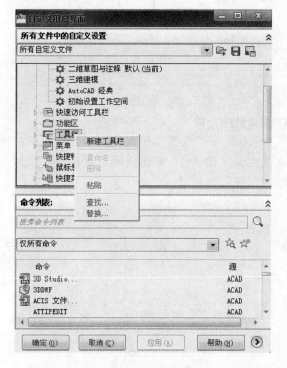

**图 9-22　自定义工具栏**

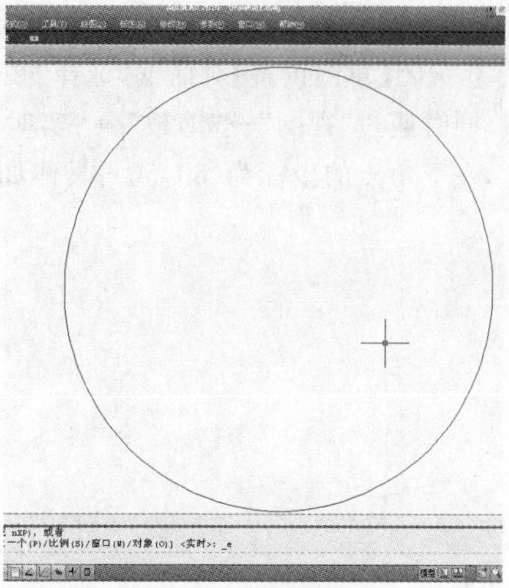

**图 9-23　设置绘图区大小**

（4）设置绘图区域大小。AutoCAD 2010 的绘图区域无限大，因此用户可以设定程序窗
口所显示出的绘图区域的大小，对绘图区域大小进行设定，具体方法如下：

单击"绘图"→⊙ **圆心、半径(R)** 按钮，绘制直径为 100 的圆，然后选择"视图"→"缩放"→
"范围"，直径为 100 的圆就充满整个程序的窗口，如图 9-23 所示。

① 利用命令输入来完成绘图区的设定，具体操作如下：

　　命令：limits
　　指定左下角点或 ［开(ON)/关(OFF)］<50.0000,50.0000>：按【Enter】键
　　指定右上角点 <150.0000,200.0000>：@150,200 按【Enter】键
　　命令：<栅格 开>

② 将鼠标移至程序窗口下的 ▦ 上，单击鼠标右键，弹出快捷菜单，打开【草图设置】对话

框,取消"显示超出界限的栅格"复选项的选择,具体如图 9-24 所示。

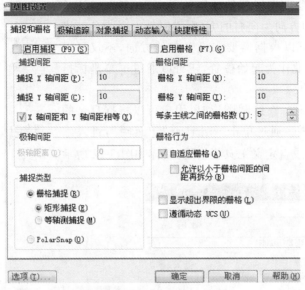

**图 9-24 【草图设置】对话框**

③ 关闭【草图设置】对话框,选择"视图"→"缩放"→"范围",使整个矩形栅格充满绘图窗口,同时通过"视图"→"缩放"→"实时"来改变显示的大小,该栅格的长宽尺寸为"200×150",左下角点的坐标为(50,50),具体如图 9-25 所示。

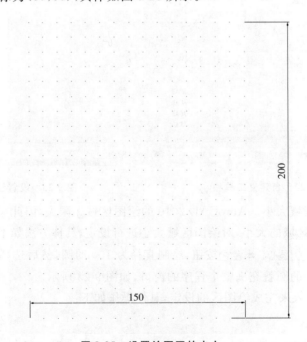

**图 9-25 设置绘图区的大小**

备注:单击 ▥ 可以控制"开"和"关",它们决定了能够在图形界限之外指定一点,如果选择"开",将打开界限检查,即用户不能在界限之外结束一个对象,主要是避免用户将图形画在假想的区域之外。反之,则可以在假想区域之外编辑图形。

(5)状态栏工具按钮栏的使用。在绘图过程中,通过状态栏来辅助绘图也是提高绘图效率的有效途径之一,主要包括捕捉、栅格、正交、极轴、对象捕捉、对象追踪和线宽等,如图9-26所示。

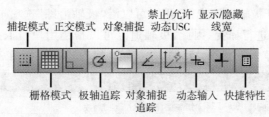

图 9-26　状态栏

① 捕捉模式(Snap)。"捕捉模式"常与"栅格模式"联合使用。"捕捉模式"是对光标在屏幕上选择的位置进行限制。用户在选择捕捉模式下,光标只能按指定的间距移动,而且用户可以根据需要自行设置"间距"的大小,具体使用方式如下:

(a)单击"捕捉模式"按钮,即可调出或关闭该功能。

(b)捕捉的设置:执行主菜单"工具"→"草图设置"命令。

在【草图设置】对话框中,单击"捕捉和栅格"选项卡,用户即可对捕捉相关参数进行设置,如图 9-27 所示。

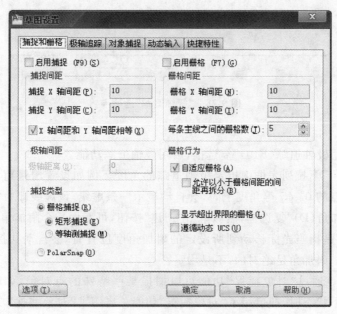

图 9-27　捕捉与栅格设置选项卡

备注:

(a)选择"启用捕捉(F9)"复选框,启用捕捉功能。

(b)在捕捉区域中用户可以自行指定捕捉在 X 轴方向的间距和在 Y 轴方向上的间距,捕捉模式只对鼠标的定位起作用,通过键盘输入点的坐标则不受光标捕捉间距的限制。

② 栅格(Grid)模式。该按钮呈凹下状态时,在绘图区的某块区域中会显示一些小点,这

些小点被称为栅格。栅格便于用户在操作时进行定位,用户根据自己的需要可以控制栅格在屏幕上显示,但栅格不会在打印时输出。相关参数设置和"捕捉模式"相同,具体如图 9-25 所示。

③ 极轴追踪。打开极轴追踪光标,用户可以沿"极轴追踪"选项卡上相对于极轴追踪起点设置的极轴对齐角度进行捕捉,因此,极轴追踪可以帮助用户拾取指定角度方向上的点。执行主菜单"工具"→"草图设置"命令,打开"极轴追踪"选项卡,如图 9-28 所示。

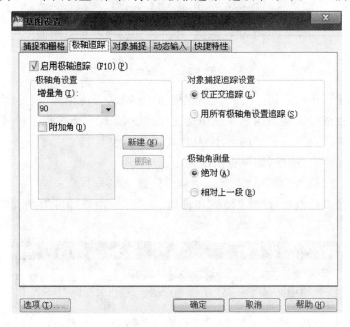

图 9-28 "极轴追踪"选项卡

备注:

(a)选中"启用极轴追踪(F10)"复选框,启用极轴追踪功能。

(b)在"增量角"下拉列表框中指定极轴追踪的角度。例如设置增量角为 45°,则光标移动到相对于前一点的 0°、45°等角度上时,会自动显示一条虚线,该虚线即为极轴追踪线。

(c)选中"附加角(D)"复选框,然后单击"新建"按钮,可新增一个附加角。

(d)"附加角"是指当光标移动到所设定的附加角度位置时,会自动捕捉到该条极轴线,以辅助用户绘图。附加角是绝对的,不是增量。

④ 对象捕捉。通过"对象捕捉"功能可以捕捉某些特殊的点对象,如端点、中点、圆心等。该按钮呈凹下状态时,即启用了"对象捕捉"功能。启用了"对象捕捉"功能后,当用户将光标移动到某些特殊的点上时,系统就会自动捕捉该点,从而能够精确绘图。执行主菜单"工具"→"草图设置"命令,打开"对象捕捉"选项卡,如图 9-29 所示。

备注:

(a)选中"启用对象捕捉(F3)"复选框,启用对象捕捉功能。

(b)在"对象捕捉模式"栏中选择系统能自动捕捉到的特殊点类型,如端点、中点、圆心等。

(6)对象捕捉工具的使用。对象捕捉工具可以帮助用户使用光标在屏幕上精确定位拾取对象,也可以帮助用户快速、准确地绘制或编辑图形。

① 捕捉方法的使用。

(a)通过命令行一次性捕捉,输入对应的命令后,按回车键即可。

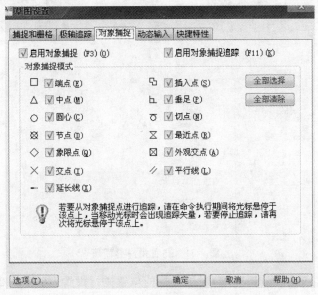

**图 9-29　"对象捕捉"选项卡**

(b)调出"对象捕捉"工具栏:适合于频繁切换捕捉方式,如图 9-30 所示。

**图 9-30　"对象捕捉"工具栏**

(c)按【Shift】键的同时单击鼠标右键,在弹出的快捷菜单上选择相应的捕捉方式。

② 常用捕捉方式简介。

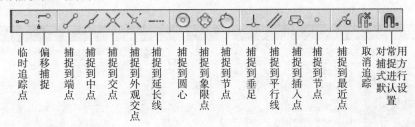

## 9.2.3　项目实施

### 1.项目分析

AutoCAD 2010 的用户界面相对于以前的各版本变化较大,用户可以根据自己的习惯布置合理的用户界面和设定合理的绘图区域,提高绘图的效率和准确率。本项目以 AutoCAD 2010 为例布置合理的用户界面,设置复合设计者需求的绘图区域。

### 2.创建步骤

(1)点击桌面快捷方式,启动 AutoCAD 2010,打开"工具"→"工具栏"→"AutoCAD",工具用户需求选择合理的工具栏按钮,如图 9-31 所示。

图 9-31　布置用户界面

(2)用鼠标左键点击工具栏左端,对工具栏的位置进行设置,如图 9-32 所示。

图 9-32　设置工具按钮的位置

(3)单击状态栏上的 按钮,选择"二维草图与注释"选项。

(4)单击"文件"→"新建",选择 AutoCAD 2010 提供的样板文件"acadiso. dwt",创建新文件,如图 9-33 所示。

图 9-33　创建样板文件

(5)设定绘图区域的大小为"200×200",打开栅格显示。

① 利用命令输入来完成绘图区的设定,具体操作如下:

命令:limits
指定左下角点或［开(ON)/关(OFF)］＜50.0000,50.0000＞:按【Enter】键
指定右上角点 ＜200.0000,200.0000＞:@150,200 按【Enter】键
命令: ＜栅格 开＞

② 将鼠标移至程序窗口下的▥上,单击鼠标右键,弹出快捷菜单,打开【草图设置】对话框,取消"显示超出界限的栅格"复选项的选择,具体如图9-34所示。

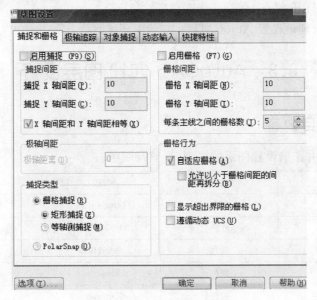

**图9-34 【草图设置】对话框**

③ 关闭【草图设置】对话框,选择"视图"→"缩放"→"范围",使整个矩形栅格充满绘图窗口,同时通过"视图"→"缩放"→"实时"来改变显示的大小,该栅格的长宽尺寸为"200×200",左下角点的坐标为(50,50),完成绘图区域设置。

(6)绘制圆。

① 单击"绘图"工具栏⊙工具按钮。

② 在绘图区选定圆的圆心。

③ 继续按照提示输入半径或者直径,其中默认输入的是半径,如果需要输入的数值为直径,则在命令行输入"D",或者在动态模式下利用键盘上的"↑"、"↓"在十字光标下的工具中提示选择"D"选项,完成圆的绘制。

(7)单击"实用程序"面板上的⊙ 范围(E)按钮,使圆充满整个绘图窗口。

(8)单击鼠标右键,选择"选项"选项,打开【选项】对话框,在"显示"选项卡的"圆弧和圆的平滑度"文本框中输入"1000"。

(9)利用✛、🔍按钮移动和缩放图形。

(10)单击保存按钮,保存文件。

### 9.2.4　项目小结

通过本项目的学习,基本了解 AutoCAD 2010 系统显示界面的各个组成部分,掌握了 AutoCAD 2010 文件的基本操作,对深入了解和学习 AutoCAD 2010 奠定了坚实的基础。

### 9.2.5　巩固练习

(1)AutoCAD 2010 的主要功能有哪些?

(2)AutoCAD 2010 的工作界面包括哪些部分? 他们的主要功能是什么?

(3)怎样新建、打开、关闭、保存一个文件?

(4)如何科学合理地设置 AutoCAD 2010 绘图环境?

# 9.3　AutoCAD 2010 图层设置

### 9.3.1　项目内容

创建以下图层并正确设置图层的线型、线宽及颜色。

| 名称 | 颜色 | 线型 | 线宽 |
|---|---|---|---|
| 轮廓线层 | 白色 | Continuous | 0.5 |
| 中心线层 | 红色 | CENTER | 默认 |
| 虚线层 | 黄色 | DASHED | 默认 |
| 剖面线层 | 绿色 | Continuous | 默认 |
| 尺寸标注层 | 绿色 | Continuous | 默认 |
| 文字说明层 | 绿色 | Continuous | 默认 |

### 9.3.2　相关知识

**1. 在 AutoCAD 2010 中图层具有的特点**

(1)由于系统对图层数没有限制,因此用户可以任意设置图层数。

(2)用户可以根据自己的需要和习惯来设置图层的名称。

(3)一般情况下,每种图层对应一种线型和颜色,而线型和颜色可以自行设置。

(4)图层的数量没有限制,但是用户只能在当前图层进行绘制图形。

(5)各图层都具有相同的坐标系、绘图界限以及显示时的缩放比例。

(6)用户可以对图层进行打开、冻结等多种操作。

**2. 控制图层状态**

当图层设置完成后,用户可以根据需要选择"打开"、"关闭"、"冻结"、"解冻"、"打印"等不同状态,通过改变图层的状态就可以控制图层上对象的相关特性,用户可以利用【图层特

征管理器】对话框或者"图层"面板上的控制器来完成对图层状态的控制,具体如图9-35
所示。

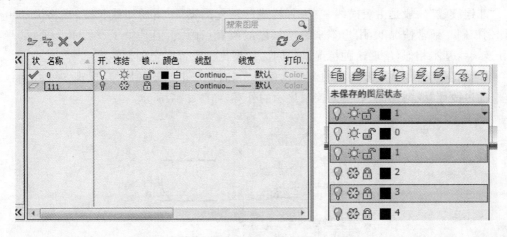

图 9-35　图层状态

对图层状态作以下说明:

(1)打开/关闭:单击 图标,即可打开或者关闭某一图层。打开的图层是可见的,而关闭
的图层是不可见的,同时也不可被打印,当图形重新生成时,被关闭的图层也将被一起生成。

(2)解冻/冻结:单击 图标,即可解冻或者冻结某一图层,解冻的图层是可见的,而冻结
的图层是不可见的,也不能被打印。重新生成图形时,系统不再重新生成该图层上的图形,
所以冻结一些图层后,可以提高操作的速度。

(3)解锁/锁定:单击 图标,将锁定和解锁图层,被锁定的图层是可见的,但是图层上
的对象不能被编辑。

(4)打印/不打印:单击 图标,单击该图层,就可以设定当前图层是否可以被打印。

### 3.修订对象的图层、颜色、线型和线宽

一般图形绘制完成后,用户可以通过双击图形出现该图形的"特性"面板,如图 9-36 所
示,用户可以通过面板上的"颜色控制"、"线型控制"、"线宽控制"的下拉菜单来快速修改或
者重新设置对象的图层、颜色、线型、线宽等属性。在默认的情况下,上述的表框中显示
"Bylayer"。"Bylayer"表示和当前层设置完全相同。

图 9-36　"特性"面板

### 4.修改非连续线的外观

"非连续线"一般是由短横线、空格等构成的重复图案,图案的短线长度、空格大小由线型比例控制。通常情况下,用户本来希望画虚线或者点画线,但是由于设置不合理,最终实线和连续线基本相似,出现这种情况就是因为线型比例设置不合理。

"线型比例"是控制线型外观的全局比例因子,右键双击绘制的图像,出现"特性"面板对话框,通过改变"线型比例"数值来控制显示的外观,如图 9-37 所示。

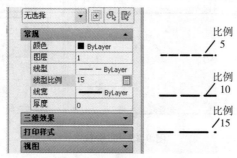

图 9-37 "线型比例"设置

## 9.3.3 项目实施

### 1.项目分析

图层设置是 AutoCAD 2010 绘制图形前的重要准备工作之一,图层设置是否合理对图形管理、图形质量以及绘图效率都有非常重要的影响。本项目以 AutoCAD 2010 为例设置复合设计者需要的图层。

### 2.创建步骤

(1)选择"格式"→"图层"命令或者面板上的 按钮,打开【图层特性管理器】对话框,如图 9-38 所示。

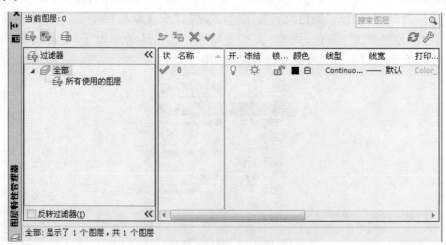

图 9-38 【图层特性管理器】对话框

(2)创建新图层方法。点击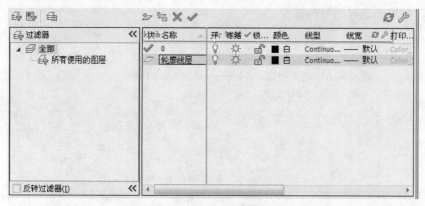或者在右下空白处单击右键,在下拉菜单中选择"新建图层",此时表框中显示图层的名称为"图层1",直接输入"轮廓线层",按回车键结束,如图9-39所示。

**图 9-39　创建图层**

(3)完成6种图层。共创建6种图层,其中图层"0"前面有绿色的标记"√",表示该图层为当前绘图图层。如图9-40所示。

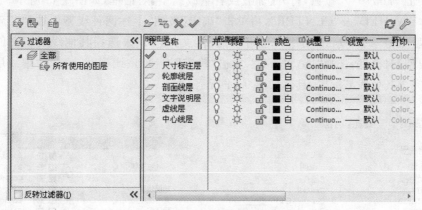

**图 9-40　6 种图层创建**

(4)指定图层颜色。选中"虚线层",单击与所选图层关联的图标█ 白,打开【选中颜色】对话框,选择黄色,如图9-41所示。其他按照相同方法完成。

**图 9-41　图层颜色创建**

(5)选择线型。在默认的情况下,图层的线型为"Continuous",选中"虚线层",单击所选图层关联的"Continuous",打开线型选择对话框,如图 9-42 所示。用户可以根据自己的需要通过"加载"按钮来选择需要的线型。

图 9-42 【选择线型】对话框

(6)点击"加载……"按钮,打开【加载或者重载线型】对话框,如图 9-43 所示。选择所需要的线型"DASHED"及"CENTER",再单击"确定"按钮,上述两种线型就被加载到系统中。当前的线型库为"acadiso.lin",用户也可以点击"文件(F)"来选择其他线型库文件,然后返回【选择线型】对话框,选择"DASHED",单击"确定"按钮,该线型就分配给"虚线层"。用相同的方法完成其他线型配置,具体如图 9-44 所示。

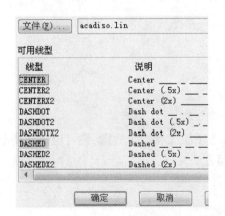

图 9-43 【加载或者重载线型】对话框

图 9-44 线型设置完成

(7)设定线宽。选中"轮廓线层",单击与所选图层所关联的图标——— **默认**,打开【线宽】对话框,制定线宽为"0.5毫米",如图 9-45 所示。以此类推,完成其他线宽设定,如图 9-46 所示。

备注:如果要使图形对象的线宽在模型空间显示比例产生变化,用户可以在状态栏╋图标上单击右键选择"设置"按钮,打开【线宽设置】对话框,在"调整显示比例"分开框中移动滑块来改变显示比例。

(8)指定当前层。选中"轮廓线层",单击✔,或者单击右键在下拉菜单中选中"置为当前",此时图层前出现绿色的标记"√",说明"轮廓线层"变为当前绘图图层,完成图层设置。

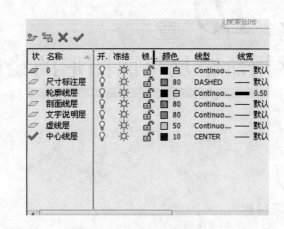

图 9-45 【线宽】对话框                图 9-46 线宽设置完成

## 9.3.4 项目小结

通过本项目的学习,可以基本了解 AutoCAD 2010 系统图层的主要组成以及图层设置的基本流程,并对图层创建过程中的相关参数设置有深入的理解,为 AutoCAD 2010 系统学习奠定基础。

# 第 *10* 章
# 常用命令及平面图形的绘制

**学习目标**

□ 掌握 AutoCAD 2010 基本绘图命令的使用。
□ 掌握 AutoCAD 2010 二维编辑命令的使用。
□ 能够按照图形要求完成图形的绘制。

## 10.1 项目内容

绘制吊钩图形,如图 10-1 所示,并将其保存在"D:/AutoCAD 2010"文件夹中,文件名为"10-1.dwg"。

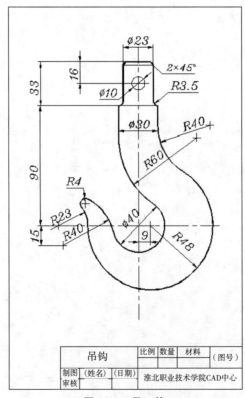

| 吊钩 | 比例 | 数量 | 材料 | (图号) |
|------|------|------|------|--------|
| 制图 (姓名) (日期) | | 淮北职业技术学院CAD中心 | | |
| 审核 | | | | |

**图 10-1 吊 钩**

# 10.2   相关知识

## 10.2.1   AutoCAD 2010 基本绘图工具

**1. 绘制直线**

(1)绘制命令。

① 菜单命令:"绘图"→"直线"。

② 命令行:LINE(L)。

③ 绘图工具栏:点击 ╱ 按钮。

(2)实例操作。

① 单击 ╱ (直线)工具按钮。

② 在绘图区选定直线段的起始点。

③ 继续选定第二点作为直线段的终点。

④ 按回车键确定并退出绘图状态。如图 10-2 所示。

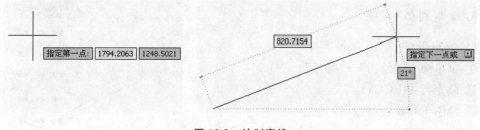

图 10-2   绘制直线

**2. 绘制圆**

(1)绘制命令。

① 菜单命令:"绘图"→"圆"。

② 命令行:CIRCLE(C)。

③ 绘图工具栏:点击 ⊙ 按钮。

执行圆操作指令时,将调出绘制圆的子菜单,如图 10-3 所示。

下面以"圆心+半径"的方式为例绘制圆。

(2)实例操作。

① 单击 ⊙ → ⊙ 圆心 半径 工具按钮。

② 在绘图区选定圆的圆心。

图 10-3   绘制圆命令

③ 继续按照提示输入半径或者直径,其中默认输入的是半径,

如果需要输入的数值为直径,则在命令行输入"D",或者在动态模式下利用键盘上的"↑"、"↓"在"十"字光标下的提示工具中选择"D"选项。

④ 按回车键确定并退出绘图状态,如图 10-4 所示。

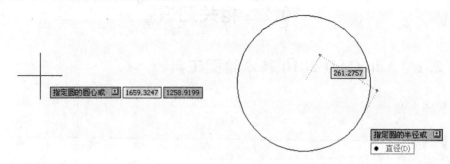

图 10-4　圆的绘制

(3)说明。

圆心,直径:通过输入圆心的位置和圆的直径来确定圆。

两点:通过确定两点的位置来确定圆,此两点为圆直径的两端点。

相切,相切,半径:通过设置与其他图形"相切＋相切＋半径"的方式来完成,必须有切点。

三点:通过确定三点的位置来确定圆,此三点为圆上的任意三点。

相切,相切,相切:通过设置与其他图形"相切＋相切＋相切"的方式来完成,必须有切点。

### 3.绘制圆弧

(1)绘制命令。

① 菜单命令:"绘图"→"圆弧"。

② 命令行:ARC(A)。

③ 绘图工具栏:点击 按钮。

执行圆弧操作指令时,将调出绘制圆弧的子菜单,如图 10-5 所示。

(2)实例操作。

下面以"三点"的方式为例绘制圆弧。

　① 单击 → 三点工具按钮。

　② 在绘图区选定圆弧的起点。

　③ 按照提示选定圆弧的第二点。

　④ 按照提示选定圆弧的终点。

　⑤ 完成圆弧绘制,如图 10-6 所示。

图 10-5　圆弧命令子菜单

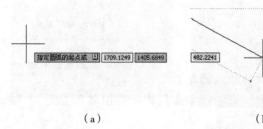

（a）

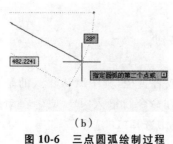

（b）　　　　　　　　　　（c）

图 10-6　三点圆弧绘制过程

### 4.绘制椭圆

(1)绘制命令。

① 菜单命令:"绘图"→"椭圆"。

② 命令行:ANGDIR(A)。

③ 绘图工具栏:点击 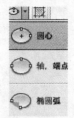 按钮。

执行椭圆操作指令时,将调出绘制椭圆的子菜单,如图 10-7 所示。

(2)实例操作。

**图 10-7　椭圆命令子菜单**

下面以"三点"的方式为例绘制圆弧。

① 单击 ⊕→ 圆心 工具按钮。

② 在绘图区选定椭圆的圆心。

③ 按照提示选定椭圆的第二点,即确定椭圆的长(短)半轴长度。

④ 按照提示选定椭圆的第三点,即确定椭圆的短(长)半轴长度。

⑤ 完成椭圆绘制,如图 10-8 所示。

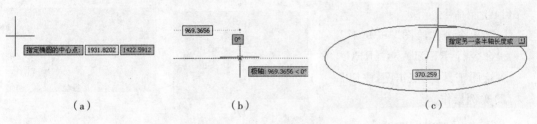

(a)　　　　　　　　(b)　　　　　　　　(c)

**图 10-8　圆心椭圆绘制过程**

(3)说明。

轴,端点:通过确定椭圆圆弧的长(短)轴两端点和长短轴的一端点来确定椭圆。

### 5.绘制椭圆弧

(1)绘制命令。

① 菜单命令:"绘图"→"椭圆"→"椭圆弧"。

② 命令行:ANGDIR(EL)。

③ 绘图工具栏:点击 椭圆弧 按钮。

(2)实例操作。

① 单击 ⊕→ 椭圆弧 工具按钮。

② 在绘图区指定长(短)轴的端点 1 和 2。

③ 按照提示指定椭圆的短(长)半轴的端点。

④ 按照提示指定椭圆弧的起点角度。

⑤ 按照提示指定椭圆弧的终点角度。

⑥ 完成椭圆绘制,如图 10-9 所示。

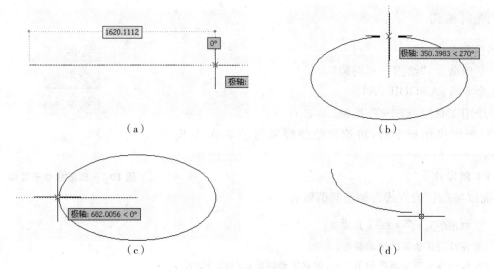

（a）　　　　　　　　　　　　　　　（b）

（c）　　　　　　　　　　　　　　　（d）

图 10-9　椭圆弧绘制过程

## 6.绘制矩形

（1）绘制命令。

① 菜单命令："绘图"→"矩形"。

② 命令行：RECTANG(REC)。

③ 绘图工具栏：点击□按钮。

（2）实例操作。

① 命令：RECTANG/REC。

② 指定第一个角点或［倒角(C)/标高(E)/圆角(F)/厚度(T)/宽度(W)］：输入坐标值。

指定另一个角点或［面积(A)/尺寸(D)/旋转(R)］：输入坐标值。

③ 完成矩形绘制，如图 10-10 所示。

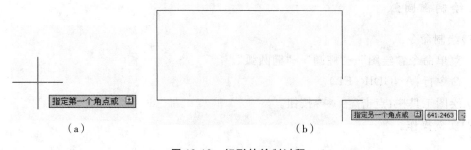

（a）　　　　　　　　　　　　　　　（b）

图 10-10　矩形的绘制过程

（3）说明。

① 选择"C"绘制带倒角的矩形，系统提示：

用户指定矩形的第一个倒角距离＜当前值＞：输入矩形第一边倒角距离或按当前值倒角。

用户指定矩形的第二个倒角距离＜当前值＞：输入矩形第二边倒角距离或按当前值倒角。

② 选择"E"设置矩形的高度,系统提示:

用户指定矩形的标高<当前值>:输入新的高度值或以当前值为默认高度。

③ 选择"F"绘制带有圆角的矩形,系统提示:

用户指定矩形的圆角半径<当前值>:输入圆角半径或以当前值为倒角半径。

④ 选择"T"绘制带有厚度的矩形,系统提示:

用户指定矩形的厚度<当前值>:输入新的厚度值或以当前值为厚度值。

⑤ 选择"W"绘制带有宽度的矩形,系统继续提示:

用户指定矩形的线宽<当前值>:输入矩形的线宽或以当前值为宽度值。

⑥ 选择"A"表示矩形第二点通过面积来确定,系统继续提示:

输入以当前单位计算的矩形面积 <当前值>:输入新的面积值或以当前值为面积值。

计算矩形标注时依据［长度(L)/宽度(W)］<长度>:默认为长度,或者输入"W"选择宽度。

输入矩形长度 <默认值>:输入新的长度值或默认当前值为长度值,系统自动计算宽度值。

⑦ 选择"R"绘制旋转的矩形,系统继续提示:

指定旋转角度或［拾取点(P)］<0>:输入新的旋转角点或以当前点为旋转角点。

指定另一个角点或［面积(A)/尺寸(D)/旋转(R)］:输入另一对角点或选择其他方式。

## 7.绘制正多边形

(1)绘制命令。

① 菜单命令:"绘图"→"正多边形"。

② 命令行:POLYGON(POL)。

③ 绘图工具栏:点击⬡按钮。

(2)实例操作。

　① 命令:POLYGON/POL。

　② 输入边的数目<当前值>:5。

　③ 指定正多边形的中心点或[边(E)]:点选位置。

　④ 完成正五边形绘制,如图 10-11 所示。

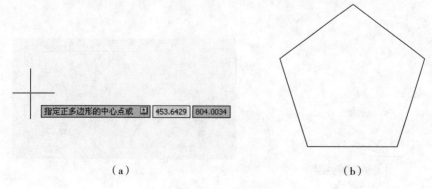

（a）　　　　　　　　　　（b）

**图 10-11　多边形绘制过程**

(3)说明。

① 选择"E",则表示以边的大小和方向确定正多边形,系统提示:

指定多边形边的第一个端点:确定一条边的一个端点;

指定多边形边的第二个端点:确定一条边中的另一个端点。

② 默认"中心点",系统继续提示:

输入选项[内接于圆(I)/外切于圆(C)]<当前值>:

输入"I"表示按照内接于圆的方式绘制正多边形;

输入"C"表示按照外切于圆的方式绘制正多边形。

### 8.绘制多段线

(1)绘制命令。

① 菜单命令:"绘图"→"多段线"。

② 命令行:PLINE。

③ 绘图工具栏:点击 按钮。

(2)实例操作。

① 命令行:PLINE。

② 指定起点:输入图形起点坐标。

③ [圆弧(A)/闭合(C)/半宽(H)/长度(L)/放弃(U)/宽度(W)]:输入第二点坐标。

④ 在窗口命令行中输入"A",或者在动态模式下选择"圆弧(A)"选项。

⑤ 指定圆弧的一个端点位置。

⑥ 指定圆弧的另一个端点位置。

⑦ 通过方向键"↓"选择"闭合(CL)"选项,完成多段线绘制,如图10-12所示。

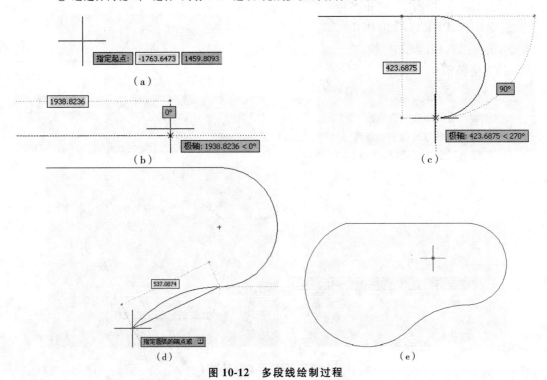

图10-12　多段线绘制过程

(3)说明。

圆弧(A):指定弧的起点和终点绘制圆弧段。

半宽(H):指从宽多段线线段的中心到其一边的宽度。

长度(L):定义下一段多线段长度。

第二点(S):指定圆弧上的点和圆弧的终点,以3个点来绘制圆弧。

宽度(W):带有宽度的多段线。

闭合(C):通过在上一条线段的终点和多段线的起点间绘制一条线段来封闭多段线。

放弃(U):取消上次操作。

## 9.填充图案

填充图案是指选用某一图案来填充封闭的绘图区域,从而使该绘图区域表达一定的信息,该功能一般用于表达零件的剖面视图和断面视图。因此该功能一般用于基本图形已经绘制完毕后的修饰过程。

(1)绘制命令。

① 菜单命令:"绘图"→"图案填充"。

② 命令行:BHATCH(H 或 BH)。

③ 绘图工具栏:点击■按钮。

(2)实例操作。

以图10-12为例,进行填充图案。

　　① 命令:BHATCH,输入填充图案命令。

　　② 打开【图案填充和渐变色】对话框,如图10-13所示。

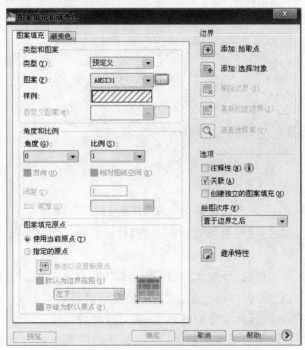

**图10-13　【图案填充和渐变色】对话框**

③ 在"类型和图案"选项组的"图案"下拉菜单中选择"ANSI31"选项。

④ 在"角度和比例"选项组中制定角度和比值，一般采用默认数值。设置完成后如图 10-14 所示。

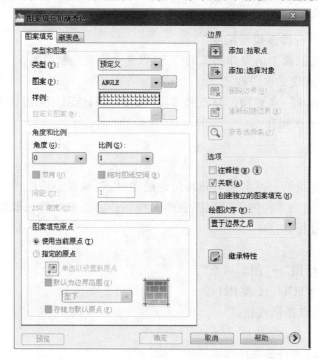

**图 10-14　设置完成【图案填充和渐变色】对话框**

⑤ 在"边界"选项组中，单击 ⊞ 按钮（拾取点）。

⑥ 单选需要填充图案的图形区域。

⑦ 按回车键，或右击并在快捷菜单上选择"确定"选项，完成填充，如图 10-15 所示。

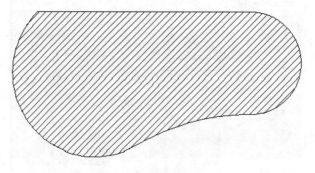

**图 10-15　完成图案填充**

(3)说明。参考图 10-14,【图案填充和渐变色】对话框各选项的含义和操作详解如下。

① 类型及图案。

类型:图案填充类型。包括"预定义"、"用户定义"和"自定义"3 种。"预定义"指该图案已经在 ACAD.PAT 中定义好。"用户定义"指用户使用当前线型定义的图案。"自定义"指定义在除 ACAD.PAT 外的其他文件中的图案,需另行加载。

图案:下拉列表框显示了目前图案名称。单击向下的箭头会列出图案名称,可以选择需要的填充图案,如果需要的图案不在显示出的列表中,可以通过滑块上下搜索。单击图案右侧的按钮····,则弹出如图 10-16 所示【填充图案选项板】对话框。

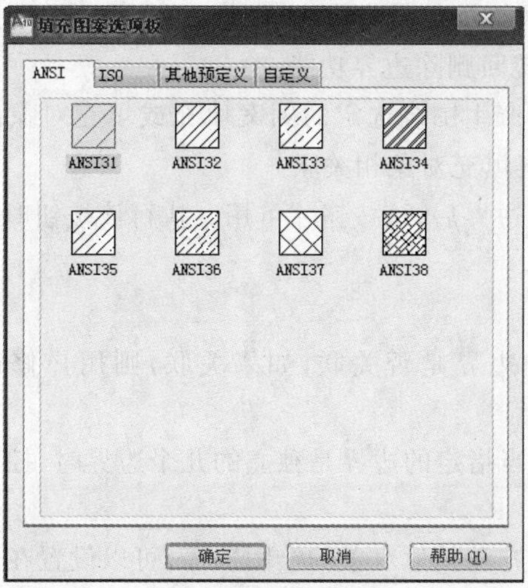

图 10-16 【填充图案选项板】对话框

样例:显示已选择的图案样式。点取显示的图案式样,同样会弹出【填充图案选项板】对话框。

自定义图案:只有在类型中选择了"自定义"选项后该项才是可选用的,其他同预定义图案。

② 角度和比例。

角度:设置填充图案的角度。可以通过下拉列表选择,也可以直接输入。

比例:设置填充图案的大小比例。

双向:对于用户定义的图案,将绘制第二组直线,这些直线与原来的直线成 90°角,构成交叉线。只有"用户定义"的类型才可用此选项。

相对图纸空间:相对于图纸空间单位缩放填充图案。使用此选项,很容易做到以适合于布局的比例显示填充图案。

间距:指定用户定义图案中的直线间距。

ISO 笔宽:基于选定笔宽缩放 ISO 预定义图案。只有"类型"是"预定义",并且"图案"为可用的 ISO 图案的一种,此选项才可用。

③ 图案填充原点。控制填充图案生成的起始位置。某些图案填充(如砖块图案)需要与图案填充边界上的一点对齐。在默认情况下,所有图案填充原点都对应于当前的 UCS 原点。

④ 边界。

添加:拾取点:通过拾取点的方式来自动产生一围绕该拾取点的边界。默认该边界必须是封闭的,可以在"允许的间隙"中设置。执行该按钮时,暂时返回绘图屏幕供拾取点,拾取点完毕后返回该对话框。

添加:选择对象:通过选择对象的方式来产生一封闭的填充边界。执行该按钮时暂时关闭该对话框,选择对象完毕返回。

删除边界:从边界定义中删除以前添加的对象。同样要返回绘图屏幕进行选择,命令行出现以下提示:

选择对象或[添加边界(A)]:此时可以选择删除的对象或输入"A"来添加边界,如果输

入"A",则出现以下提示:

拾取内部点或[选择对象(S)/删除边界(B)]:此时可以通过拾取内部点或选择对象的方式形成边界,输入"B"则转回删除边界功能。

重新创建边界:重新产生围绕选定的图案填充或填充对象的多段线或面域,即边界。并可设置该边界是否与图案填充对象相关联。

查看选择集:定义了边界后,该按钮才可用。执行该按钮时,暂时关闭该对话框,在绘图屏幕上显示定义的边界。

⑤ 选项。

关联:控制图案填充和边界是否关联,如果关联,则用户修改边界时,填充图案同时更改。

创建独立的图案填充:当指定的边界是独立的几个边界时,控制填充图案是各自独立的几个还是一个整体。

绘图次序:控制图案填充和其他对象的绘图次序,可以设置在前或在后。

⑥ 继承特性。选择一个现有的图案填充,欲填充的图案将继承该现有图案的特性。单击"继承特性"按钮时,对话框将暂时关闭,命令行将显示提示选择源对象(填充图案)。在选定图案填充要继承其特性的图案填充对象之后,可以在绘图区中右击鼠标,在快捷菜单中"选择对象"和"拾取内部点"之间进行切换以创建边界。

### 10. 绘制单点

(1)绘制命令。

① 菜单命令:"绘图"→"点"→"单点"/"多点"/"定数等分"/"定距等分"。

② 命令行:Point(PO)。

③ 绘图工具栏:点击 按钮。

(2)实例操作。

在 CAD 中,绘制点的方法有 4 种,现以"定数等分"为例。

① "绘图"→"点"→"定数等分"。

② 选择要定数等分的对象:选择曲线。

③ 输入线段数目或[块(B)]:5。

④ 按回车键,完成点的绘制,如图 10-17 所示。

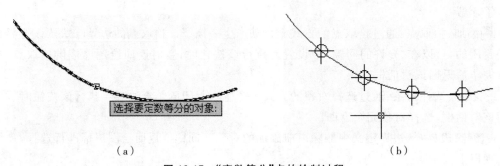

(a)                                    (b)

**图 10-17 "定数等分"点的绘制过程**

(3)说明。

在图形绘制中,可以通过设置"点样式"来改变点显示的形状,点击"格式"→"点样式",出现【点样式】对话框,如图 10-18 所示。

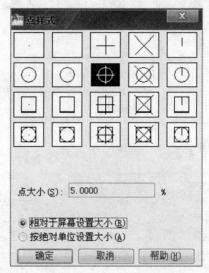

图 10-18 【点样式】对话框

其中,图框显示各种点的形状,直接点击即可选取,"点大小"可以直接设置点的尺寸。

## 11.绘制多线

(1)绘制命令。

① 菜单命令:"绘图"→"绘制多线"。

② 命令行:mline。

③ 绘图工具栏:点击 多线(U)按钮。

在 CAD 中,多线可以由 1~16 条平行线组成。

(2)实例操作。

    ① "绘图"→"点"→"定数等分"。

    ② 指定起点或 [对正(J)/比例(S)/样式(ST)]。

    ③ 指定下一点:输入位置。

    ④ 按回车键,完成多线的绘制,如图 10-19 所示。

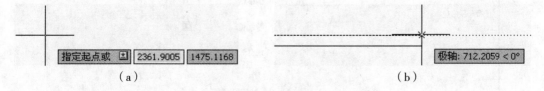

图 10-19 多线绘制过程

(3)说明。在绘制多线前,可以通过点击"格式"→"多线样式"菜单命令来修改或者指定多线样式,如图 10-20 所示。如果用户需要修改当前多线样式,可以单击"修改"按钮,打开如图 10-21 所示的对话框,在该对话框中可以分别设置多线的封口、多线的填充颜色、多线元素的特性等。

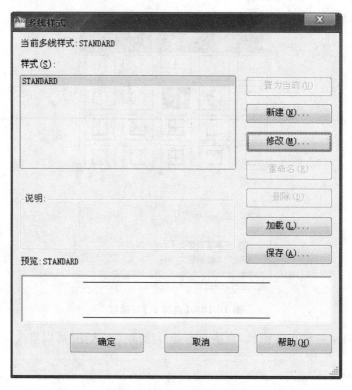

图 10-20 【多线样式】对话框

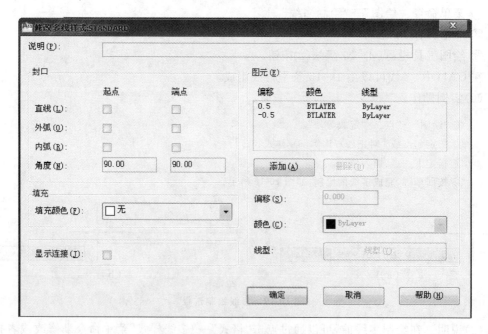

图 10-21 【修改多线样式】对话框

## 10.2.2 图形修改工具

在使用基本的绘图指令完成二维图形的绘制后,通常需要利用编辑和修改命令来完善图形对象,一般点击"修改"菜单,可实现以下下拉菜单,如图 10-22 所示。

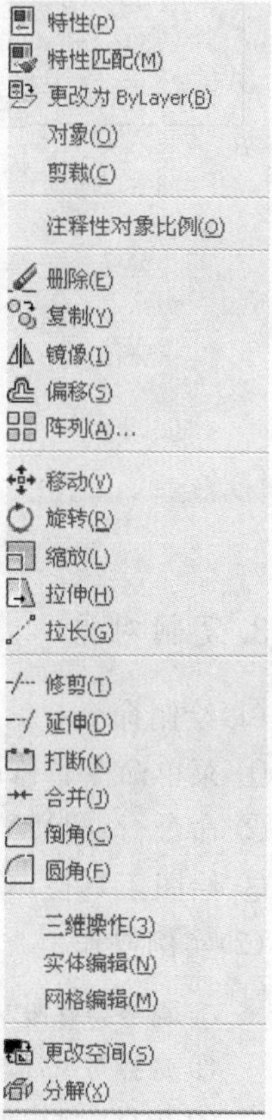

### 1.删除对象

(1)绘制命令。

① 菜单命令:"修改"→"删除"。

② 命令行:ERASE(E)。

③ 绘图工具栏:单击 ⟋ 按钮。

(2)实例操作。

    ① 命令:"修改"→"删除"。

    ② 选择对象:选择直线 AB。

    ③ 选择对象:选择直线 CD。

    ④ 回车结束对象选择,完成对象删除,如图 10-23 所示。

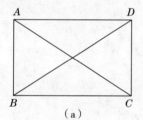
　　（a）　　　　　　　　（b）

图 10-23　删除图形对象

图 10-22　"修改"下拉菜单

### 2.移动对象

(1)绘制命令。

① 菜单命令:"修改"→"移动"。

② 命令行:MOVE(M)。

③ 绘图工具栏:单击 ✛ 按钮。

(2)实例操作。

    ① 命令:"修改"→"移动"。

    ② 选择对象:框选 AB、CD 线段。

    ③ 指定基点或 [位移(D)] <位移>:输入数值。

    ④ 指定第二个点或 <使用第一个点作为位移>:输入数值。

    ⑤ 回车结束对象移动,如图 10-24 所示。

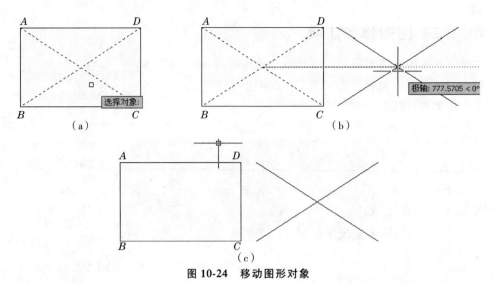

图 10-24　移动图形对象

### 3.复制对象

(1)绘制命令。

① 菜单命令:"修改"→"复制"。

② 命令行:COPY(CO 或 CP)。

③ 绘图工具栏:单击 按钮。

(2)实例操作。

① 命令:"修改"→"复制"。

② 选择对象:框选图形 ABCD。

③ 按空格键确定选择对象。

④ 指定基点或 ［位移(D)/模式(O)］ <位移> :点选基点。

⑤ 指定第二个点或 <使用第一个点作为位移> :点选目标点。

⑥ 回车结束对象复制,如图 10-25 所示。

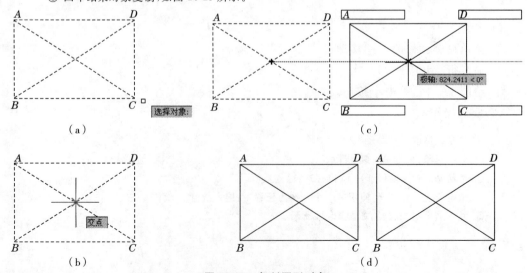

图 10-25　复制图形对象

## 4. 旋转对象

(1)绘制命令。

① 菜单命令:"修改"→"旋转"。

② 命令行:ROTATE。

③ 绘图工具栏:单击◯按钮。

(2)实例操作。

① 命令:"修改"→"旋转"。

② 选择对象:框选图形 *ABCD*。

③ 按空格键,确定选择对象。

④ 指定旋转基点:点选旋转基点。

⑤ 指定旋转角度,或〔复制(C)/参照(R)〕＜0＞:90。

⑥ 回车结束对象移动,如图 10-26 所示。

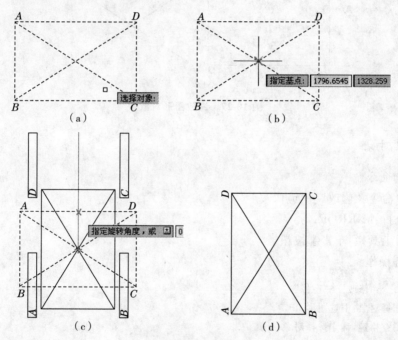

图 10-26  旋转图形对象

## 5. 缩放对象

(1)绘制命令。

① 菜单命令:"修改"→"缩放"。

② 命令行:SCALE。

③ 绘图工具栏:单击▤按钮。

(2)实例操作。

① 命令:"修改"→"缩放"。

② 选择对象:框选图形 *ABCD*。

③ 按空格键,确定选择对象。

④ 指定旋转基点:点选缩放的基点。

⑤ 定比例因子或〔复制(C)/参照(R)〕:2.0。

⑥ 回车结束缩放,如图 10-27 所示。

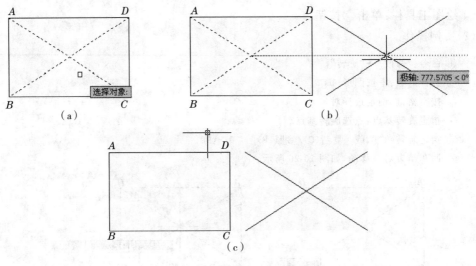

图 10-27　缩放图形对象

## 6.镜像对象

(1)绘制命令。

① 菜单命令:"修改"→"镜像"。

② 命令行:MIRROR。

③ 绘图工具栏:单击 按钮。

(2)实例操作。

① 命令:"修改"→"镜像"。

② 选择对象:框选图形 *ABCD*。

③ 按空格键,确定选择对象。

④ 指定镜像线的第一点:选择 *D* 点为第一点。

⑤ 指定镜像线的第二点:选择 *C* 点为第二点。

⑥ 要删除源对象,按回车键(N),默认不删除,完成镜像图形,如图 10-28 所示。

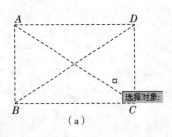
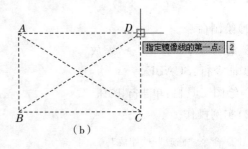

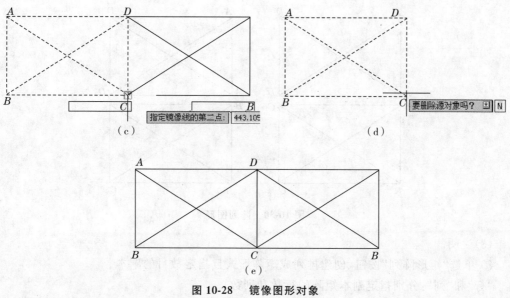

（c） （d）

（e）

图 10-28 镜像图形对象

## 7.阵列对象

（1）绘制命令。

① 菜单命令:"修改"→"阵列"。

② 命令行:ARRAY(AR)。

③ 绘图工具栏:单击 品品 按钮。

（2）实例操作。

① 命令:"修改"→"阵列"。

② 出现【阵列】对话框,设置参数如图 10-29 所示。

③ 按"阵列"对话框上的 按钮,框选图形 *ABCD*,按空格键确认。

④ 按"确定"键完成阵列,如图 10-30 所示。

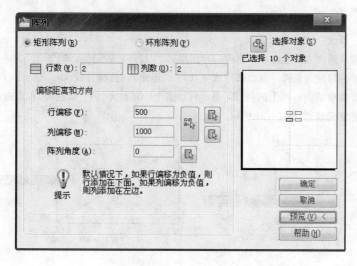

图 10-29 【阵列】对话框

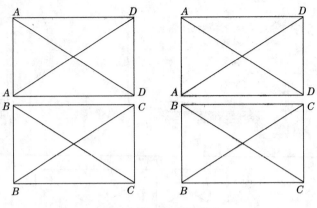

图 10-30　阵列图形

（3）说明。

① 单选"矩形阵列"按钮，创建排列成矩阵形式且指定数目的副本。

"行"和"列"：分别指定副本矩阵的行数和列数。

"行偏移"和"列偏移"：指定相邻两行之间的距离和相邻两列之间的距离。

"阵列角度"：指定副本矩阵与水平方向的夹角大小。

② 单选"环形矩阵"按钮，创建排列为圆周或圆弧且指定数目或角度的副本。

③ "预览"：在不退出阵列命令的情况下，可以预览阵列后的副本图形，用户可以根据需求，反复修改阵列参数。

## 8.偏移对象

（1）绘制命令。

① 菜单命令："修改"→"偏移"。

② 命令行：OFFSET。

③ 绘图工具栏：单击 按钮。

（2）实例操作。

　① 命令："修改"→"偏移"。

　② 指定偏移距离或［通过(T)/删除(E)/图层(L)］＜385.0263＞:50。

　③ 选择要偏移的对象或［退出(E)/放弃(U)］＜退出＞:选择直线 CD。

　④ 指定要偏移的那一侧上的点或［退出(E)/多个(M)/放弃(U)］＜退出＞:点选右侧。

　⑤ 完成对象偏移，如图 10-31 所示。

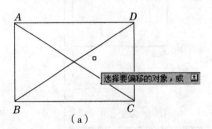

（a）

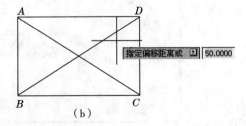

（b）

图 10-31 偏移图形

## 9. 修剪对象

(1)绘制命令。

① 菜单命令:"修改"→"修剪"。

② 命令行:TRIM(TR)。

③ 绘图工具栏:单击 -/-- 按钮。

(2)实例操作。

① 命令:"修改"→"修剪"。

② 选择对象或 <全部选择>:框选图形 $ABCD$,按空格键结束选择。

③ 选择要修剪的对象:选择修剪对象 $OC$、$OD$。

④ 按回车键完成修剪过程,如图 10-32 所示。

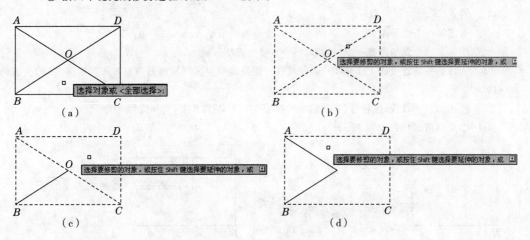

图 10-32 修剪对象

## 10. 延伸对象

(1)绘制命令。

① 菜单命令:"修改"→"延伸"。

② 命令行:ECTEND。

③ 绘图工具栏:单击 --/ 按钮。

(2)实例操作。

① 命令:"修改"→"延伸"。

② 选择对象或 ＜全部选择＞:点选线段 CD,按空格键完成选择。

③ 选择要延伸的对象:框选线段 AO、BO,完成线段延伸。如图 10-33 所示。

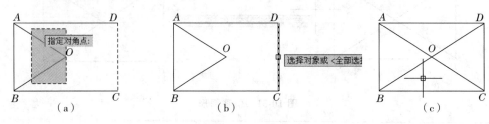

图 10-33　延伸对象

## 11. 倒角

(1)绘制命令。

① 菜单命令:"修改"→"倒角"。

② 命令行:CHAMFER(CHA)。

③ 绘图工具栏:单击 按钮。

(2)实例操作。

① 命令:"修改"→"倒角"。

② 系统提示当前倒角距离 1 = 0.0000,距离 2 = 0.0000。

③ 输入"D"。

④ 指定第一个倒角距离 ＜0.0000＞:20,按中键结束输入。

⑤ 指定第二个倒角距离 ＜20.0000＞:20,按中键结束输入。

⑥ 选择第一条直线或［放弃(U)/多段线(P)/距离(D)/角度(A)/修剪(T)/方式(E)/多个(M)］:选择线段 BC。

⑦ 选择第二条直线,或按住【Shift】键选择要应用角点的直线:选择线段 AB。

⑧ 完成倒角,如图 10-34 所示。

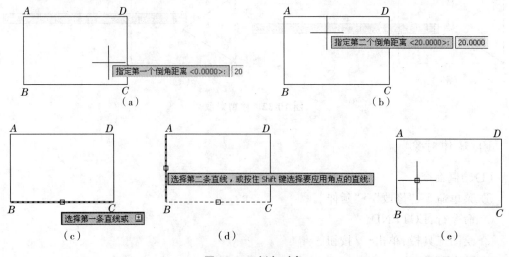

图 10-34　倒角对象

## 12. 倒圆

(1)绘制命令。

① 菜单命令:"修改"→"倒圆"。

② 命令行:FILLET(F)。

③ 绘图工具栏:单击 ◻ 按钮。

(2)实例操作。

① 命令:"修改"→"倒圆"。

② 系统提示当前设置:模式 = 修剪,半径 = 0.0000。

③ 输入"R"。

④ 指定倒圆角半径:输入"40",按中键确认输入。

⑤ 选择第一条直线或 [放弃(U)/多段线(P)/距离(D)/角度(A)/修剪(T)/方式(E)/多个(M)]:选择线段 AB。

⑥ 选择第二条直线,或按住【Shift】键选择要应用角点的直线:选择线段 AD。

⑦ 完成倒圆,如图 10-35 所示。

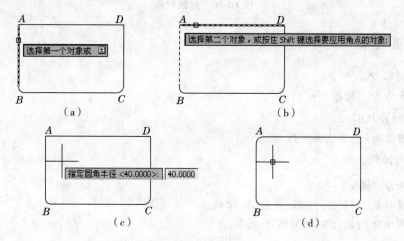

图 10-35　倒圆操作

## 13. 打断对象

(1)绘制命令。

① 菜单命令:"修改"→"打断"。

② 命令行:BREAK(BR)。

③ 绘图工具栏:单击 ◻ 按钮。

(2)实例操作。

① 命令:"修改"→"打断"。

② 选择对象:选择线段 BC。

③ 指定第二个打断点 或 [第一点(F)]:输入"F",按回车键。

④ 指定第一个打断点:选择 E 点。

⑤ 指定第二个打断点:选择 F 点。

⑥ 完成打断,如图 10-36 所示。

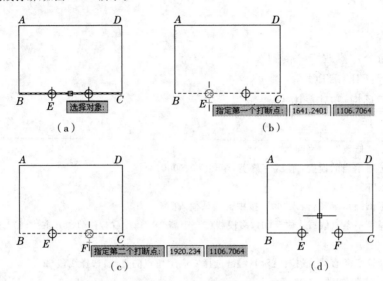

图 10-36　打断对象

## 14.合并对象

(1)绘制命令。

① 菜单命令:"修改"→"合并"。

② 命令行:JOIN。

③ 绘图工具栏:单击 ━━ 按钮。

(2)实例操作。

　① 命令:"修改"→"合并"。

　② 选择要合并到源的直线:点选 BE、FC 线段。

　③ 按中键,完成合并,如图 10-37 所示。

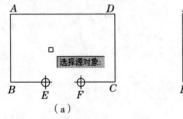
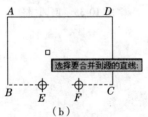
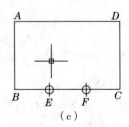

图 10-37　合并对象

## 15.拉伸对象

(1)绘制命令。

① 菜单命令:"修改"→"拉伸"。

② 命令行:STRETCH。

③ 绘图工具栏:单击 ▱ 按钮。

(2)实例操作。

① 命令："修改"→"拉伸"。

② 选择对象:选择线段 CD,按中键结束选择。

③ 指定基点或［位移(D)］＜位移＞:选择 C 点。

④ 指定第二个点或[使用第一个点作为位移]:选择 F 点。

⑤ 完成拉伸,如图 10-38 所示。

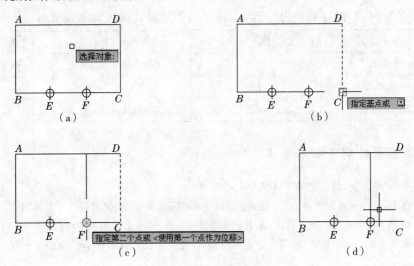

图 10-38 拉伸对象

# 10.3 项目实施

## 10.3.1 项目分析

本项目在绘制过程中,首先,要分清已知线段、连接线段、中间线段和绘图基准;其次,绘图时要注意三视图的基本要求,满足尺寸和图形的对应关系,避免少、漏或者多余尺寸;最后,在绘图的过程中,要读懂各类线条和尺寸,从而选择最佳的绘图命令和修改命令,保证图形的正确性,具体分析如下。

(1)$\phi40$ 圆弧的圆心为绘制此零件图的坐标中心,其他尺寸以此圆心为参考点,假设参考点的水平中心线为 $ab$,竖直中心线为 $cd$,参考点命名为点1。

(2)$R48$ 圆弧的圆心位于参考点水平向右偏移 9mm。

(3)$R23$ 圆弧的圆心位于参考点水平向左 $48-9+23=62$(mm)。

(4)左下角 $R40$ 圆弧与 $\phi40$ 圆相切,因此圆心的水平位置位于参考点左边 $20+20=40$(mm),竖直位置位于参考点以下 15mm。

(5)右上角 $R40$ 的圆弧与 $R48$ 以及吊钩的右竖直边($\phi30$)相切。

(6)$R60$ 的圆弧与 $R48$ 的圆弧以及吊钩的左竖直边($\phi30$)相切。

(7)$R4$ 的圆弧内切于 $R23$、$R40$、$R48$ 的圆弧。

(8)$\phi10$ 圆的圆心位于参考点上 $90+33-16=107$(mm)。

## 10.3.2　创建步骤

### 1.设置绘图环境

参考项目9.3图层绘制,在"图层特性管理器"中建立中心线图层、粗实线、尺寸标注图层,并设置相应的颜色、线型和线宽,如果已经有成形的样板图,可直接调出一张A4样板图,另存为文件名"吊钩",保存类型为".dwg",该项目图层参数设置如下表所示。

| 名　称 | 颜　色 | 线　型 | 线　宽 |
| --- | --- | --- | --- |
| 粗实线 | 白色 | Continuous | 0.5 |
| 中心线层 | 红色 | CENTER | 默认 |
| 尺寸标注层 | 绿色 | Continuous | 默认 |

### 2.建立图形绘制基准和参考

(1)单击"绘图"工具栏中的"直线"工具 按钮。

(2)命令:_line 指定第一点:用鼠标在屏幕上随机指定一点 a,同时打开正交按钮＜正交开＞。

(3)指定下一点或［放弃(U)］:指定中心线的另外一点 b,确定一条水平线段。

(4)连续单击2次空格键,利用上述相同的方式,建立一条竖直线 cd,与 ab 相交于点1,如图10-39所示。

命令:↵　※回车,结束指令操作。

(1)单击"修改"→"偏移"按钮。

(2)确定偏移距离或［通过(T)/删除(E)/图层(L)］＜通过＞:输入"9"。

(3)选择要偏移的对象,或［退出(E)/放弃(U)］＜退出＞:点选线段 cd。

(4)指定要偏移的那一侧上的点,或［退出(E)/多个(M)/放弃(U)］＜退出＞:在 cd 线段右侧任意一位置点选,得一偏移直线与水平线 ab 相交于交点2。

命令:↵　※回车,结束指令操作;

(1)单击"修改"→"偏移"按钮。

(2)确定偏移距离或［通过(T)/删除(E)/图层(L)］＜9＞:　输入"62"。

(3)选择要偏移的对象,或［退出(E)/放弃(U)］＜退出＞:点选线段 cd。

(4)指定要偏移的那一侧上的点,或［退出(E)/多个(M)/放弃(U)］＜退出＞:在 cd 线段左侧任意一位置点选。

命令:↵　※回车,结束指令操作。

(1)单击"修改"→"偏移"按钮。

(2)确定偏移距离或［通过(T)/删除(E)/图层(L)］＜62＞:输入"15"。

(3)选择要偏移的对象,或［退出(E)/放弃(U)］＜退出＞:点选线段 ab。

(4)指定要偏移的那一侧上的点,或［退出(E)/多个(M)/放弃(U)］＜退出＞:在 ab 线段下侧任意一位置点选。

命令:↵　※回车,结束指令操作。

(1)单击"绘图"→"圆"→"圆心、半径"按钮。

(2)指定圆的圆心或［三点(3P)/两点(2P)/切点、切点、半径(T)］:捕捉点1。

(3)指定圆的半径或［直径(D)］:输入"60",建立绘图辅助圆,与水平偏移直线相交于交点4。

(4)指定圆的圆心或［三点(3P)/两点(2P)/切点、切点、半径(T)］：＊取消＊　※按【Esc】键,强制性结束当前命令的执行,如图10-40所示。

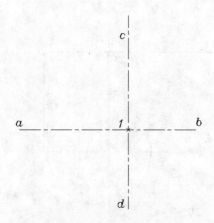

图 10-39　绘制中心线

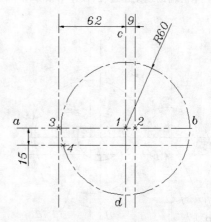

图 10-40　确定已知圆弧圆心 2、3、4

## 3.绘制轮廓线及相关辅助线

单击"图层"工具栏中的"图层列表"下拉按钮,将"粗实线层"设定为当前层,绘制相关轮廓线,具体如下。

绘制已知圆弧 $\phi40$,$R48$,$R23$,$R40$：

(1)单击"绘图"→"圆"→"圆心、半径"按钮。

(2)指定圆的圆心或［三点(3P)/两点(2P)/切点、切点、半径(T)］:捕捉点 1。

(3)指定圆的半径或［直径(D)］:输入 20(默认半径),建立以点 1 为基准点、直径为 40 的基准圆。

命令:↵　※回车,结束指令操作。

(1)单击"绘图"→"圆"→"圆心、半径"按钮。

(2)指定圆的圆心或［三点(3P)/两点(2P)/切点、切点、半径(T)］:捕捉点 2。

(3)指定圆的半径或［直径(D)］:输入"48"(默认半径)。

命令:↵　※回车,结束指令操作。

(1)单击"绘图"→"圆"→"圆心、半径"按钮。

(2)指定圆的圆心或［三点(3P)/两点(2P)/切点、切点、半径(T)］:捕捉点 3。

(3)指定圆的半径或［直径(D)］:输入"23"(默认半径)。

命令:↵　※回车,结束指令操作。

(1)单击"绘图"→"圆"→"圆心、半径"按钮。

(2)指定圆的圆心或［三点(3P)/两点(2P)/切点、切点、半径(T)］:捕捉点 4。

(3)指定圆的半径或［直径(D)］:输入"40"(默认半径)。

命令:↵　※回车,结束指令操作。

操作结果如图10-41所示。

完善辅助线绘制：

(1)单击"修改"→"删除"按钮。

(2)选择对象:选择上述所绘制的辅助圆和三条偏移直线。

(3)选择对象:按【Esc】键结束删除操作。

(4)然后再"偏移"复制出距离分别为15、15、90的3条辅助线,具体过程参考步骤"完善辅助线绘制"中的辅助线创建过程,操作结果如图10-42所示。

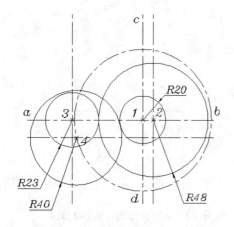

图 10-41　绘制已知圆弧的辅助圆　　　　图 10-42　"偏移"复制出3条辅助直线

绘制连接圆弧 $R4$,$R60$,$R40$:

本过程采用2种方法来绘制,具体如下:

方法一　用 TTR 方式绘制连接圆弧。

(1)单击"绘图"→"圆"→"相切、相切、半径"按钮。

(2)指定对象与圆的第一个切点:点选 $R23$ 圆弧。

(3)指定对象与圆的第二个切点:点选 $R40$ 圆弧。

(4)指定圆的半径 <0.0000>:输入半径 4。

命令:↵　※回车,结束指令操作。

(1)单击"绘图"→"圆"→"相切、相切、半径"按钮。

(2)指定对象与圆的第一个切点:点选图中左偏移直线。

(3)指定对象与圆的第二个切点:点选图中 $R20$ 圆弧。

(4)指定圆的半径 <4.0000>:输入半径 60。

命令:↵　※回车,结束指令操作。

(1)单击"绘图"→"圆"→"相切、相切、半径"按钮。

(2)指定对象与圆的第一个切点:点选图中右偏移直线。

(3)指定对象与圆的第二个切点:点选图中 $R48$ 圆弧。

(4)指定圆的半径 <60.0000>:输入半径 40,结果如图10-43所示。

命令:↵　※回车,结束指令操作。

将图中其他不要的圆弧部分剪删。

(1)单击"修改"→"修剪"按钮。

(2)选择剪切边。

(3)选择对象或 <全部选择>:指定对角点:共找到 9 个。

(4)选择要修剪的对象,或按住【Shift】键选择要延伸的对象,或[栏选(F)/窗交(C)/投影(P)/边(E)/删除(R)/放弃(U)]:选择不需要的部分。

(5)选择要修剪的对象,或按住【Shift】键选择要延伸的对象,或[栏选(F)/窗交(C)/投影(P)/

边(E)/删除(R)/放弃(U)]。

命令：↵　※回车，结束指令操作。

(1)单击"修改"→"删除"按钮。

(2)选择对象：选择删除选段，结果如图10-44所示。

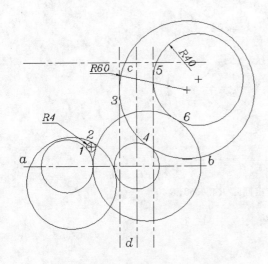

图10-43　绘制连接圆弧 $R4$, $R60$, $R40$

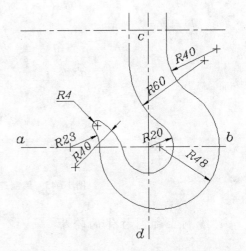

图10-44　修剪连接圆弧 $R4$, $R60$, $R40$

**方法二**　利用 AutoCAD 的"圆角"功能。

(1)单击"修改"→"圆角"按钮。

(2)当前设置：模式 = 修剪，半径 = 0.0000。

(3)选择第一个对象或［多段线(P)/半径(R)/修剪(T)/多个(U)］：输入"R"。

(4)指定圆角半径 ＜0.0000＞：输入"4"。

(5)选择第一个对象或［多段线(P)/半径(R)/修剪(T)/多个(U)］：点选 $R23$ 圆弧。

(6)选择第二个对象：点选 $R40$ 圆弧。

命令：↵　※回车，结束指令操作。

(1)单击"修改"→"圆角"按钮。

(2)当前设置：模式 = 修剪，半径 = 4.0000。

(3)选择第一个对象或［多段线(P)/半径(R)/修剪(T)/多个(U)］：输入"R"。

(4)指定圆角半径 ＜4.0000＞：输人"60"。

(5)选择第一个对象或［多段线(P)/半径(R)/修剪(T)/多个(U)］：点选左偏移直线。

(6)选择第二个对象：点选 $R20$ 圆弧。

同理，绘制连接圆弧 $R40$，结果如图10-45所示。

将图中其他不要的圆弧部分剪掉。

(1)单击"修改"→"修剪"按钮。

(2)选择剪切边。

(3)选择对象或 ＜全部选择＞：指定对角点：共找到 7 个。

(4)选择要修剪的对象，或按住【Shift】键选择要延伸的对象，或［栏选(F)/窗交(C)/投影(P)/边(E)/删除(R)/放弃(U)］：选择不需要的部分。

(5)选择要修剪的对象,或按住【Shift】键选择要延伸的对象,或[栏选(F)/窗交(C)/投影(P)/边(E)/删除(R)/放弃(U)]:按回车键,结束指令操作;结果如图10-45所示。

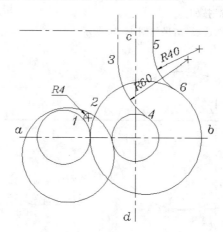

图 10-45　绘制连接圆弧 $R4, R60, R40$

## 4.绘制上部圆柱体的轮廓

(1)单击"修改"→"偏移"按钮。

(2)确定偏移距离或[通过(T)/删除(E)/图层(L)]<15>:输入"11.5"。

(3)选择要偏移的对象,或[退出(E)/放弃(U)]<退出>:点选线段 cd。

(4)指定要偏移的那一侧上的点,或[退出(E)/多个(M)/放弃(U)]<退出>:在 cd 线段左右两侧的任意一位置点选。

命令:↵　※回车,结束指令操作。

(1)单击"修改"→"偏移"按钮。

(2)确定偏移距离或[通过(T)/删除(E)/图层(L)]<11.5>:输入"33"。

(3)选择要偏移的对象,或[退出(E)/放弃(U)]<退出>:点选图10-46最上端水平点画线。

(4)指定要偏移的那一侧上的点,或[退出(E)/多个(M)/放弃(U)]<退出>:在该线段上侧的任意一位置点选。

命令:↵　※回车,结束指令操作。

(1)单击"修改"→"偏移"按钮。

(2)确定偏移距离或[通过(T)/删除(E)/图层(L)]<33>:输入"16"。

(3)选择要偏移的对象,或[退出(E)/放弃(U)]<退出>:点选刚才偏移出的点画线。

(4)指定要偏移的那一侧上的点,或[退出(E)/多个(M)/放弃(U)]<退出>:在该线段下侧的任意一位置点选;该点画线与 cd 的交点即为 φ10 圆的圆心。

命令:↵　※回车,结束指令操作。

绘制 φ10 的圆弧,合理设置各直线的长度,结果如图10-46所示,利用"修剪"和"删除"工具完成多余线条的修剪,结果如图10-47所示。

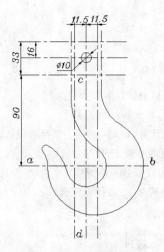

图 10-46　绘制上部轮廓

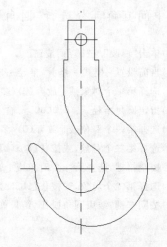

图 10-47　修整图形

## 5.对上端进行"倒角"处理

(1)单击"修改"→"倒角"按钮。

(2)("修剪"模式)当前倒角距离 1 = 10.0000,距离 2 = 10.0000。

(3)选择第一条直线或〔放弃(U)/多段线(P)/距离(D)/角度(A)/修剪(T)/方式(E)/多个(M)〕:a。

(4)指定第一条直线的倒角长度 <20.0000>:2。

(5)指定第一条直线的倒角角度 <0>:45。

(6)选择第一条直线或〔放弃(U)/多段线(P)/距离(D)/角度(A)/修剪(T)/方式(E)/多个(M)〕:选择对应边。

(7)选择第二条直线,或按住【Shift】键选择要应用角点的直线:选择对应边。

(8)按空格键,选择第一条直线或〔放弃(U)/多段线(P)/距离(D)/角度(A)/修剪(T)/方式(E)/多个(M)〕:选择对应边。

(9)选择第二条直线,或按住【Shift】键选择要应用角点的直线:选择对应边。

(10)按回车键,结束倒角操作,结果如图 10-48 所示。

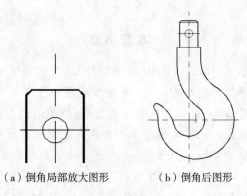

（a）倒角局部放大图形　　　　（b）倒角后图形

图 10-48　倒角图形

## 6.对中间直角部分进行"圆角"处理

(1)单击"修改"→"圆角"按钮。

(2)当前设置：模式＝修剪，半径＝10.0000。

(3)选择第一个对象或［放弃(U)/多段线(P)/半径(R)/修剪(T)/多个(M)］:R。

(4)指定圆角半径＜10.0000＞:输入 3.5。

(5)选择第一个对象或［放弃(U)/多段线(P)/半径(R)/修剪(T)/多个(M)］:选择对应边。

(6)选择第二个对象,或按住【Shift】键选择要应用角点的对象:选择对应边。

(7)按空格键,选择第一个对象或［放弃(U)/多段线(P)/半径(R)/修剪(T)/多个(M)］:选择对应边。

(8)选择第二个对象,或按住【Shift】键选择要应用角点的对象:选择对应边。

(9)按回车键,结束圆角操作,结果如图 10-49 所示。

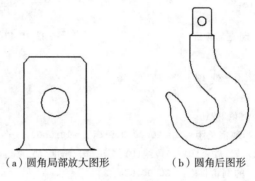

（a）圆角局部放大图形　　　　（b）圆角后图形

**图 10-49　圆角图形**

## 7.标注尺寸

将标注层设置为当前层,用尺寸标注命令对图形进行尺寸标注,参见后面章节的相关内容(过程略)。

## 8.检查修改,填写标题栏,保存完成全图

## 本章小结

本项目主要介绍 AutoCAD 2010 的安装过程、基础操作以及工程图纸的二维图形的绘制和修改。在学习的过程中,要注意基本绘图命令与修改命令的灵活运用。通过该项目的综合应用可知,无论简单或复杂的图形,均是通过基本的绘图和修改命令的交替与重复操作来完成的,因此,掌握基本的操作命令就显得十分重要。项目最后通过实例操作综合介绍了绘图环境的设置、基本绘图命令、基本修改命令的具体应用与操作,为掌握 CAD 的基本知识和提升对知识的运用能力奠定了良好的基础。在以后学习的过程中,要按照循序渐进的方法,按各项目依次学习和掌握,并通过后面的习题加以强化。

# 第 *11* 章
# 文本标注和尺寸标注

**学习目标**

□ 了解 AutoCAD 2010 文本标注与尺寸标注的操作环境,能正确调用 AutoCAD 2010 文本标注与尺寸标注的命令。

□ 掌握 AutoCAD 2010 文本标注的基本操作。

□ 学会文字样式的设置方法、单行文字和多行文字命令的使用方法、特殊字符输入以及文字编辑修改的具体操作过程。

□ 熟悉 AutoCAD 2010 的尺寸标注操作环境。

□ 掌握 AutoCAD 2010 的尺寸标注样式创建。

□ 掌握线性、对齐、角度、基线、连续、半径、直径、引线、多重引线、尺寸公差、形位公差标注的具体操作过程。

□ 学会管理、编辑尺寸标注。

□ 掌握 AutoCAD 2010 标注二维图形的方法。

## 11.1 文本标注

### 11.1.1 项目内容

书写如图 11-1 所示的技术要求文字,字体设置为仿宋体,标题字高为 7,其余文字字高为 5,并将其保存在"E:/AutoCAD 项目"文件夹中,文件名为"11-1 文字.dwg"。

## 技 术 要 求

1. 调质处理$\phi 50^{-0.025}_{-0.050}$外圆硬度169-193HB;

2. 未注倒角$1 \times 45°$;

3. 未注公差按IT14。

**图 11-1 文 字**

## 11.1.2 相关知识

### 1.设置文字样式

工程图样中除了图形外,通常还包括很多文字。文字用于提供特殊的注释,诸如机械工程图形中的技术要求、标题栏的注写、装配说明、加工要求等。AutoCAD 提供了文字样式、单行文字和多行文字命令来完成向图形中添加文字。如果需要对文字进行修改,可通过AutoCAD 提供的编辑命令进行文字内容、格式和特性的修改。

文字样式用于控制图形中所使用文字的字体、字高、宽度系数等。缺省的文字样式名为"Standard",用户可以建立多个文字样式,但只能选择其中一个为当前样式。在绘制工程图时,应采用符合我国国家标准规定的中文字体。AutoCAD 使用的默认字体是 txt. shx,只有定义了中文字体如宋体、楷体或大字体中的 hztxt. shx 等字体文件,才能进行中文标注,否则将会出现乱码或问号。

**图 11-2　文字面板**

(1)文字样式命令调用。

① 功能区:"注释"→"文字"→"文字样式"。

② 菜单:"格式"→"文字样式"。

③ 工具栏:文字 ![图标]。

④ 命令条目:style。

文字面板如图 11-2 所示。文字面板选项功能见表 11-1。

**表 11-1　文字面板选项功能表**

| 选　项 | 功　能 |
| --- | --- |
| ![A 多行文字] | 创建多行文字 |
| A 多行文字 | 创建多行文字 |
| A 单行文字 | 创建单行文字 |
| ABC 拼写检查 | 拼写检查 |
| Standard ▼ | 文字样式 |
| 查找文字 | 查找文字 |
| 2.5 ▼ | 文字默认高度 |
| 文字 ▼<br>缩放<br>对正 | 缩放文字<br>对正文字 |
| | 文字样式 |

（2）文字样式对话框。单击图 11-2 文字面板文字右方的箭头 ，弹出【文字样式】对话框，如图 11-3 所示。【文字样式】对话框中的选项功能见表 11-2。

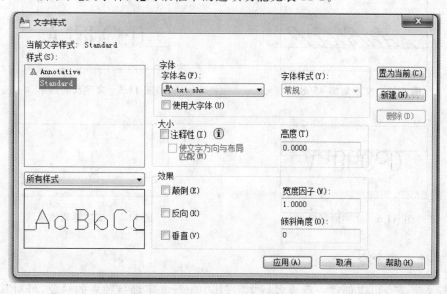

**图 11-3 【文字样式】对话框**

**表 11-2 文字样式选项功能表**

| 选 项 | 功 能 |
| --- | --- |
| 样式名 Standard | 设置样式名，该样式名为默认名，样式名称最长为 255 个字符。 |
| 字体名 txt.shx | 与字体相关联的文件（字符样式）。 |
| 字体样式 常规 | 设置字体样式，包括常规、粗体、斜体等。 |
| 置为当前 | 设置选定的样式为当前样式。 |
| 新建 | 设置新的文字样式。 |
| 删除 | 用于删除文字样式。 |
| 大字体 无 | 用于非 ASCII 字符集（例如日语汉字）的特殊形式定义文件。 |
| 注释性 无 | 设置文字为注释性，无则不设置。 |
| 高度 0 | 定义字符高度，高度为 0 则不设置高度。 |
| 宽度因子 1 | 扩展或压缩字符。 |
| 倾斜角度 0 | 设置倾斜字符，角度为 0 则文字不倾斜。 |
| 反向 否 | 设置反向文字，否为不反向文字。 |
| 颠倒 否 | 设置颠倒文字，否为不颠倒文字。 |
| 垂直 否 | 设置垂直文字，否为水平文字。 |

文字倾斜、文字反向、文字颠倒、文字垂直效果如图 11-4、11-5、11-6、11-7 所示。

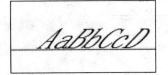

图 11-4　文字倾斜 45°效果

图 11-5　文字反向效果

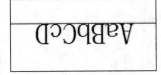

图 11-6　文字颠倒效果

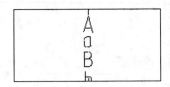

图 11-7　文字垂直效果

### 2. 单行文字命令

单行文字命令可以创建一行或多行文字,其中每行文字都是独立的对象,可对其进行重定位、调整格式或进行其他修改。创建单行文字时,要指定文字样式并设置对齐方式。创建文字时,通过在"输入样式名"提示下输入样式名来指定现有样式。文字样式设置文字对象的默认特征。对齐决定字符的哪一部分与插入点对齐。

(1)单行文字命令调用。

① 功能区:"注释"→"文字"→"多行文字"→"单行文字"按钮 **A**。

② 菜单:"绘图"→"文字"→"单行文字"。

③ 命令条目:text。

(2)单行文字命令选项。调用单行文字命令之后,命令行会显示当前文字样式、当前文字高度和当前注释性提示信息。单行文字选项功能见表 11-3。

表 11-3　单行文字选项功能表

| 选　项 | 功　能 |
|---|---|
| 起点 | 指定文字的起点,用鼠标在屏幕中的合适位置点击。 |
| 高度 | 指定文字的高度,输入高度值按【Enter】键。 |
| 旋转角度 | 指定文字的旋转角度,输入角度值按【Enter】键。 |
| 文字内容 | 输入文字按【Enter】键,绘图区显示输入的文字内容。 |
| 对正(j) | 输入"j"按【Enter】键,设置文字的对正方式,共有 14 种方式。 |
| 样式(s) | 输入"s"按【Enter】键,设置文字的样式。 |
| ? | 输入"?"按【Enter】键,将列出文字样式、关联的字体文件、字体高度及其他参数。 |

(3)对正方式。文字的对正方式有多种,系统提供了对齐(A)、调整(F)、中心(C)、中间(M)、右(R)、左上(TL)、中上(TC)、右上(TR)、左中(ML)、正中(MC)、右中(MR)、左下

（BL）、中下（BC）、右下（BR）等 14 种方式。对正方式选项功能见表 11-4。

表 11-4　对正方式选项功能表

| 选 项 | 功 能 |
|---|---|
| 对齐（A） | 通过指定基线端点来指定文字的高度和方向。 |
| 调整（F） | 指定文字按照由两点定义的方向和一个高度值布满一个区域。只适用于水平方向的文字。 |
| 中心（C） | 从基线的水平中心对齐文字,此基线是由用户给出的点指定的。 |
| 中间（M） | 文字在基线的水平中点和指定高度的垂直中点上对齐。中间对齐的文字不保持在基线上。 |
| 右（R） | 在由用户给出的点指定的基线上右对正文字。 |
| 左上（TL） | 在指定为文字顶点的点上左对正文字。只适用于水平方向的文字。 |
| 中上（TC） | 以指定为文字顶点的点居中对正文字。只适用于水平方向的文字。 |
| 右上（TR） | 以指定文字顶点的点右对正文字。只适用于水平方向的文字。 |
| 左中（ML） | 在指定为文字中间点的点上靠左对正文字。只适用于水平方向的文字。 |
| 正中（MC） | 在文字的中央水平和垂直居中对正文字。只适用于水平方向的文字。 |
| 右中（MR） | 以指定为文字的中间点的点右对正文字。只适用于水平方向的文字。 |
| 左下（BL） | 以指定为基线的点左对正文字。只适用于水平方向的文字。 |
| 中下（BC） | 以指定为基线的点居中对正文字。只适用于水平方向的文字。 |
| 右下（BR） | 以指定为基线的点靠右对正文字。只适用于水平方向的文字。 |

文字对正方式如图 11-8 所示。

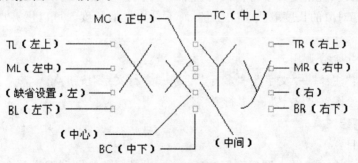

图 11-8　文字对正方式

（4）编辑单行文字。对单行文字的编辑主要包括两个方面:修改文字特性和文字内容。如果只需要修改文字的内容而无需修改文字对象的格式或特性,则使用 DDEDIT。如果要修改内容、文字样式、位置、方向、大小、对正和其他特性,则使用 PROPERTIES。文字对象还具有夹点,可用于移动、缩放和旋转文字。可以直接双击文字进行文字内容的修改,可以在"特性"选项板中修改文字特性。

将文字"修改技术"改为"技术要求"的常用方法如下:

方法一:双击单行文字对象"修改技术",在在位编辑器中输入新文字"技术要求",按【Enter】键,选择要编辑的另一个文字对象,或者按【Enter】键结束命令。

方法二：鼠标单击文字"修改技术"，在文字旁弹出快捷特性选项板，如图 11-9 所示。在选项板中内容一栏选中"修改技术"，键盘输入文字"技术要求"，在绘图区空白处点击，即完成文字修改，如图 11-10 所示。按【Esc】键取消夹点，同时关闭快捷特性选项板。

在快捷特性选项板中还可以修改文字特性，如文字样式、高度、对正、图层和其他特性等。

图 11-9　文字编辑一

图 11-10　文字编辑二

### 3.多行文字命令

多行文字命令可以创建较为复杂的文字说明，如图样的技术要求、装配说明、加工要求等。多行文字中的各行文字作为一个整体处理。在 AutoCAD 中，多行文字是通过多行文字编辑器来完成的。多行文字编辑器包括一个"文字格式"工具栏和一个文字输入编辑窗口。输入文字之前，应指定文字边框的对角点。文字边框用于定义多行文字对象中段落的宽度。多行文字对象的长度取决于文字量，而不是边框的长度。可以用夹点移动或旋转多行文字对象。

（1）多行文字命令调用。

① 功能区："注释"→"文字"→"多行文字"→"多行文字"按钮 A。

② 菜单："绘图"→"文字"→"多行文字"。

③ 工具栏：绘图 A。

④ 命令条目：mtext。

（2）多行文字命令选项。调用多行文字命令，用鼠标在绘图区选择两个角点，在屏幕上显示出多行文字输入的区域，同时弹出文字编辑器，如图 11-11 所示，文字格式工具栏如图 11-12 所示，点击"符号"按钮 @ ▼，弹出符号列表，如图 11-13 所示，文字编辑窗口如图 11-14 所示。文字编辑器选项功能见表 11-5，文字格式工具栏按钮功能见表 11-6。

图 11-11　文字编辑器

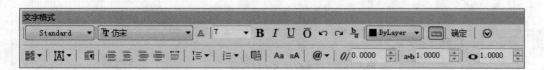

**图 11-12 文字格式工具栏**

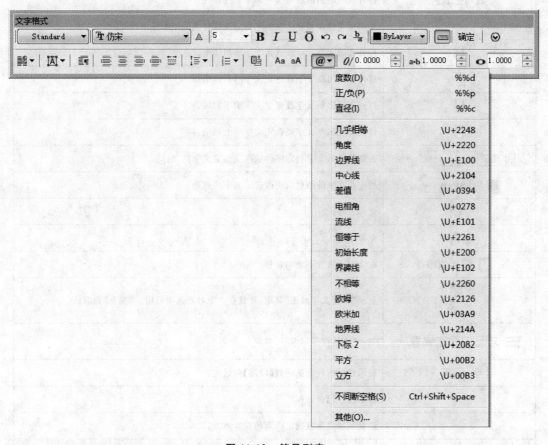

**图 11-13 符号列表**

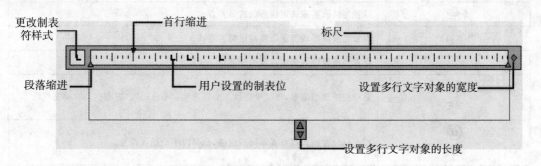

**图 11-14 文字编辑窗口**

**表 11-5　文字编辑器选项功能**

| 选　项 | 功　能 |
|---|---|
| AaBbCcD　AaBbCcD　Ａ Annota...　Standard | 向多行文字对象应用文字样式。 |
| Ａ 注释性 | 打开或关闭当前多行文字对象的注释性。 |
| 2.5 | 按图形单位设置新文字的字符高度或修改选定文字的高度。 |
| **B** | 打开和关闭新文字或选定文字的粗体格式。 |
| *I* | 打开和关闭新文字或选定文字的斜体格式。 |
| U | 打开和关闭新文字或选定文字的下划线。 |
| Ō | 打开和关闭新文字或选定文字的上划线。 |
| Ｔｒ 仿宋 | 为新输入的文字指定字体或改变选定文字的字体。 |
| ByLayer | 指定新文字的颜色或更改选定文字的颜色。 |
| Aa | 全部大写。 |
| aA | 全部小写。 |
| Ａ 背景遮罩 | 在文字后放置不透明背景。 |
| Ａ 对正 | 显示"多行文字对正"菜单,并且有 9 个对齐选项可用。"左上"为默认。 |
| 项目符号和编号 ▾ | 显示"项目符号和编号"菜单。 |
| 行距 ▾ | 显示建议的行距选项或【段落】对话框。 |
| ≣¶ | 显示【段落】对话框。 |
| ≣ | 设置当前段落或选定段落的左对齐方式。 |
| ≣ | 设置当前段落或选定段落的居中对齐方式。 |
| ≣ | 设置当前段落或选定段落的右对齐方式。 |
| ≣ | 设置当前段落或选定段落对正对齐方式。 |
| ≣ | 设置当前段落或选定段落的分散对齐方式。 |
| 分栏 ▾ | 显示栏弹出型菜单,该菜单提供 3 个栏选项:"不分栏"、"静态栏"和"动态栏"。 |
| @ 符号 | 在光标位置插入符号或不间断空格,也可以手动插入符号。 |
| 字段 | 显示【字段】对话框,从中可以选择要插入到文字中的字段。 |

续 表

| 选 项 | 功 能 |
|---|---|
| **ABC** ✓ 拼写检查 | 确定键入时拼写检查为打开还是关闭状态。默认情况下此选项为开。 |
| 编辑词典 | 指定已使用的特定语言的词典并自定义和管理多个自定义拼写词典。包含它们的文件带有一个".cus"文件扩展名。 |
| **ABC** 查找和替换 | 显示【查找和替换】对话框。搜索指定的文字字符串并用新文字进行替换。 |
| 标尺 | 在编辑器顶部显示标尺。拖动标尺末尾的箭头可更改多行文字对象的宽度。列模式处于活动状态时,还显示高度和列夹点。 |
| ↺ | 放弃在"多行文字"功能区上下文选项卡中执行的操作,包括对文字内容或文字格式的更改。也可以使用【Ctrl】+【Z】组合键。 |
| ↻ | 重做在"多行文字"功能区上下文选项卡中执行的操作,包括对文字内容或文字格式所做的更改。也可以使用【Ctrl】+【Y】组合键。 |
| **✕** 关闭文字编辑器 | 结束 mtext 命令并关闭"多行文字"功能区上下文选项卡。 |

**表 11-6  文字格式工具栏按钮功能表**

| 按 钮 | 功 能 |
|---|---|
| Standard ▼ | 样式名 |
| **T**仿宋 ▼ | 字体 |
| ▲ | 注释性 |
| 7 ▼ | 字高 |
| **B** | 粗体 |
| *I* | 斜体 |
| U̲ | 下划线 |
| Ō | 上划线 |
| ↺ | 放弃 |
| ↻ | 重做 |
| ᵇₐ | 堆叠,生成堆叠文字 |
| ■ ByLayer ▼ | 颜色 |
| 标尺 | 标尺 |
| 确定 | 确定 |
| ⊙ | 选项 |

| 按　钮 | 功　能 |
|---|---|
| 譜 ▾ | 栏数 |
| [A] ▾ | 多行文字对正 |
| 段 | 段落 |
| 左对齐图标 | 左对齐 |
| 居中图标 | 居中 |
| 右对齐图标 | 右对齐 |
| 对正图标 | 对正 |
| 分布图标 | 分布 |
| ↕≡ ▾ | 行距 |
| 编号图标 | 编号 |
| Aa | 全部大写 |
| aA | 全部小写 |
| @ ▾ | 符号 |
| 0/ 0.0000 | 倾斜角度 |
| a·b 1.0000 | 追踪 |
| o 1.0000 | 宽度因子 |

　　除了在文字格式工具栏中点击"符号"按钮@ ▾进行输入特殊字符或符号外,我们还可以通过输入控制代码或 Unicode 字符串来完成特殊字符或符号的输入。Unicode 字符串和控制代码见表 11-7,文字符号和 Unicode 字符串见表 11-8。

**表 11-7　Unicode 字符串和控制代码表**

| Unicode 字符串和控制代码 | | |
|---|---|---|
| 控制代码 | Unicode 字符串 | 结　果 |
| %%d | \U+00B0 | 度符号(°) |
| %%p | \U+00B1 | 公差符号(±) |
| %%c | \U+2205 | 直径符号($\varphi$) |

**表 11-8　文字符号和 Unicode 字符串表**

| 文字符号和 Unicode 字符串 | | |
|---|---|---|
| 名　称 | 符　号 | Unicode 字符串 |
| 几乎相等 | ≈ | \U+2248 |
| 角度 | ∠ | \U+2220 |
| 恒等于 | ≡ | \U+2261 |
| 不相等 | ≠ | \U+2260 |
| 欧姆 | Ω | \U+2126 |
| 下标 2 | 2 | \U+2082 |
| 平方 | 2 | \U+00B2 |
| 立方 | 3 | \U+00B3 |

（3）特殊字符输入。在输入文字时，用户除了要输入汉字、英文字符外，还可能经常需要输入诸如"Φ、°、Ω、×"等特殊符号，以"×"为例说明操作步骤。一种是借助 Windows 系统提供的软键盘，其具体操作步骤如下。

① 选择某种汉字输入法，如 **S** "搜狗拼音输入法"，打开输入法提示条。

② 单击输入法提示条中的软键盘图标 **Ⅲ**，打开软键盘列表，点击 Ω 特殊符号 Ctrl+Shift+Z ，弹出如图 11-15 所示对话框。

③ 对话框中选中某种输入，如"数学/单位"，单击要输入的符号"×"即可。

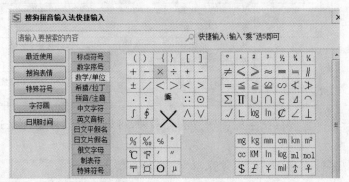

**图 11-15 【搜狗拼音输入法快捷输入】对话框**

另一种是使用字符映射，其具体操作步骤如下。

① 在文字格式工具栏中点击"符号"按钮 @ ▼，弹出符号列表如图 11-13 所示。

② 在符号列表中选择"其他…"选项，弹出字符映射表，如图 11-16 所示。

③ 在表中字体栏选择"仿宋"，找到乘号"×"，点击"选择"按钮，再点击"复制"按钮即可。结果如图 11-16 所示。

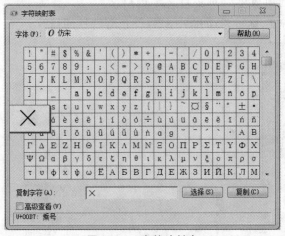

**图 11-16 字符映射表**

（4）堆叠文字。在文字的创建过程中经常会遇到" $\frac{1}{5}$ "、"6/7"、尤其是尺寸公差的标注如

" $ø50^{-0.025}_{-0.050}$ "的形式，用前面的方法都无法标注出文字，我们需要创建堆叠文字。堆叠类型、堆叠符号与堆叠样例见表 11-9。创建堆叠文字时要注意堆叠符号的使用，按照表 11-9 中的格式先输入，然后选中需要堆叠的文字，再点击堆叠按钮 **ᵇ/ₐ**，完成文字的堆叠。堆叠符号"^"输

入时需在键盘上同时按住【Shift】键和数字【6】键，堆叠符号"♯"输入时需在键盘上同时按住【Shift】键和数字【3】键。

表 11-9　堆叠文字

| 堆叠类型 | 堆叠符号 | 堆叠样例 | 堆叠过程与结果 |
|---|---|---|---|
| 有分数线水平堆叠 | / | $\dfrac{1}{5}$ | 从左至右依次输入"1/5"，再选中"1/5"，单击堆叠按钮""，结果如"$\dfrac{1}{5}$"。 |
| 无分数线水平堆叠 | ^ | $ø50^{-0.025}_{-0.050}$ | 从左至右依次输入"ø50−0.025^−0.050"，再选中"−0.025^−0.050"，单击堆叠按钮""，结果如"$ø50^{-0.025}_{-0.050}$"。 |
| | | $ø50^{+0.025}_{0}$ | 从左至右依次输入"ø50+0.025^空格0"，再选中"+0.025^空格0"，单击堆叠按钮""，结果如"$ø50^{+0.025}_{0}$"。 |
| | | $ø50^{0}_{-0.025}$ | 从左至右依次输入"ø50 空格0^−0.025"，再选中"空格0^−0.025"，单击堆叠按钮""，结果如"$ø50^{0}_{-0.025}$"。 |
| 斜分数堆叠 | ♯ | 6/7 | 从左至右依次输入"6♯7"，再选中"6♯7"，单击堆叠按钮""，结果如"6/7"。 |

（5）编辑多行文字。多行文字的编辑方法有多种，可以根据具体情况来选择使用何种编辑方法。

① 可以单击多行文字，在文字旁弹出"快捷特性"选项板，如图 11-17 所示。在快捷特性选项板中可以修改文字内容、文字样式、高度、对正、图层、注释性、旋转等。按【Esc】键取消夹点，同时关闭快捷特性选项板。

② 可以使用"特性"选项板，如图 11-18 所示，先选中多行文字，点击右键，在弹出的快捷菜单中选择"特性"，打开"特性"选项板可以对多行文字进行文字内容、样式、对正、高度、旋转、行间距、图层、颜色等特性的修改。

图 11-17　"快捷特性"选项板

图 11-18　"特性"选项板

图 11-19　"夹点"快捷菜单

③ 可以直接双击文字打开多行在位文字编辑器(如图11-11所示)、文字格式工具栏(如图11-12所示)和文字编辑窗口(如图11-14所示),进行文字内容和文字样式、段落、对正、行距、堆叠、编号、插入字段等的修改。

④ 利用多行文字夹点来进行编辑。单击多行文字出现夹点,单击夹点后右击弹出快捷菜单,如图11-19所示。利用夹点可进行移动、镜像、旋转、缩放、拉伸、复制文字等操作,利用特性来编辑修改多行文字。按【Esc】键取消夹点。

### 11.1.3 项目实施

#### 1.项目分析

本项目为文字输入,完成技术要求内容的输入。技术要求内容中包含汉字、数字、字母、特殊字符和符号及堆叠文字。本项目应采用多行文字命令来完成。文字输入时注意设置文字格式,汉字输入时应选择中文输入方式,堆叠文字输入时注意堆叠符号的使用,应先选中要堆叠的文字,再按堆叠符号进行堆叠。

#### 2.绘制过程

(1)调用多行文字命令。点击"注释"→"文字"→"多行文字"→"多行文字"按钮 **A**,如图11-20所示。

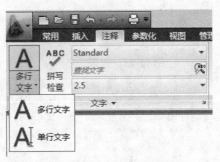

图 11-20　多行文字调用

(2)多行文字输入界面。用鼠标在绘图区选择两个角点,在屏幕上显示出多行文字输入的区域,同时弹出包含文字编辑器、文字格式工具栏和文字编辑窗口的多行文字输入界面,如图11-21所示。

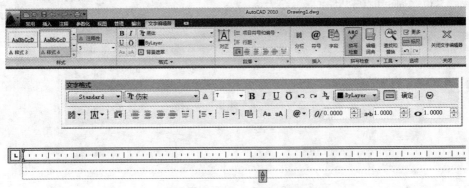

图 11-21　多行文字输入界面

（3）设置中文输入方式。本例选择"中文（简体）搜狗拼音输入法"，如图11-22所示。

（4）设置文字格式。样式为默认样式"Standard"，字体设为"T 仿宋"，字高"7"，其余为默认选项。

（5）输入文字。在文字编辑窗口内输入"技术要求"，敲回车键，如图11-23所示。接着输入"1. 调质处理"后点击文字格式工具栏中"符号"按钮@▼，弹出符号列表，如图11-24所示。选择"直径％％C"得到特殊字符"φ"。继续输入数字"50－0.025^－0.050"，其中"^"为堆叠符号，用来创建垂直对齐的文字或分数。在键盘上同时按住【Shift】键和数字【6】键显示"^"，如图11-25所示。选中"－0.025^－0.050"，如图11-26所示，点击文字格式工具栏中堆叠按钮♭ₐ，堆叠效果如图11-27所示。

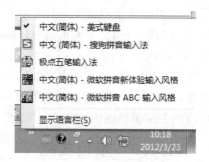

图11-22　中文输入方式

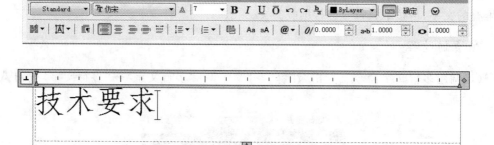

图11-23　输入文字一

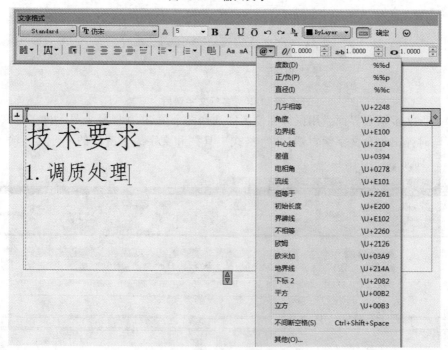

图11-24　符号列表

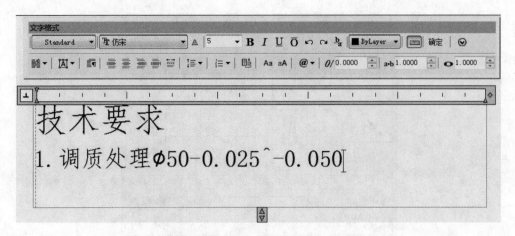

**图 11-25 输入文字二**

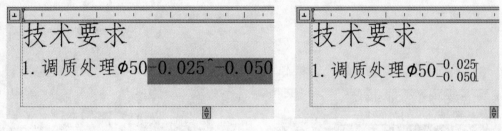

**图 11-26 输入文字三**        **图 11-27 堆叠文字**

继续输入"外圆硬度 169－193HB;",然后敲回车键,输入"2.未注倒角 1",如图 11-28 所示。选择图 11-24 符号列表中的"其他…"弹出字符映射表,如图 11-29 所示。字体选择"仿宋",找到乘号"×",点击"选择"按钮,再点击"复制"按钮即可。或者在中文输入方式中点击软件盘 ,点击 Ω 特殊符号 Ctrl+Shift+Z,弹出【搜狗拼音输入法快捷输入】对话框,如图 11-30 所示,选择"数学/单位",在右边列表中点击乘号"×",点击右上角按钮【×】,关闭对话框。本例选择搜狗拼音。接着输入"45",输入结果如图 11-31 所示。点击文字格式工具栏中"符号"按钮@▼,在弹出的下拉菜单中选择"度数％％d",得到特殊字符"°",接着输入";",然后敲回车键,最后输入"3.未注公差按 IT14。"输入结果如图 11-32 所示。

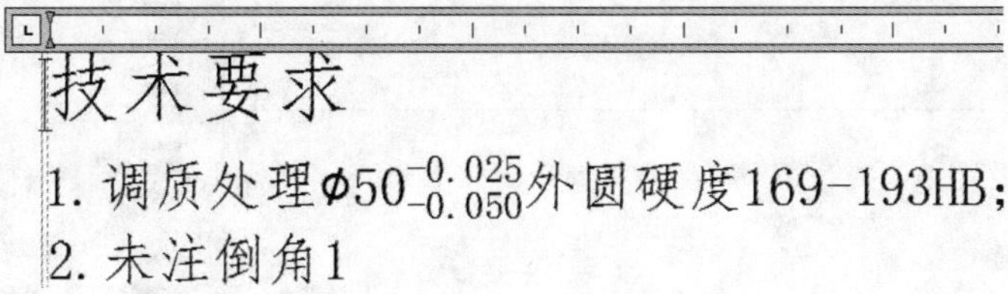

技术要求

1. 调质处理$\phi 50^{-0.025}_{-0.050}$外圆硬度169－193HB;

2. 未注倒角1

**图 11-28 输入文字四**

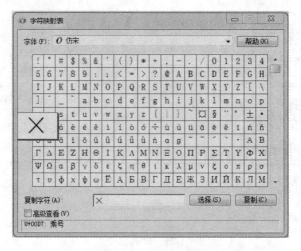

图 11-29　字符映射表

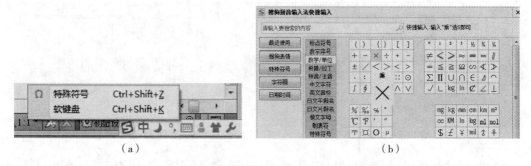

（a）　　　　　　　　　　　　　　（b）

图 11-30　【搜狗拼音输入法快捷输入】对话框

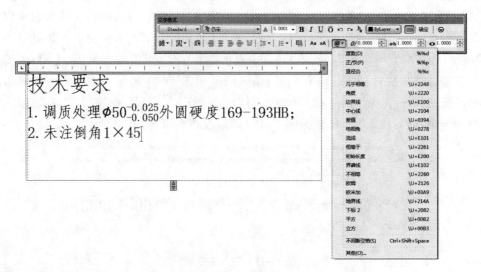

图 11-31　文字输入五

（6）对齐文字。选中"技术要求"，点击文字格式工具栏中居中按钮▤，如图 11-33 所示，点击确定按钮**确定**，同时关闭文字编辑器、文字格式工具栏和文字编辑窗口。最终输入结果如图 11-34 所示。

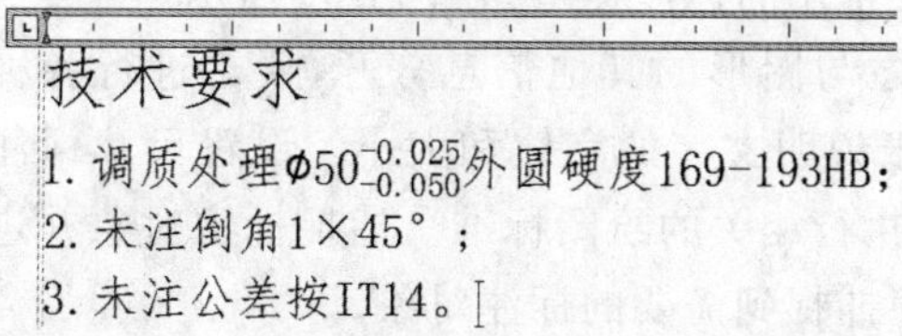

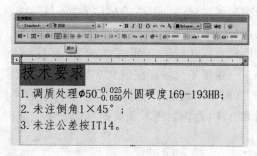

技术要求
1.调质处理$\phi50^{-0.025}_{-0.050}$外圆硬度169-193HB;
2.未注倒角1×45°;
3.未注公差按IT14。

图 11-32　文字输入六

技术要求
1.调质处理$\phi50^{-0.025}_{-0.050}$外圆硬度169-193HB;
2.未注倒角1×45°;
3.未注公差按IT14。

图 11-33　文字对齐

技术要求
1.调质处理$\phi50^{-0.025}_{-0.050}$外圆硬度169-193HB;
2.未注倒角1×45°;
3.未注公差按IT14。

图 11-34　文字输入完成图

# 11.2　尺寸标注

## 11.2.1　项目内容

绘制如图 11-35 所示的图形，并完成尺寸标注。将其保存在"E:/AutoCAD 项目"文件夹中，文件名为"11－2 尺寸标注.dwg"。

100
50
150°
$\phi$40
A
R8
90°
50
25
$\phi20^{+0.006}_{-0.015}$
0.03
A
40
35
20
15

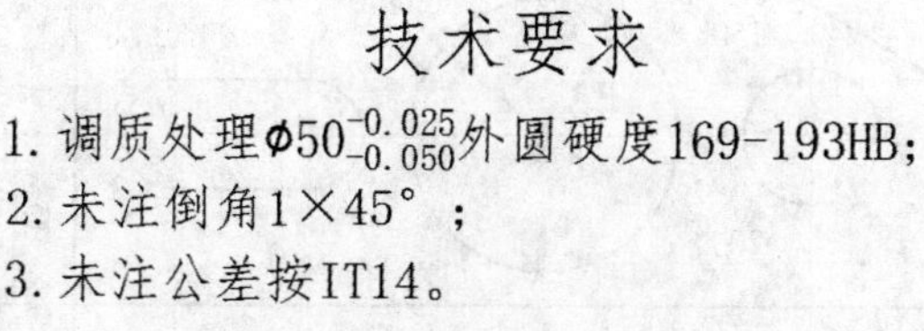

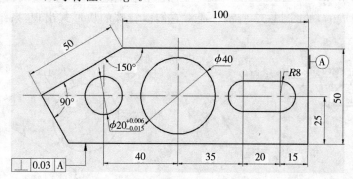

图 11-35　平面图形尺寸标注

## 11.2.2　相关知识

### 1. 尺寸标注概述

尺寸标注是零件制造、建筑施工和零部件装配的重要依据。尺寸标注描述了机械图、建筑图等各类图形中物体各部分的实际大小和相对位置关系，是工程图样中必不可少的内容。

使用 AutoCAD 的尺寸标注工具可以为图形添加尺寸注释、公差符号,可以为各种对象沿各个方向创建标注。基本的标注类型包括:线性、径向(半径、直径和折弯)、角度、坐标、弧长。线性标注可以是水平、垂直、对齐、基线或连续。常用的标注类型如图 11-36 所示。

尺寸标注操作步骤。建立尺寸标注层,使之与图形的其他信息分开,便于进行各种操作。创建用于尺寸标注的文字样式,以便区别于说明文字的字体和大小。设置尺寸标注的样式,便于控制尺寸标注的格式和外观,有利于执行相关的绘图标准。捕捉标注对象并进行尺寸标注,合理利用对象捕捉有助于快捷准确地捕捉到需要的标注对象。

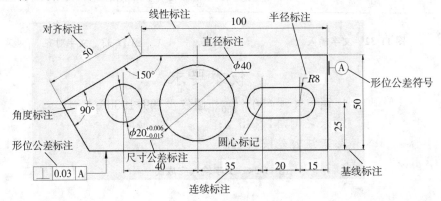

图 11-36　图形标注

尺寸标注的规则。AutoCAD 2010 尺寸标注时,首先应遵循国家制图标准有关尺寸注法的规定。图样中的尺寸如以毫米(mm)为单位时,则不需要标注计量单位的代号或名称。如采用其他单位,则必须注明相应的计量单位的代号或名称,如 50°(度)、120cm(厘米)。物体的每一尺寸,一般只标注一次,并应标注在反映物体形状结构最清晰的图形上。

尺寸标注的组成。在 AutoCAD 中,尺寸标注是由标注文字、尺寸线、箭头和尺寸界线等 4 个元素所组成的,如图 11-37 所示。通常它们以特殊的块形式出现,系统将它们作为一个整体来处理。

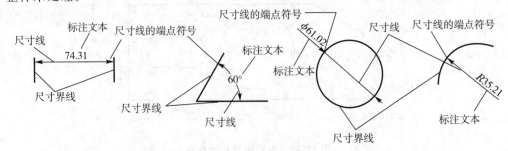

图 11-37　尺寸标注的组成

尺寸线的端点符号,即箭头,显示在尺寸线的末端,用于指出测量的开始和结束位置。AutoCAD 默认使用闭合的填充箭头符号。此外,AutoCAD 2010 还提供了多种箭头符号,以满足不同的行业需要,如建筑标记、小斜线箭头、点和斜杠等,用户也可以根据需要自定义箭头符号。

标注文字用于表明机件的实际测量值或者是通过用户已经修改过的非真实值。标注文字可以包含前缀、后缀和尺寸公差。标注文字应按标准字体书写,在同一张图纸上的字高要一致。标注文字不可被任何图线所通过,否则必须将该图线断开。如图线断开影响图形表达时,需调整尺寸标注的位置。

尺寸线用于表示标注的范围。尺寸线一般是一条带有双箭头的线段,尺寸线应使用细实线绘制。对于角度标注,尺寸线是一段圆弧。

尺寸界线(延伸线)可以从图形的轮廓线、轴线、对称中心线引出,同时,轮廓线、轴线及对称中心线也可以作为尺寸界线。尺寸界线应使用细实线绘制。尺寸界线一般垂直于尺寸线,但也可以将尺寸界线倾斜。

如果图形修改则尺寸文本会自动更新。

### 2.尺寸标注样式

尺寸标注是设计制图中一项十分重要的工作,图样中各图形元素的位置和大小要靠尺寸来确定。标注样式是尺寸标注对象的组成方式。诸如标注文字的位置和大小、箭头的形状等。设置尺寸标注样式可以控制尺寸标注的格式和外观,设置过程中应按照机械制图的国家标准设置相关参数。

(1)标注样式命令调用。

① 功能区:"注释"→"标注"→▣→标注样式。

② 菜单:"格式"→"标注样式"。

③ 工具栏:标注样式◢。

④ 命令条目:dimstyle。

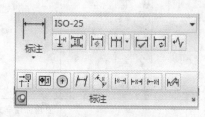

标注面板如图 11-38 所示。文字面板选项功能见表 11-10。

**图 11-38 标注面板**

表 11-10 标注面板选项功能表

| 选　项 | 功　能 |
| --- | --- |
| ISO-25 ▼ | 选择标注样式,使其成为当前标注样式 |
| ⊥ | 打断 |
| ⊡ | 调整间距 |
| ⟨⟩ | 快速标注 |
| ⊩⊩⊩ ▾ 连续 基线 | 创建连续与基线标注 |
| ☑ | 检验 |
| ⊡ | 更新 |
| ⋀ | 折弯标注 |
| ⊤ | 重新关联 |
| ⊞.1 | 创建形位公差 |
| ⊕ | 圆心标记 |

| 选 项 | 功 能 |
|---|---|
| 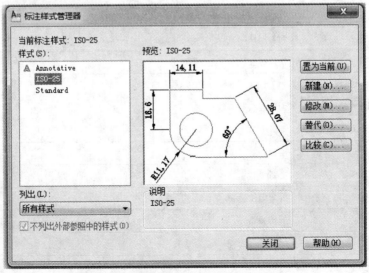 | 倾斜 |
| | 文字角度 |
| | 左对正 |
| | 居中 |
| | 右对正 |
| | 替代 |
| 标注 线性 对齐 角度 弧长 半径 直径 折弯 坐标 | 创建各种尺寸标注,有线性、对齐、角度、弧长、半径、直径、折弯和坐标标注 |
| | 创建标注样式 |

（2）标注样式管理器。单击图 11-38 标注面板标注右方的箭头，弹出【标注样式管理器】对话框（ISO－25），如图 11-39 所示，【标注样式管理器】对话框（ISO－25）中的选项功能见表 11-11；标注样式 Annotative 对话框如图 11-40 所示；标注样式 Standard 对话框如图 11-41 所示。三者对话框选项相同。

**图 11-39 【标注样式管理器】对话框**

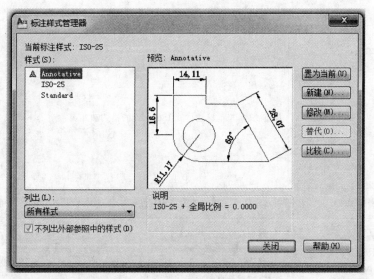

**图 11-40  标注样式 Annotative 对话框**

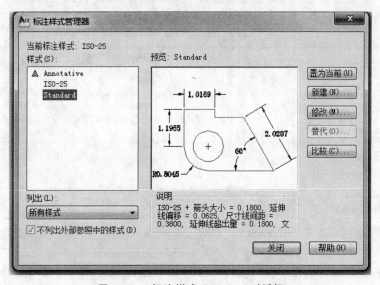

**图 11-41  标注样式 Standard 对话框**

**表 11-11  标注样式管理器选项功能表**

| 选  项 | 功  能 |
|---|---|
| 当前标注样式：ISO-25<br>样式(S)：<br>　Annotative<br>　ISO-25<br>　Standard | 列出图形中的标注样式。ISO－25、Annotative、Standard 是 AutoCAD 2010 中默认的样式。当前样式 ISO－25 呈高亮度显示状态。 |

| 选　项 | 功　能 |
| --- | --- |
| 预览 | 预览：显示当前标注样式 ISO－25 的格式和外观。 |
| 置为当前 (U) | 将选中的标注样式置为当前标注样式，当前标注样式才可以使用。 |
| 新建 (N)… | 显示【创建新标注样式】对话框，从中可以定义新的标注样式。 |
| 修改 (M)… | 显示【修改标注样式】对话框，从中可以修改标注样式，对话框选项与【创建新标注样式】对话框选项相同。 |
| 替代 (O)… | 显示【替代当前标注样式】对话框，从中可以设置标注样式的临时替代值。对话框选项与【创建新标注样式】对话框选项相同。 |
| 比较 (C)… | 显示【比较标注样式】对话框，从中可以比较两个标注样式或列出一个标注样式的所有特性。 |
| 列出 (L)：所有样式 | 在样式列表中控制样式的显示，有"所有样式"和"正在使用的样式"两个选项。 |
| 说明 ISO-25 | 对所选样式进行说明。 |
| 关闭 | 关闭对话框。 |
| 帮助 (H) | 打开帮助文件。 |

（3）新建标注样式对话框。在标注样式管理器中点击 新建 (N)… ，弹出【创建标注样式】对话框，在"新样式名"中填写"尺寸标注基础"，其余采用默认选项，如图 11-42 所示。点击 继续 ，弹出【新建标注样式：尺寸标注基础】对话框，如图 11-43 所示。该对话框中包含"线"、"符号和箭头"、"文字"、"调整"、"主单位"、"换算单位"、"公差"等 7 个选项卡，可以设置标注样式的所有内容。

①"线"选项卡。用于设置尺寸线、延伸线的格式，如图 11-43 所示。"尺寸线"区中可以设置颜色、线型、线宽、超出标记、基线间距、隐藏尺寸线等。线型应为细实线，线宽应为"0.25"（粗线宽为"0.50"），基线间距可为"10"（文字字高为"3.5"），隐藏尺寸线一般在标注半剖视图中用到，要结合隐藏延伸线使用。"延伸线"区中可以设置颜色、线型、线宽、超出尺寸线、起点偏移量、隐藏延伸线等的设置。线型应为细实线，线宽应为"0.25"（粗线宽为"0.50"），起点偏移量一般为"0"。将图 11-44 进行隐藏设置，隐藏效果如图 11-45 至图 11-53 所示。其中图 11-52 和图 11-53 所示隐藏设置是标注半剖视图中常用到的标注样式。

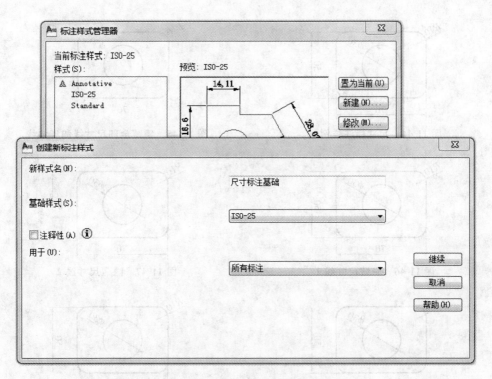

**图 11-42 【创建标注样式】对话框**

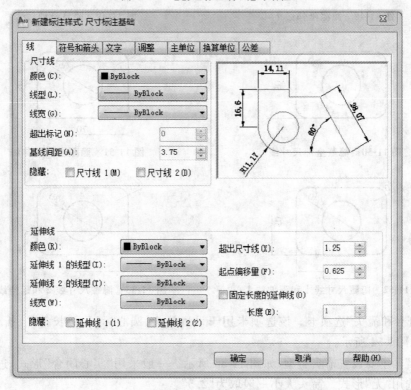

**图 11-43 【新建标注样式：尺寸标注基础】对话框**

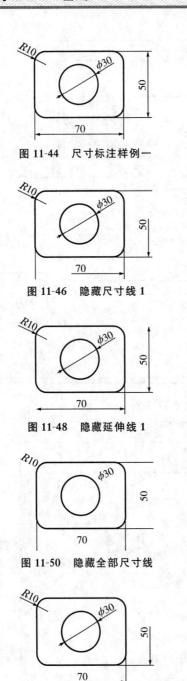

图 11-44　尺寸标注样例一

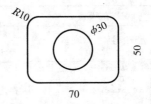

图 11-45　隐藏全部尺寸线和延伸线

图 11-46　隐藏尺寸线 1

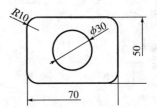

图 11-47　隐藏尺寸线 2

图 11-48　隐藏延伸线 1

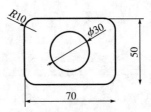

图 11-49　隐藏延伸线 2

图 11-50　隐藏全部尺寸线

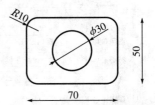

图 11-51　隐藏全部延伸线

图 11-52　隐藏尺寸线 1 和延伸线 1

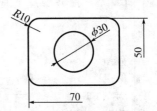

图 11-53　隐藏尺寸线 2 和延伸线 2

　　②"符号和箭头"选项卡。该选项卡用于设置箭头、圆心标记、弧长符号、折弯、折断的选项。如图 11-54 所示。

　　"箭头"区主要设置箭头类型，如图 11-55 所示。一般采用"实心闭合"形式，进行引线标注时有时选用"无"形式。箭头大小一般取为"2.5"。

　　"圆心标记"区主要控制直径标注和半径标注的圆心标记和中心线的外观。若为"无"则不创建圆心标记或中心线，若为"标记"则创建圆心标记，若为"直线"则创建中心线，若为"大小"则显示和设置圆心标记或中心线的大小。

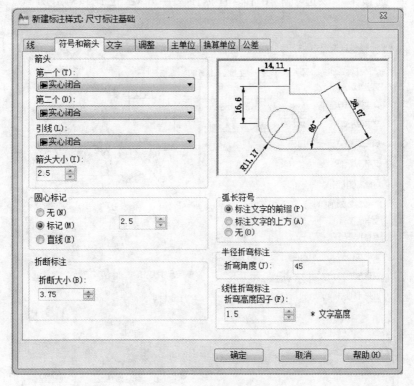

图 11-54　"符号和箭头"选项卡

"折断"区主要控制折断标注的间距宽度。折断大小
显示和设置用于折断标注的间距大小,默认为"3.75"。

"弧长符号"区控制弧长标注中圆弧符号的显示。若
为"标准文字的前缀"则将弧长符号放置在标注文字之前,
若为"标注文字的上方"则将弧长符号放置在标注文字的
上方,若为"无"则不显示弧长符号。

图 11-55　箭头类型

"半径折弯"区控制折弯(Z 字形)半径标注的显示。
折弯角度默认为"45",折弯效果如图 11-56 所示。线性折
弯效果如图 11-57 所示。

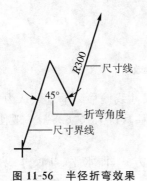

图 11-56　半径折弯效果

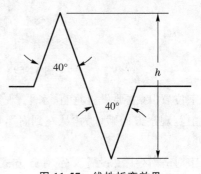

图 11-57　线性折弯效果

③"文字"选项卡。该选项卡用于设置标注文字外观、位置和对齐方式。如图 11-58 所示。

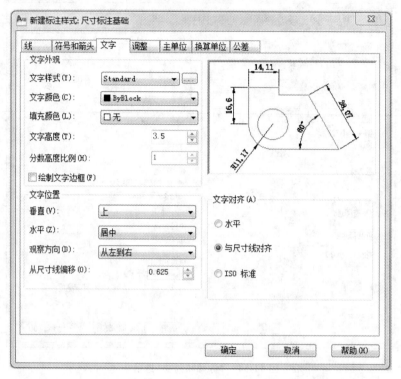

图 11-58 "文字"选项卡

"文字外观"区主要设置文字样式、文字颜色、填充颜色、文字高度、分数高度比例、绘制文字边框。文字样式默认为"Standard",文字颜色默认为"ByBlock",填充颜色默认为"无",文字高度一般为"3.5",分数高度比例默认为"1",绘制文字边框效果如图 11-59 所示。

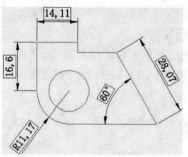

图 11-59 绘制文字边框效果

"文字位置"区主要设置垂直、水平、观察方向、从尺寸线偏移。垂直默认为"上",水平默认为"居中",观察方向默认为"从左到右",从尺寸线偏移默认为"0.625",一般使用时采用默认值即可。

"文字对齐"区主要设置文字对齐方式,共有 3 种方式,即水平、与尺寸线对齐、ISO 标准。对齐效果如图 11-60、图 11-61、图 11-62 所示。一般采取与尺寸线对齐方式,遇到角度标注选取水平方式。

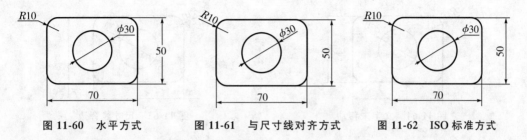

图 11-60　水平方式　　　　图 11-61　与尺寸线对齐方式　　　　图 11-62　ISO 标准方式

④ "调整"选项卡。该选项卡用来设置调整选项、文字的位置、标注特征比例和优化。如图 11-63 所示。

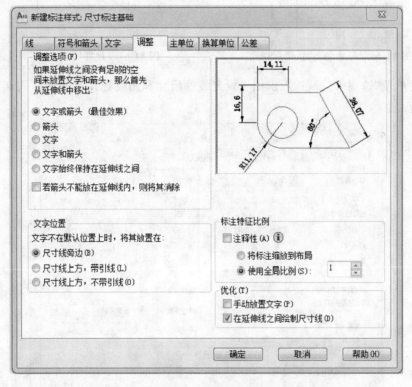

图 11-63　"调整"选项卡

"调整选项"区控制基于延伸线之间可用空间的文字和箭头的位置,有"文字或箭头"(最佳效果)、"箭头"、"文字"、"文字和箭头"、"文字始终保持在延伸线之间"、"若箭头不能放在延伸线内则将其消除"共 6 种方式。一般常选文字或箭头(最佳效果)方式。

"文字的位置"区设置标注文字从默认位置(由标注样式定义的位置)移动时标注文字的位置,有"尺寸线旁边"、"尺寸线上方,带引线"、"尺寸线上方,不带引线"共 3 种方式。文字未移动如图 11-64 所示,文字移动后效果如图 11-65、图 11-66、图 11-67 所示。

"标注特征比例"区设置全局标注比例值或图纸空间比例。一般将使用全局比例设为"1",设置的值不改变标注测量值。

"优化"区提供用于放置标注文字的其他选项。有手动放置文字和在延伸线之间绘制尺寸线共 2 种选项。一般常用在延伸线之间绘制尺寸线选项。

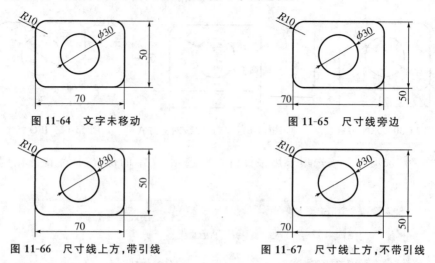

图 11-64　文字未移动　　　　　　　　　图 11-65　尺寸线旁边

图 11-66　尺寸线上方,带引线　　　　　图 11-67　尺寸线上方,不带引线

⑤"主单位"选项卡。该选项卡用于设置线性尺寸和角度标注单位的格式和精度等,如图 11-68 所示。

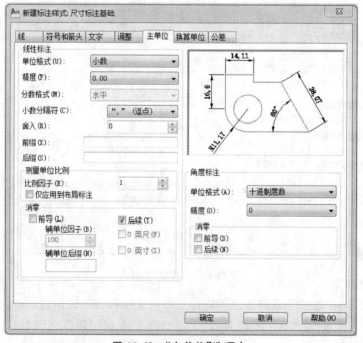

图 11-68　"主单位"选项卡

"线性标注"区设置线性标注的格式和精度。

单位格式设置除角度之外的所有标注类型的当前单位格式。有科学、小数、工程、建筑、分数、Windows 桌面 6 种选项,一般采用小数。

精度显示和设置标注文字中的小数位数。

分数格式用于设置分数格式,默认为水平。小数分隔符设置用于十进制格式的分隔符,有逗点、句点、空格 3 种,一般常用句点。

舍入用于设置除"角度"之外的尺寸测量值的舍入值。

前缀设置标注文字的前缀内容。可以输入文字或使用控制代码显示特殊符号。例如，输入控制代码"％％c"显示直径符号。当输入前缀时，将替代所有默认前缀。如果指定了公差，前缀将添加到公差和主标注中。

后缀设置标注文字的后缀内容。可以输入文字或使用控制代码显示特殊符号。输入的后缀将替代所有默认后缀。如果指定了公差，后缀将添加到公差和主标注中。

测量单位比例定义线性比例选项，比例因子设置线性标注测量值的比例因子。AutoCAD 的实际标注值为测量值与该比例的积，一般设置为"1"。如果图形绘制时进行了缩放，尺寸标注还应按照原值来标注，此时应更改测量单位比例因子，使比例因子与缩放比例值成倒数关系。如果将测量单位仅应用到布局标注，可选中"仅应用到布局标注"复选项，AutoCAD 将只对布局中创建的标注应用线性比例值。

消零控制是否禁止输出前导零和后续零以及零英尺和零英寸部分。

"角度标注"区设置角度标注的格式和精度。

单位格式设置角度单位格式。有十进制度数、度/分/秒、百分度和弧度 4 种选项，一般常用"十进制度数"。

精度设置角度标注的小数位数。

消零控制是否禁止输出前导零和后续零。

⑥"换算单位"选项卡。该选项卡用于设置换算单位的格式等，如图 11-69 所示。在中文版 AutoCAD 中通过换算标注单位，转换使用不同测量单位制的标注，通常是显示英制标注的等效公制标注，或公制标注的等效英制标注。在标注文字中，换算标注单位显示在主单位旁边的方括号（[]）中，如图 11-70、图 11-71 所示。

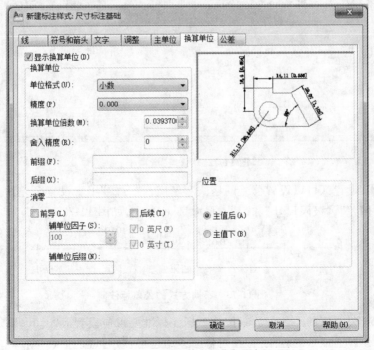

**图 11-69 "换算单位"选项卡**

图 11-70　显示换算单位主值后

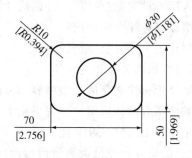

图 11-71　显示换算单位主值下

⑦ "公差"选项卡。该选项卡用来设置公差值的格式和精度等,如图 11-72 所示。

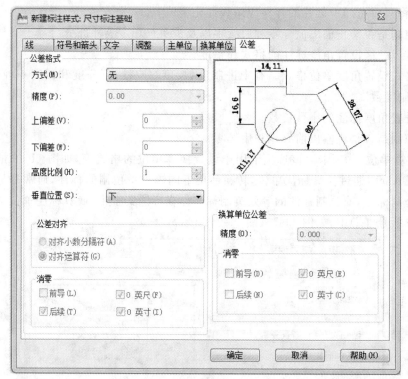

图 11-72　"公差"选项卡

"公差格式"设置区可以设置公差的格式和精度。"方式"用于设置公差的方式,有"无"、"对称"、"极限偏差"、"极限尺寸"和"基本尺寸"5 种方式,如图 11-73 所示。

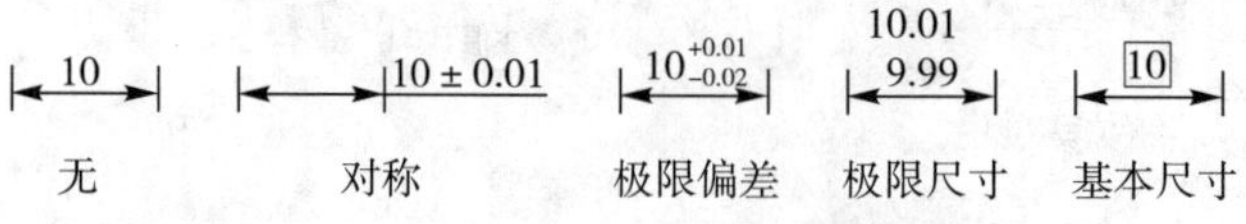

图 11-73　不同方式的公差标注

"精度"设置公差值的小数位数。按公差标注标准要求应设置成"0.000"。

"上偏差"设置上偏差的界限值,在对称公差中也可使用该值。

"下偏差"设置下偏差的界限值。

"高度比例"设置公差文字高度与基本尺寸文字高度的比值。对于"对称"偏差该值应设为"1",而对"极限偏差"则设为"0.5"。

"垂直位置"设置对称和极限公差的垂直位置,主要有"上"、"中"和"下"3种方式,此项一般应设成"中"。

"公差对齐"控制上偏差值和下偏差值的对齐。"对齐小数分隔符"通过值的小数分割符堆叠值,"对齐运算符"通过值的运算符堆叠值。对齐效果如图11-74、11-75所示。

图 11-74 对齐小数分隔符　　　　　　　　图 11-75 对齐运算符

"消零"控制主单位作为前导零和后续零以及英尺和英寸里的零是否输出。

"换算单位公差"设置区对换算公差单位的精度和消零规则进行设置。

(4)【修改标注样式】对话框。在标注样式管理器中点击 修改(M)... ,弹出【修改标注样式】对话框,如图11-76所示。【修改标注样式】对话框中的选项卡与新建标注样式对话框中的选项卡完全相同。用户可对选中的样式进行修改。修改后置为当前将对先前标注的样式产生影响。

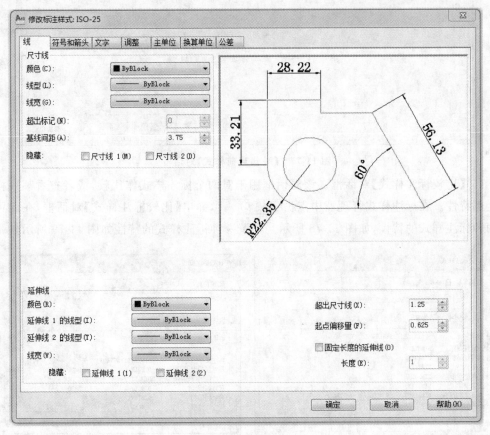

图 11-76 【修改标注样式】对话框

（5）【替代当前样式】对话框。在标注样式管理器中点击 替代(O)... ，弹出【替代当前样式】对话框，如图 11-77 所示。【替代当前样式】对话框中的选项卡与【新建标注样式】对话框选项卡完全相同。用户可对选中的样式进行替代修改设置。替代修改后置为当前将对先前标注的样式不产生影响，只对其后标注产生影响。

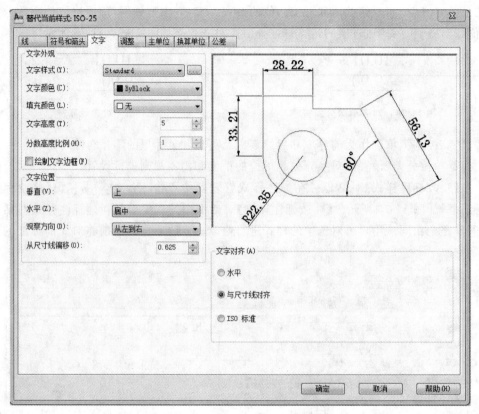

**图 11-77　【替代当前样式】对话框**

（6）【比较标注样式】对话框。该对话框用于对两个标注样式作比较，或者查看某一样式的全部特性。在标注样式管理器中点击 比较(C)... ，弹出【比较标注样式】对话框，在此可比较两种标注样式的特性，如图 11-78 所示。浏览一种标注样式的特性如图 11-79 所示。

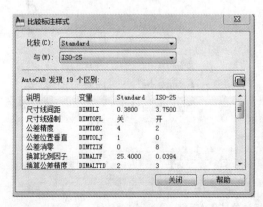

**图 11-78　比较两种标注样式的特性**

**图 11-79　浏览一种标注样式的特性**

### 3.尺寸标注

在中文版 AutoCAD 2010 中提供了 10 余种标注工具用以标注图形对象,标注菜单如图 11-80 所示。使用它们可以进行线性、对齐、角度、直径、半径、连续、基线、坐标、引线、多重引线、圆心标记、快速标注、公差等标注。各项尺寸标注的功能见表 11-12。

(1)线性标注。创建水平、竖直或旋转的线性尺寸标注。

① 线性标注命令调用。

功能区:"注释"→"标注"→"线性"按钮┤├;

菜单:"标注"→"线性";

工具栏:标注┤├;

命令条目:dimlinear。

② 线性标注命令选项。

多行文字(M):显示在位文字编辑器,可用它来编辑标注文字。要添加前缀或后缀,就在生成的测量值前后输入前缀或后缀。

文字(T):在命令提示下,自定义标注文字。生成的标注测量值显示在尖括号中。

角度(A):修改标注文字的角度。

水平(H):创建水平线性标注。

垂直(V):创建垂直线性标注。

旋转(R):创建旋转线性标注。

③ 操作过程与图例。见表 11-12。

图 11-80　标注菜单

**表 11-12　线性标注操作过程与图例表**

| 选项 | 操作步骤 | 图例 |
|---|---|---|
| 多行文字(M) | (1)调用线性标注命令,选择第一条延伸线原点,利用端点捕捉,捕捉左上端点,即尺寸的左端点。<br>(2)选择第二条延伸线原点,利用端点捕捉,捕捉右上端点,即尺寸的右端点。<br>(3)输入选项"M",按【Enter】键,弹出在位文字编辑器,在"30"前点击 @ ▼,输入前缀直径符号"φ",点击确定,关闭在位文字编辑器。<br>(4)选择尺寸线位置,在图形外侧点击尺寸标注的位置。<br>(5)标注结果如图例所示。 | φ30 |
| 文字(T) | (1)调用线性标注命令,选择第一条延伸线原点,利用端点捕捉,捕捉左上端点,即尺寸的左端点。<br>(2)选择第二条延伸线原点,利用端点捕捉,捕捉右上端点,即尺寸的右端点。<br>(3)输入选项"T",在命令行中输入"％％C30",按【Enter】键。<br>(4)选择尺寸线位置,在图形外侧点击尺寸标注的位置。<br>(5)标注结果如图例所示。 | |

| 选　项 | 操作步骤 | 图　例 |
|---|---|---|
| 角度(A) | (1)调用线性标注命令,选择第一条延伸线原点,利用端点捕捉,捕捉左上端点,即尺寸的左端点。<br>(2)选择第二条延伸线原点,利用端点捕捉,捕捉右上端点,即尺寸的右端点。<br>(3)输入选项"A",在命令行中输入标注文字的角度值"30",按【Enter】键。<br>(4)选择尺寸线位置,在图形外侧点击尺寸标注的位置。<br>(5)标注结果如图例所示。 | 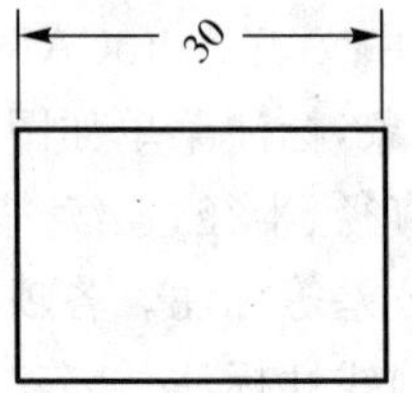 |
| 水平(H) | (1)调用线性标注命令,选择第一条延伸线原点,利用端点捕捉,捕捉左端点,即尺寸的左端点。<br>(2)选择第二条延伸线原点,利用端点捕捉,捕捉右下端点,即尺寸的右端点。<br>(3)输入选项"H",按【Enter】键。<br>(4)选择尺寸线位置,在图形外侧点击尺寸标注的位置。<br>(5)标注结果如图例所示。 | 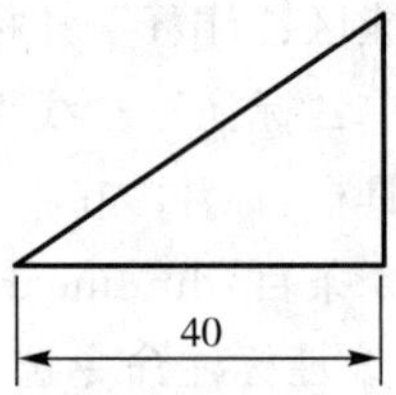 |
| 垂直(V) | (1)调用线性标注命令,选择第一条延伸线原点,利用端点捕捉,捕捉右上端点,即尺寸的上端点。<br>(2)选择第二条延伸线原点,利用端点捕捉,捕捉右下端点,即尺寸的下端点。<br>(3)输入选项"V",按【Enter】键。<br>(4)选择尺寸线位置,在图形外侧点击尺寸标注的位置。<br>(5)标注结果如图例所示。 | 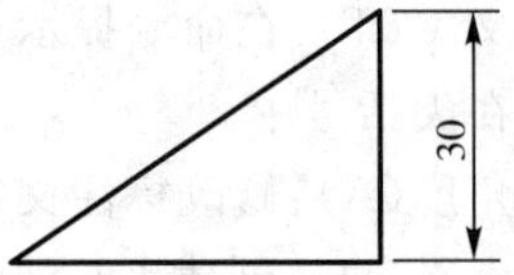 |
| 旋转(R) | (1)调用线性标注命令,选择第一条延伸线原点,利用端点捕捉,捕捉左端点,即尺寸的左端点。<br>(2)选择第二条延伸线原点,利用端点捕捉,捕捉右上端点,即尺寸的右端点。<br>(3)输入选项"R",在命令行中输入尺寸线的角度值"30",按【Enter】键。<br>(4)选择尺寸线位置,在图形外侧点击尺寸标注的位置。<br>(5)标注结果如图例所示。 | 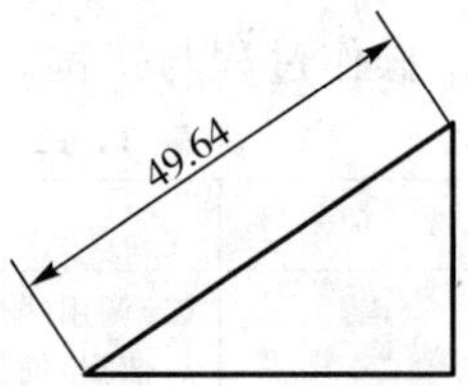 |

(2)对齐标注。创建与指定位置或对象平行的标注。

① 对齐标注命令调用。

功能区:"注释"→"标注"→"对齐"按钮；

菜单:"标注"→"对齐";

工具栏:标注；

命令条目:dimaligned。

② 对齐标注命令选项。

多行文字(M):显示在位文字编辑器,可用它来编辑标注文字。要添加前缀或后缀,就在生成的测量值前后输入前缀或后缀。

文字(T):在命令提示下,自定义标注文字。生成的标注测量值显示在尖括号中。

角度(A):修改标注文字的角度。

③操作过程与图例。见表 11-13。

**表 11-13　对齐标注操作过程与图例表**

| 选　项 | 操作步骤 | 图　例 |
|---|---|---|
| 多行文字(M) | (1)调用对齐标注命令,选择第一条延伸线原点,利用端点捕捉,捕捉左端点,即尺寸的左端点。<br>(2)选择第二条延伸线原点,利用端点捕捉,捕捉右上端点,即尺寸的右端点。<br>(3)输入选项"M",按【Enter】键,弹出在位文字编辑器,在"50"后面点击 @ ▼,输入后缀正负符号"±"和"0.02",点击确定,关闭在位文字编辑器。<br>(4)选择尺寸线位置,在图形外侧点击尺寸标注的位置。<br>(5)标注结果如图例所示。 | 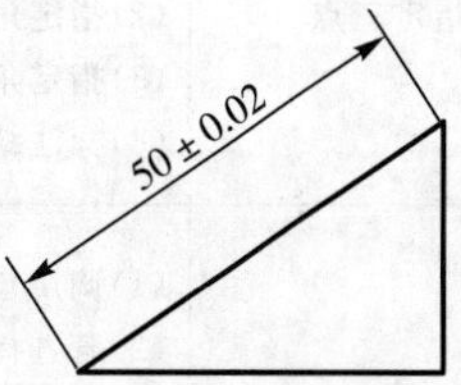 50 ± 0.02 |
| 文字(T) | (1)调用对齐标注命令,选择第一条延伸线原点,利用端点捕捉,捕捉左端点,即尺寸的左端点。<br>(2)选择第二条延伸线原点,利用端点捕捉,捕捉右上端点,即尺寸的右端点。<br>(3)输入选项"T",在命令行中输入"50％％P0.02",按【Enter】键。<br>(4)选择尺寸线位置,在图形外侧点击尺寸标注的位置。<br>(5)标注结果如图例所示。 | |
| 角度(A) | (1)调用对齐标注命令,选择第一条延伸线原点,利用端点捕捉,捕捉左端点,即尺寸的左端点。<br>(2)选择第二条延伸线原点,利用端点捕捉,捕捉右上端点,即尺寸的右端点。<br>(3)输入选项"A",在命令行中输入标注文字的角度值"60",按【Enter】键。<br>(4)选择尺寸线位置,在图形外侧点击尺寸标注的位置。<br>(5)标注结果如图例所示。 | 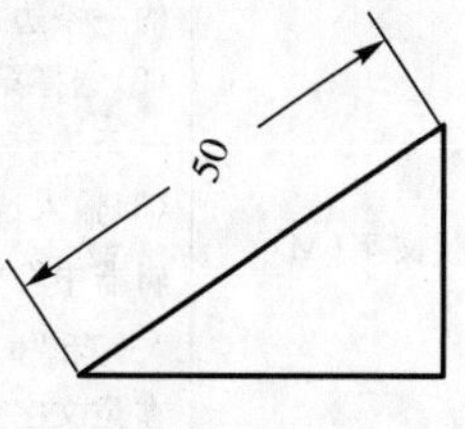 50 |

(3)角度标注。测量选定的对象或三个点之间的角度。可以选择的对象包括圆弧、圆和直线等。

①角度标注命令调用。

功能区:"注释"→"标注"→"角度"按钮△;

菜单:"标注"→"角度";

工具栏:标注△;

命令条目:dimangular。

②角度标注命令选项。

指定三点:创建基于指定三点的标注。

选定对象:创建基于选定对象的标注。选择的对象包括圆弧、圆和直线等。

多行文字(M):显示在位文字编辑器,可用它来编辑标注文字。要添加前缀或后缀,就在生成的测量值前后输入前缀或后缀。

文字(T):在命令提示下,自定义标注文字。生成的标注测量值显示在尖括号中。

角度(A):修改标注文字的角度。

象限(Q):指定标注应锁定到的象限。

③ 操作过程与图例。见表 11-14。

表 11-14　角度标注操作过程与图例表

| 选　项 | 操作步骤 | 图　例 |
|---|---|---|
| 指定三点 | (1)调用角度标注命令,指定角的顶点:指定点(1)。<br>(2)指定角的第一个端点:指定点(2)。<br>(3)指定角的第二个端点:指定点(3)。<br>(4)标注结果如图例所示。 | 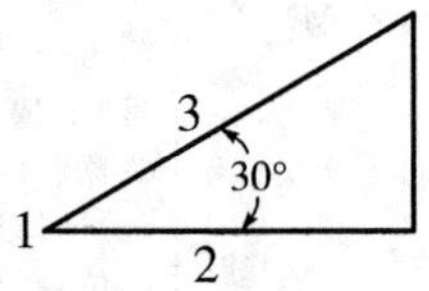 |
| 选择对象 | (1)调用角度标注命令,选择对象。<br>(2)若选择的是圆弧,不需要指定角的第二个端点;若选择的是圆,则需要指定角的第二个端点;若选择的是直线,则需要选择第二条直线,即为角的两条边。<br>(3)指定标注弧线位置,在图形中点击所需位置。<br>(4)标注结果如图例所示。 | 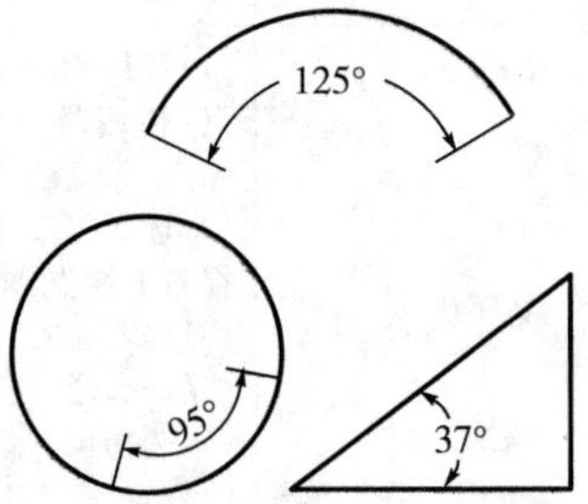 |
| 多行文字(M) | (1)调用角度标注命令,选择对象或指定顶点,本例中选择直线,选择水平直线,即为角的一条边。<br>(2)选择第二条直线,选择斜线,即为角的另一条边。<br>(3)输入选项"M",按【Enter】键,在位文字编辑器中在"37°"后面点击@ ▼,输入正负符号"±"和"0.02"及度的符号"°",点击确定,关闭在位文字编辑器。<br>(4)指定标注弧线位置,在图形外侧点击尺寸标注的位置。<br>(5)标注结果如图例所示。 | 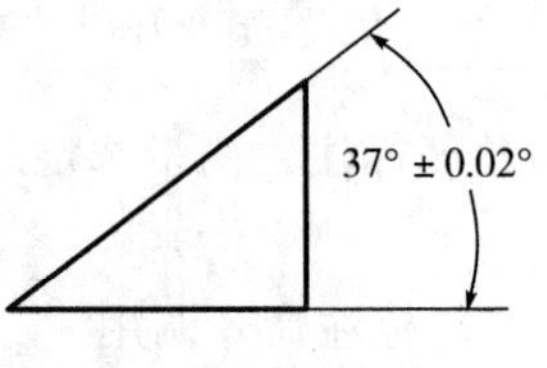 |
| 文字(T) | (1)调用角度标注命令,选择对象或指定顶点,本例中选择直线,选择水平直线,即为角的一条边。<br>(2)选择第二条直线,选择斜线,即为角的另一条边。<br>(3)输入选项"T",在命令行中输入"37％D％％P0.02"按【Enter】键。<br>(4)指定标注弧线位置,在图形外侧点击尺寸标注的位置。<br>(5)标注结果如图例所示。 | |

续　表

| 选　项 | 操作步骤 | 图　例 |
|---|---|---|
| 角度(A) | (1)选择对象或指定顶点,本例中选择圆。<br>(2)指定角的第二个端点。<br>(3)输入选项"A",在命令行中输入标注文字的角度值"45",按【Enter】键。<br>(4)指定标注弧线位置,在图形内侧点击尺寸标注的位置。<br>(5)标注结果如图例所示。 | 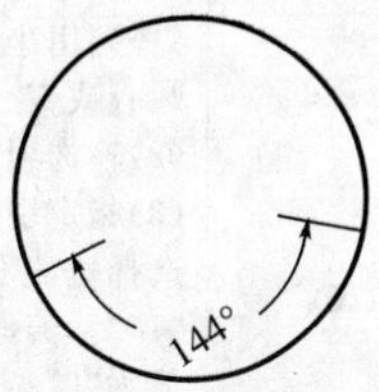 144° |
| 象限(Q) | (1)调用角度标注命令,选择对象或指定顶点,本例中选择圆。<br>(2)指定角的第二个端点。<br>(3)输入选项"Q",指定象限点,利用象限点捕捉,选择圆的水平方向右边的象限点。<br>(4)指定标注弧线位置,在图形内侧点击尺寸标注的位置。<br>(5)标注结果如图例所示。 | 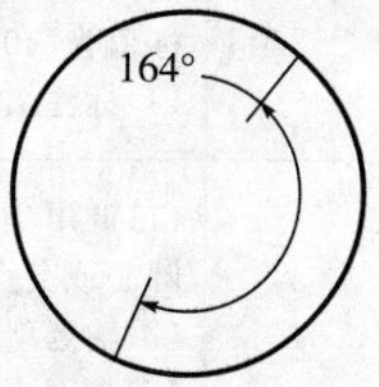 164° |

(4)坐标标注。坐标标注以当前 UCS 的原点为基准,显示任意图形点的 $X$ 或 $Y$ 轴坐标。

① 坐标标注命令调用。

功能区:"注释"→"标注"→"坐标"按钮；

菜单:"标注"→"坐标"；

工具栏:标注；

命令条目:dimordinate。

② 坐标标注命令选项。

指定引线端点:设置坐标标注引线端点,用鼠标点取合适位置。

$X$ 基准:测量 $X$ 坐标并确定引线和标注文字的方向。将显示"引线端点"提示,从中可以指定端点。

$Y$ 基准:测量 $Y$ 坐标并确定引线和标注文字的方向。将显示"引线端点"提示,从中可以指定端点。

多行文字(M):显示在位文字编辑器,可用它来编辑标注文字。要添加前缀或后缀,就在生成的测量值前后输入前缀或后缀。

文字(T):在命令提示下,自定义标注文字。生成的标注测量值显示在尖括号中。

角度(A):修改标注文字的角度。

③ 操作过程与图例。见表 11-15。

表 11-15　坐标标注操作过程与图例表

| 选　项 | 操作步骤 | 图　例 |
|---|---|---|
| 指定引线端点 | (1)调用坐标标注命令,指定点的坐标:利用圆心或交点捕捉,指定点(F)。<br>(2)指定引线端点:在图形中点击所需位置,选择水平位置,标注出 F 点的 $Y$ 坐标值为"8"。<br>(3)标注结果如图例所示。 | 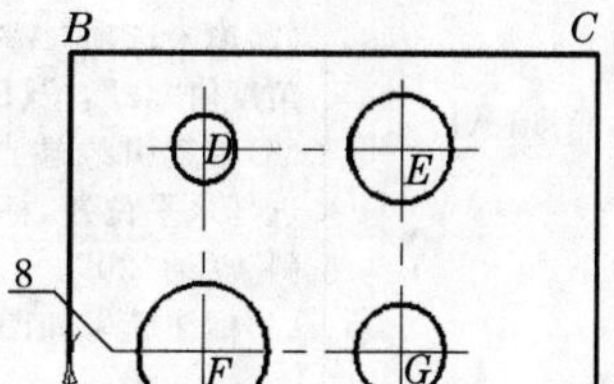 |

| 选 项 | 操作步骤 | 图 例 |
|---|---|---|
| X 基准(X) | (1)调用坐标标注命令,指定点的坐标:利用圆心或交点捕捉,指定点(D)。<br>(2)输选项"X",按【Enter】键。<br>(3)指定引线端点:在图形中点击所需位置,选择垂直位置,标注出 D 点的 X 坐标值为"10"。若捕捉 A 点则标注出 A 点的 X 坐标值为"0";若捕捉 E 点则标注出 E 点的 X 坐标值为"25";若捕捉 C 点则标注出 C 点的 X 坐标值为"40"。<br>(4)标注结果如图例所示。 | 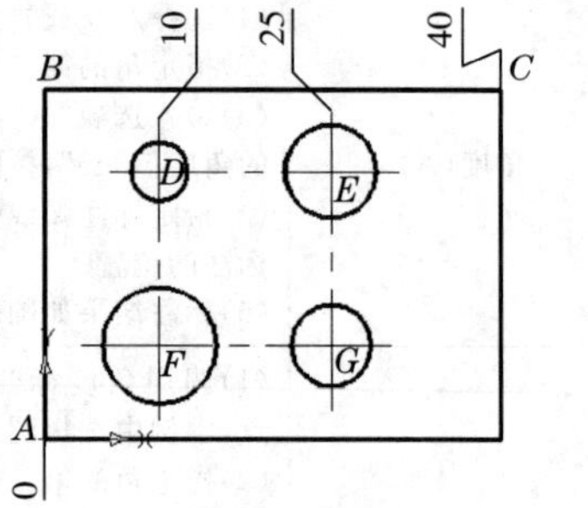 |
| Y 基准(Y) | (1)调用坐标标注命令,指定点的坐标:利用圆心或交点捕捉,指定点(D)。<br>(2)输选项"Y",按【Enter】键。<br>(3)指定引线端点:在图形中点击所需位置,选择水平位置,标注出 D 点的 Y 坐标值为"23"。若捕捉 A 点则标注出 A 点的 Y 坐标值为"0";若捕捉 F 点则标注出 F 点的 Y 坐标值为"8";若捕捉 B 点则标注出 B 点的 Y 坐标值为"30"。<br>(4)标注结果如图例所示。 | 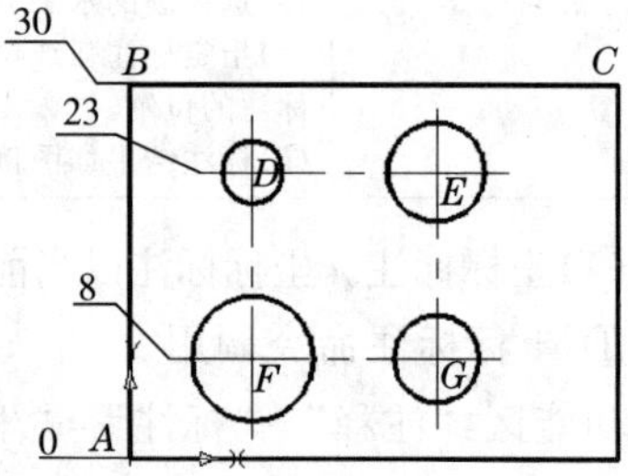 |
| 多行文字(M) | (1)调用坐标标注命令,指定点的坐标:利用圆心或交点捕捉,指定点(G),鼠标呈水平放置。<br>(2)输入选项"M",在在位文字编辑器中将"8"改为"8.5",点击确定,关闭在位文字编辑器。<br>(3)指定引线端点:在图形中点击所需位置,选择水平位置,标注出 G 点的 Y 坐标值为"8.5"。<br>(4)标注结果如图例所示。 | 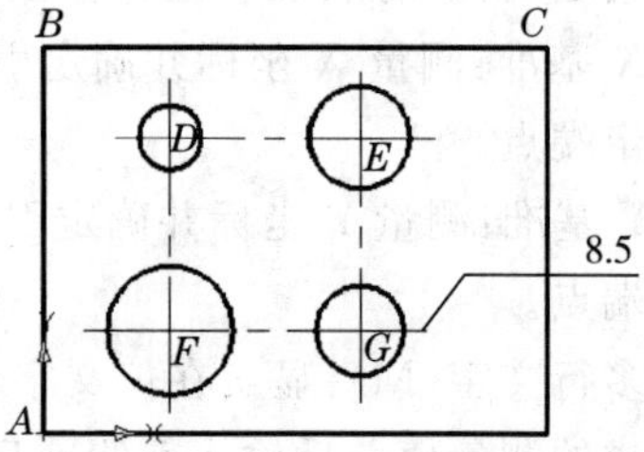 |
| 文字(T) | (1)调用坐标标注命令,指定点的坐标:利用圆心或交点捕捉,指定点(G),鼠标呈水平放置。<br>(2)输入选项"T",在命令行中将"8"改为"8.5",按【Enter】键。<br>(3)指定引线端点:在图形中点击所需位置,选择水平位置,标注出 G 点的 Y 坐标值为"8.5"。<br>(4)标注结果如图例所示。 | |
| 角度(A) | (1)调用坐标标注命令,指定点的坐标:利用交点捕捉,指定点(C),鼠标呈水平放置。<br>(2)输入选项"A",在命令行中输入标注文字角度值"45",按【Enter】键。<br>(3)指定引线端点:在图形中点击所需位置,选择水平位置,标注出 C 点的 Y 坐标值为倾斜 45°的"30"。<br>(4)标注结果如图例所示。 | 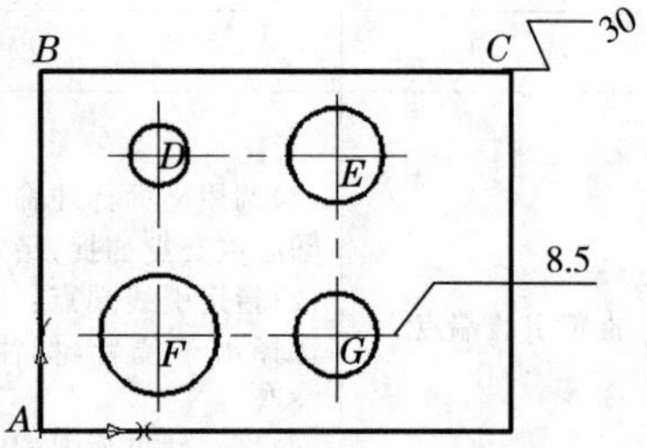 |

(5)基线标注。创建自同一基线处测量的多个标注。在创建基线或连续标注之前,必须创建线性、对齐或角度标注。通过标注样式管理器中"直线"选项卡选项"基线间距",设置基线标注之间的默认间距。

① 基线标注命令调用。

功能区:"注释"→"标注"→"连续"→"基线"按钮 ;

菜单:"标注"→"基线";

工具栏:标注 ;

命令条目:dimbaseline。

② 基线标注命令选项。

指定第二条延伸线原点:默认情况下,使用基准标注的第一条延伸线作为基线标注的延伸线原点,选择第二点之后,将绘制基线标注并再次显示"指定第二条延伸线原点"提示。

放弃(U):放弃在命令任务期间上一次输入的基线标注。

选择(S):选择一个线性标注、坐标标注或角度标注作为基线标注的基准。

③ 操作过程与图例。见表11-16。

表11-16 基线标注操作过程与图例表

| 操作步骤 | 图 例 |
|---|---|
| (1)调用线性命令,利用端点捕捉,点击"A"点,利用圆心捕捉,点击"B"点,标注尺寸"8"。<br>(2)调用基线命令,指定第二条延伸线原点,利用圆心捕捉,点击"C"点,标注尺寸"20"。<br>(3)指定第二条延伸线原点,利用圆心捕捉,点击"D"点,标注尺寸"32"。<br>(4)按2次【Enter】键结束命令。<br>(5)标注结果如图例所示。 | 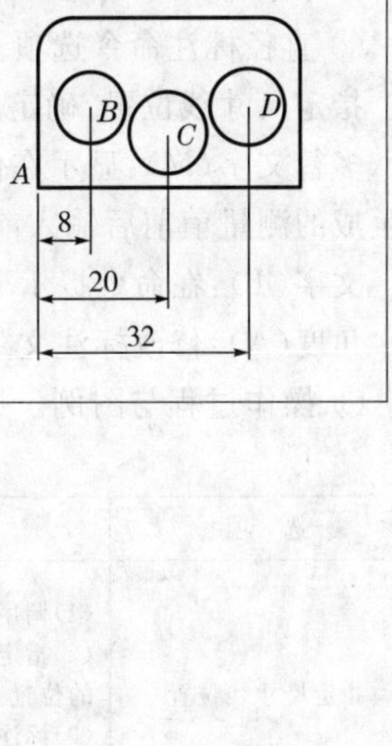 |

(6)连续标注。创建首尾相连的多个标注。

① 连续标注命令调用。

功能区:"注释"→"标注"→"连续"按钮 ;

菜单:"标注"→"连续";

工具栏:标注 ;

命令条目:dimcontinue。

② 连续标注命令选项。

第二条延伸线原点:使用连续标注的第二条延伸线原点作为下一个标注的第一条延伸线原点,选择之后将绘制连续标注,并再次显示"指定第二条延伸线原点"提示。

放弃(U):放弃在命令任务期间上一次输入的连续标注。

选择(S):选择一个线性标注、坐标标注或角度标注作为连续标注的基准。

③ 操作过程与图例。见表 11-17。

表 11-17　连续标注操作过程与图例表

| 操作步骤 | 图　例 |
|---|---|
| (1)调用线性命令,利用端点捕捉,点击"A"点,利用圆心捕捉,点击"B"点,标注尺寸"8"。<br>(2)调用连续命令,指定第二条延伸线原点,利用圆心捕捉,点击"C"点,标注尺寸"12"。<br>(3)指定第二条延伸线原点,利用圆心捕捉,点击"D"点,标注尺寸"12"。<br>(4)按 2 次【Enter】键结束命令。<br>(5)标注结果如图例所示。 | 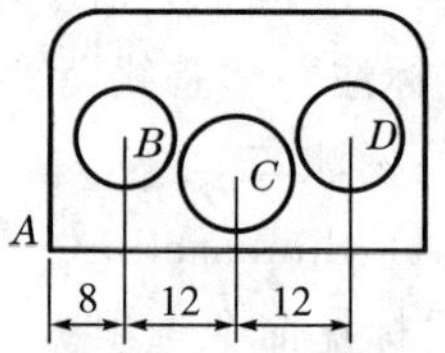 |

(7)直径标注。测量选定圆或圆弧的直径,并显示前面带有直径符号的标注文字。

① 直径标注命令调用。

功能区:"注释"→"标注"→"直径"按钮⊘;

菜单:"标注"→"直径";

工具栏:标注⊘;

命令条目:dimdiameter。

② 直径标注命令选项。

指定尺寸线位置:确定尺寸线的角度和标注文字的位置。

多行文字(M):显示在位文字编辑器,可用它来编辑标注文字。要添加前缀或后缀,就在生成的测量值前后输入前缀或后缀。

文字(T):在命令提示下,自定义标注文字。生成的标注测量值显示在尖括号中。

角度(A):修改标注文字的角度。

③ 操作过程与图例。见表 11-18。

表 11-18　直径标注操作过程与图例表

| 选　项 | 操作步骤 | 图　例 |
|---|---|---|
| 指定尺寸线位置 | (1)调用直径标注命令,选择圆。<br>(2)指定尺寸线位置:在图形外侧点击尺寸标注的位置。<br>(3)标注结果如图例所示。(图中文字对齐方式为水平) | 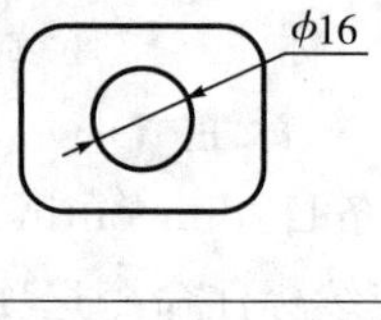 |
| 多行文字(M) | (1)调用直径标注命令,选择圆。<br>(2)输入选项"M",按【Enter】键,弹出在位文字编辑器,在"$\phi16$"后面输入"+0.018ˆ空格 0",选中"+0.018ˆ空格 0",点击堆叠按钮$\frac{b}{a}$,点击确定,关闭在位文字编辑器。<br>(3)指定尺寸线位置:在图形外侧点击尺寸标注的位置。<br>(4)标注结果如图例所示。(图中文字对齐方式为水平) | 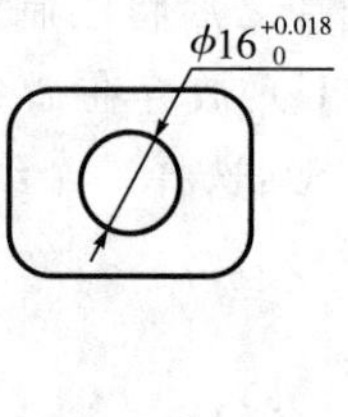 |

续 表

| 选 项 | 操作步骤 | 图 例 |
|---|---|---|
| 文字（T） | （1）调用直径标注命令，选择圆。<br>（2）输入选项"T"，在命令行中输入"％％C16％％P0.009"，按【Enter】键。<br>（3）指定尺寸线位置：在图形外侧点击尺寸标注的位置。<br>（4）标注结果如图例所示。（图中文字对齐方式为水平） | 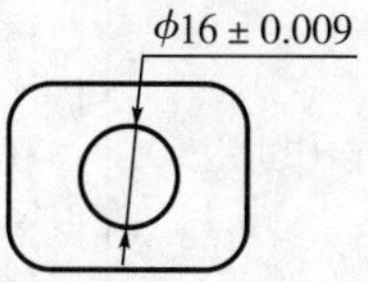 $\phi16 \pm 0.009$ |
| 角度（A） | （1）.调用直径标注命令，选择圆。<br>（2）输入选项"A"，在命令行中输入标注文字的角度"45"，按【Enter】键。<br>（3）指定尺寸线位置：在图形外侧点击尺寸标注的位置。<br>（4）标注结果如图例所示。（图中文字对齐方式为水平） | 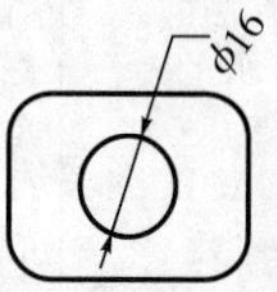 $\phi16$ |

（8）半径标注。测量选定圆或圆弧的半径，并显示前面带有半径符号的标注文字。

① 半径标注命令调用。

功能区："注释"→"标注"→"半径"按钮◎；

菜单："标注"→"半径"；

工具栏：标注◎；

命令条目：dimradius。

② 半径标注命令选项。

指定尺寸线位置：确定尺寸线的角度和标注文字的位置。

多行文字（M）：显示在位文字编辑器，可用它来编辑标注文字。要添加前缀或后缀，就在生成的测量值前后输入前缀或后缀。

文字（T）：在命令提示下，自定义标注文字。生成的标注测量值显示在尖括号中。

角度（A）：修改标注文字的角度。

③ 操作过程与图例。见表 11-19。

表 11-19  半径标注操作过程与图例表

| 选 项 | 操作步骤 | 图 例 |
|---|---|---|
| 指定尺寸线位置 | （1）调用半径标注命令，选择圆弧。<br>（2）指定尺寸线位置：在图形外侧点击尺寸标注的位置。<br>（3）标注结果如图例所示。（图中文字对齐方式为水平） | 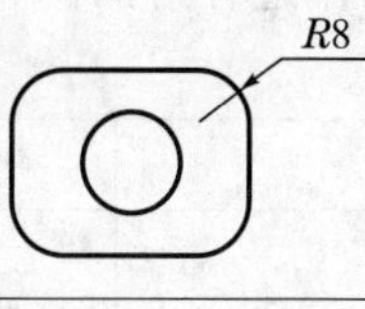 $R8$ |
| 多行文字（M） | （1）调用半径标注命令，选择圆弧。<br>（2）输入选项"M"，按【Enter】键，弹出在位文字编辑器，在"R8"后面输入"空格 0^－0.015"，选中"空格 0^－0.015"，点击堆叠按钮 $\frac{b}{a}$，点击确定，关闭在位文字编辑器。<br>（3）指定尺寸线位置：在图形外侧点击尺寸标注的位置。<br>（4）标注结果如图例所示。（图中文字对齐方式为水平） | 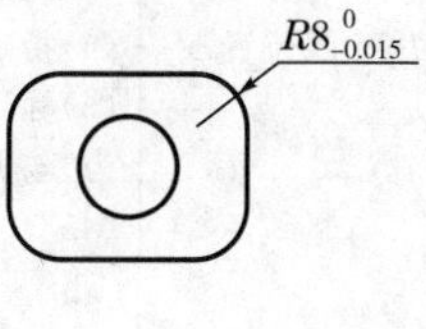 $R8_{-0.015}^{0}$ |

续　表

| 选　项 | 操作步骤 | 图　例 |
|---|---|---|
| 文字(T) | (1)调用半径标注命令,选择圆弧。<br>(2)输入选项"T",在命令行中输入"R8％％<br>P0.011",按【Enter】键。<br>(3)指定尺寸线位置:在图形外侧点击尺寸标注<br>的位置。<br>(4)标注结果如图例所示。(图中文字对齐方式<br>为水平) | 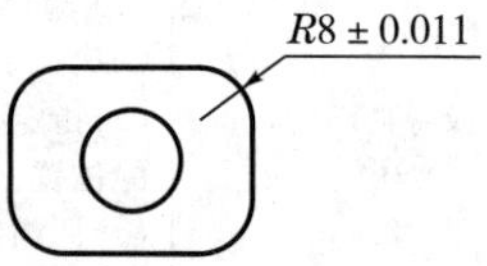 $R8 \pm 0.011$ |
| 角度(A) | (1)调用半径标注命令,选择圆弧。<br>(2)输入选项"A",在命令行中输入标注文字的<br>角度"60",按【Enter】键。<br>(3)指定尺寸线位置:在图形外侧点击尺寸标注<br>的位置。<br>(4)标注结果如图例所示。(图中文字对齐方式<br>为水平) | 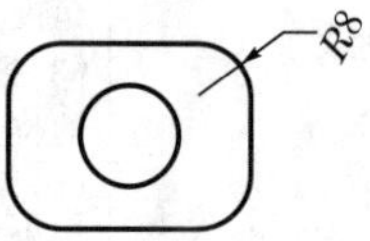 $R8$ |

(9)折弯标注。当圆弧或圆的中心位于布局外部,且无法在其实际位置显示时,创建折弯半径标注(也称缩放的半径标注),可以在更方便的位置指定标注的原点(称为中心位置替代)。

① 折弯标注命令调用。

功能区:"注释"→"标注"→"折弯"按钮；

菜单:"标注"→"折弯"；

工具栏:标注；

命令条目:dimjogged。

② 折弯标注命令选项。

指定尺寸线位置:确定尺寸线的角度和标注文字的位置。

多行文字(M):显示在位文字编辑器,可用它来编辑标注文字。要添加前缀或后缀,就在生成的测量值前后输入前缀或后缀。

文字(T):在命令提示下,自定义标注文字。生成的标注测量值显示在尖括号中。

角度(A):修改标注文字的角度。

③ 操作过程与图例,见表 11-20。

表 11-20　折弯标注操作过程与图例表

| 选　项 | 操作步骤 | 图　例 |
|---|---|---|
| 指定尺寸线位置 | (1)调用折弯标注命令,选择圆弧。<br>(2)指定图示中心位置:点击"H"点。<br>(3)指定尺寸线位置:点击"K"处。<br>(4)指定折弯位置:点击"G"点。<br>(5)标注结果如图例所示。(图中文字对齐方式<br>为"与尺寸线对齐",折弯角度在样式中设为<br>"45") | 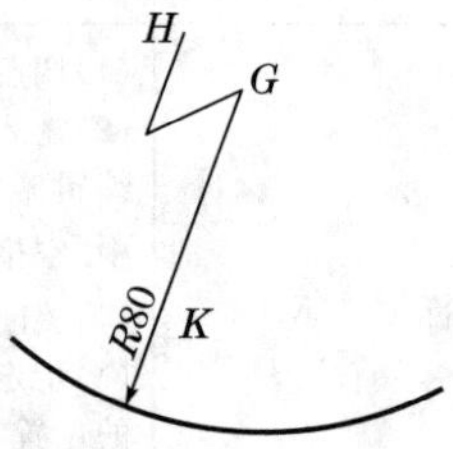 $R80$ |

续 表

| 选 项 | 操作步骤 | 图 例 |
|---|---|---|
| 多行文字(M) | (1)调用折弯标注命令,选择圆弧。<br>(2)指定图示中心位置:点击"H"点。<br>(3)输入选项"M",按【Enter】键,弹出在位文字编辑器,在"R80"后面点击 **@** ▼,输入后缀正负符号"±"和"0.015",点击确定,关闭在位文字编辑器。<br>(4)指定尺寸线位置:点击"K"处。<br>(5)指定折弯位置:点击"G"点。<br>(6)标注结果如图例所示。(图中文字对齐方式为"与尺寸线对齐",折弯角度在样式中设为"45") | 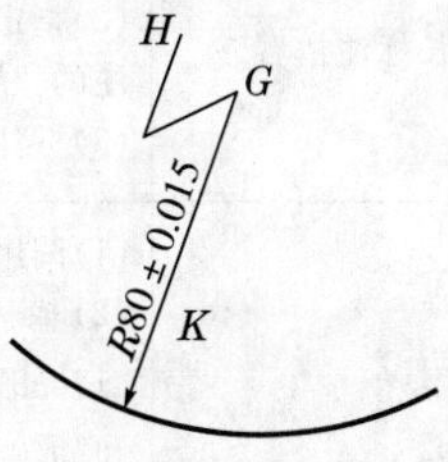 *H* *G*<br>*R80 ± 0.015* *K* |
| 文字(T) | (1)调用折弯标注命令,选择圆弧。<br>(2)指定图示中心位置:点击"H"点。<br>(3)输入选项"T",在命令行中输入"R80％％P0.015",按【Enter】键。<br>(4)指定尺寸线位置:点击"K"处。<br>(5)指定折弯位置:点击"G"点。<br>(6)标注结果如图例所示。(图中文字对齐方式为"与尺寸线对齐",折弯角度在样式中设为"45") | |
| 角度(A) | (1)调用折弯标注命令,选择圆弧。<br>(2)指定图示中心位置:点击"H"点。<br>(3)输入选项"A",在命令行中输入标注文字的角度"60",按【Enter】键。<br>(4)指定尺寸线位置:点击"K"处。<br>(5)指定折弯位置:点击"G"点。<br>(6)标注结果如图例所示。(图中文字对齐方式为"与尺寸线对齐",折弯角度在样式中设为"45") | 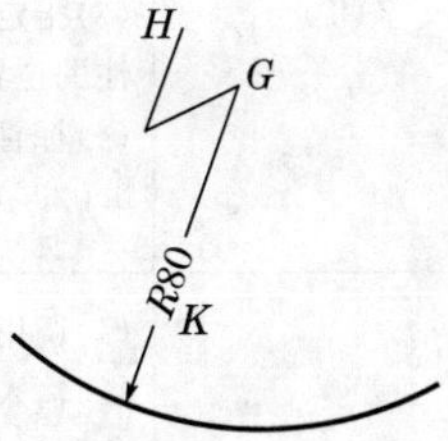 *H* *G*<br>*R80* *K* |

(10)弧长标注。用于测量圆弧或多段线圆弧段上的距离。在标注文字的上方或前面将显示圆弧符号。一般选择在标注文字的上方,具体在标注样式中设置。

① 弧长标注命令调用。

功能区:"注释"→"标注"→"弧长"按钮 ⌒;

菜单:"标注"→"弧长";

工具栏:标注 ⌒;

命令条目:dimarc。

② 弧长标注命令选项。

弧长标注位置:指定尺寸线的位置并确定延伸线的方向。

多行文字(M):显示在位文字编辑器,可用它来编辑标注文字。要添加前缀或后缀,就在生成的测量值前后输入前缀或后缀。

文字(T):在命令提示下,自定义标注文字。生成的标注测量值显示在尖括号中。

角度(A):修改标注文字的角度。

部分(P):缩短弧长标注的长度。

引线(L):添加引线对象。仅当圆弧(或圆弧段)大于 90°时才会显示此选项。引线是按径向绘制的,指向所标注圆弧的圆心。

③ 操作过程与图例。见表 11-21。

**表 11-21 弧长标注操作过程与图例表**

| 选 项 | 操作步骤 | 图 例 |
|---|---|---|
| 弧长标注位置 | (1)调用弧长标注命令,选择圆弧。<br>(2)指定弧长标注位置:在图形外侧点击弧长标注的位置。<br>(3)标注结果如图例所示。(弧长为"103.3") |  130.3 |
| 多行文字(M) | (1)调用弧长标注命令,选择圆弧。<br>(2)输入选项"M",弹出在位文字编辑器,在"130.3"后面点击@ ▼,输入后缀正负符号"±"和"0.020",点击确定,关闭在位文字编辑器。<br>(3)指定弧长标注位置:在图形外侧点击弧长标注的位置。<br>(4)标注结果如图例所示。(弧长为"103.3±0.020") | 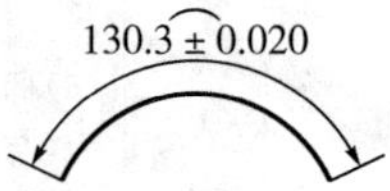 130.3±0.020 |
| 文字(T) | (1)调用弧长标注命令,选择圆弧。<br>(2)输入选项"T",在命令行中输入"130.3%%P0.020",按【Enter】键。<br>(3)指定弧长标注位置:在图形外侧点击弧长标注的位置。<br>(4)标注结果如图例所示。(弧长为"103.3±0.020") | |
| 角度(A) | (1)调用弧长标注命令,选择圆弧。<br>(2)输入选项"A",在命令行中输入标注文字的角度"60",按【Enter】键。<br>(3)指定弧长标注位置:在图形外侧点击弧长标注的位置。<br>(4)标注结果如图例所示。 |  130.3 |
| 部分(P) | (1)调用弧长标注命令,选择圆弧。<br>(2)输入选项"P",按【Enter】键。<br>(3)指定弧长标注的第一个点:点击"M"。<br>(4)指定弧长标注的第二个点:"N"。<br>(5)指定弧长标注位置:在图形外侧点击弧长标注的位置。<br>(6)标注结果如图例所示。(弧长为"102") | 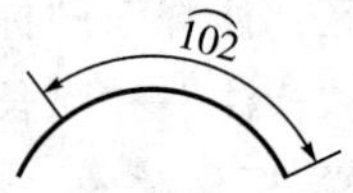 102 |
| 引线(L) | (1)调用弧长标注命令,选择圆弧。<br>(2)输入选项"L",按【Enter】键。<br>(3)指定弧长标注位置:在图形外侧点击弧长标注的位置。<br>(4)标注结果如图例所示。(引线是按径向绘制的,指向所标注圆弧的圆心) | 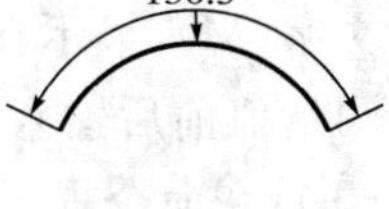 130.3 |

(11)快速标注。从选定对象快速创建一系列标注,可创建系列基线或连续标注,或者为一系列圆或圆弧创建标注。

① 快速标注命令调用。

功能区:"注释"→"标注"→"快速标注"按钮|⌐|;

菜单:"标注"→"快速标注";

工具栏:标注|⌐|;

命令条目:qdim。

② 快速标注命令选项。

连续(C):创建一系列连续标注。

并列(S):创建一系列并列标注。

基线(B):创建一系列基线标注。

坐标(O):创建一系列坐标标注。

半径(R):创建一系列半径标注。

直径(D):创建一系列直径标注。

基准点(P):为基线和坐标标注设置新的基准点。

编辑(E):编辑一系列标注。将提示用户在现有标注中添加或删除点。

设置(T):为指定延伸线原点设置默认对象捕捉。

③ 操作过程与图例。见表 11-22。

表 11-22　快速标注操作过程与图例表

| 选　项 | 操作步骤 | 图　例 |
|---|---|---|
| 连续(C) | (1)调用快速标注命令,选择图中 3 个圆和 3 个圆弧以及 4 条直线(粗实线),按【Enter】键。<br>(2)输入选项"C",按【Enter】键。<br>(3)指定尺寸线位置:在图形外侧点击尺寸标注的位置。<br>(4)标注结果如图例所示。 | 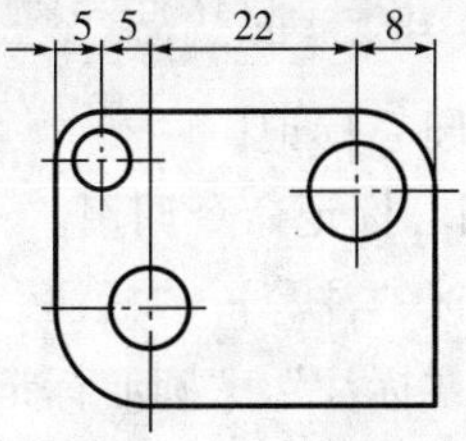 |
| 并列(S) | (1)调用快速标注命令,选择图中 3 个圆和 3 个圆弧以及 4 条直线(粗实线),按【Enter】键。<br>(2)输入选项"S",按【Enter】键。<br>(3)指定尺寸线位置:在图形外侧点击尺寸标注的位置。<br>(4)标注结果如图例所示。 | 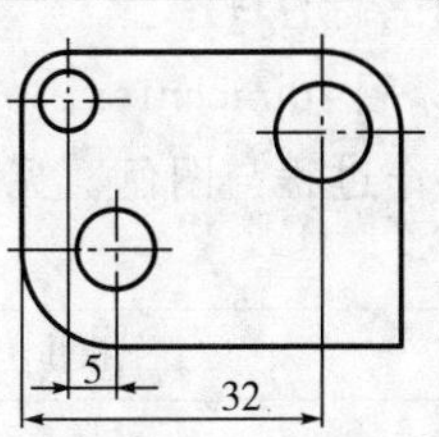 |
| 基线(B) | (1)调用快速标注命令,选择图中 3 个圆和 3 个圆弧以及 4 条直线(粗实线),按【Enter】键。<br>(2)输入选项"B",按【Enter】键。<br>(3)指定尺寸线位置:在图形外侧点击尺寸标注的位置。<br>(4)标注结果如图例所示。(基线间距在标注样式中先设好) | 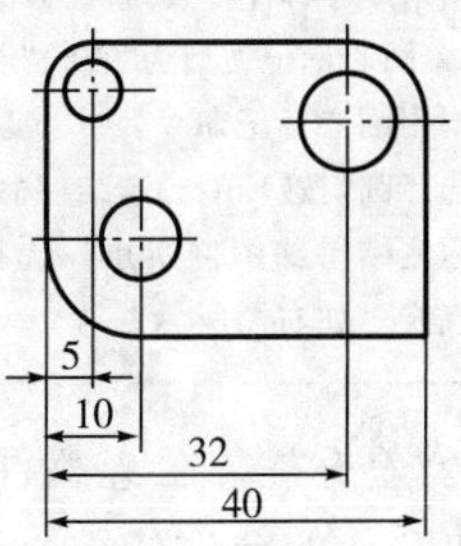 |

| 选　项 | 操作步骤 | 图　例 |
|---|---|---|
| 坐标(O) | (1)调用快速标注命令,选择图中3个圆和3个圆弧以及4条直线(粗实线),按【Enter】键。<br>(2)输入选项"O",按【Enter】键。<br>(3)指定尺寸线位置:在图形外侧点击尺寸标注的位置,尺寸线呈垂直位置,标注X坐标,尺寸线呈水平位置,标注Y坐标。<br>(4)标注结果如图例所示。(UCS坐标应预先设好,图中Y坐标值30、25、22的间距需调整,可用夹点编辑方法进行修改) | 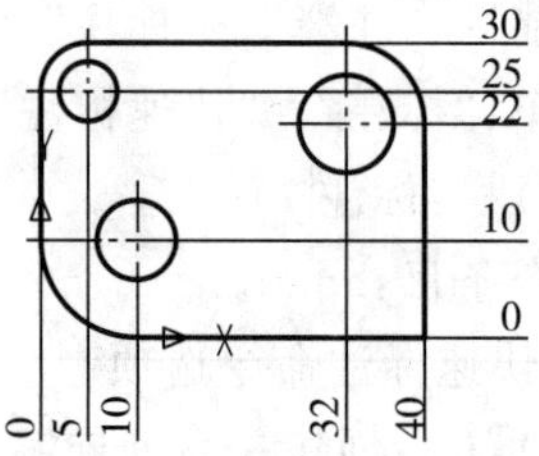 |
| 半径(R) | (1)调用快速标注命令,选择图中3个圆弧,按【Enter】键。<br>(2)输入选项"R",按【Enter】键。<br>(3)指定尺寸线位置:在图形外侧点击尺寸标注的位置。<br>(4)标注结果如图例所示。 | 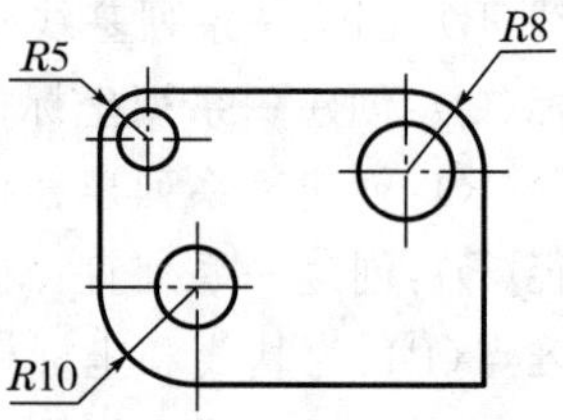 |
| 直径(D) | (1)调用快速标注命令,选择图中3个圆,按【Enter】键。<br>(2)输入选项"D",按【Enter】键。<br>(3)指定尺寸线位置:在图形外侧点击尺寸标注的位置。<br>(4)标注结果如图例所示。 | 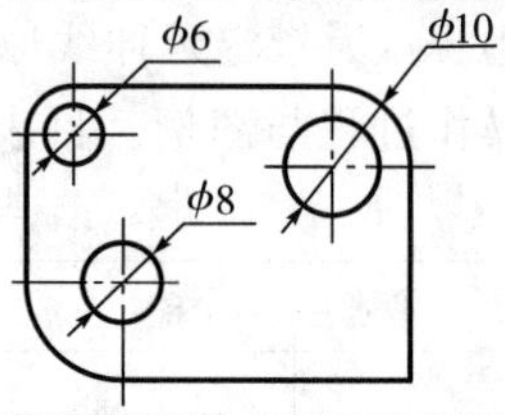 |

(12)圆心标记。

① 圆心标记命令调用。

功能区:"注释"→"标注"→ ▼ →"圆心标记"按钮⊕;

菜单:"标注"→"圆心标记";

工具栏:标注⊕;

命令条目:dimcenter。

② 操作过程与图例。见表11-23。

**表 11-23　圆心标记操作过程与图例表**

| 操作步骤 | 图　例 |
|---|---|
| (1)调用尺寸标注样式,选择修改,在修改标注样式管理器中设置圆心标记类型为"直线"或"标记",设置标记大小。<br>(2)调用圆心标记命令。<br>(3)选择圆,按【Enter】键结束命令。<br>(4)标注结果如图例所示。选择"标记"如左图所示,选择"直线",如右图所示。 | 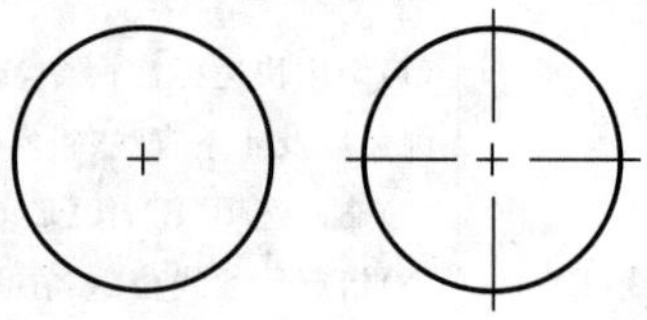 |

(13)公差标注。公差标注用来创建图样中的形位公差。形位公差表示形状、轮廓、方向、位置和跳动的允许偏差。可以通过特征控制框来添加形位公差,这些框中包含单个标注

的所有公差信息。创建形位公差若采用公差命令则创建不带引线的形位公差;若采用引线命令则创建带有引线的形位公差。

① 公差标注命令调用。

功能区:"注释"→"标注"→ ▼ →"公差"按钮⊕|1|;

菜单:"标注"→"公差";

工具栏:标注⊕|1|;

命令条目:tolerance。

② 公差对话框。

如图 11-81 所示,其中选项与功能见表 11-24。

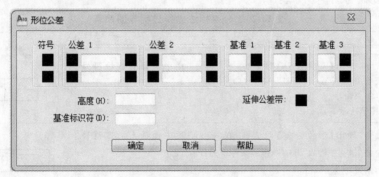

**图 11-81 【形位公差】对话框**

**表 11-24 公差对话框选项与功能表**

| 选 项 | | 功 能 |
|---|---|---|
| 符号 | | 显示从"符号"对话框中选择的几何特征符号,选择后对话框将关闭。"符号"对话框如图 11-82 所示。 |
| 公差1 | 公差1 | 创建特征控制框中的第一个公差值。可在公差值前插入直径符号,在其后插入包容条件符号。 |
| | 第一个框 | 在公差值前面插入直径符号。单击该框插入直径符号。 |
| | 第二个框 | 创建公差值。在框中输入公差值。 |
| | 第三个框 | 显示【包容条件】对话框,从中选择修饰符号,选择后对话框将关闭。【附加符号】对话框如图 11-83 所示。 |
| | 公差2 | 在特征控制框中创建第二个公差值。以与第一个相同的方式指定第二个公差值。 |
| 基准1 | 基准1 | 在特征控制框中创建第一级基准参照。基准参照由值和修饰符号组成。 |
| | 第一个框 | 创建基准参照值。在框中输入值,一般为大写英文字母。 |
| | 第二个框 | 显示【包容条件】对话框,从中选择修饰符号。 |
| | 基准2 | 在特征控制框中创建第二级基准参照,方式与创建第一级基准参照相同。 |
| 基准3 | | 在特征控制框中创建第三级基准参照,方式与创建第一级基准参照相同。 |
| 高度 | | 创建特征控制框中的投影公差高度值。在框中输入值。 |
| 延伸公差带 | | 在延伸公差值的后面插入延伸公差带符号🅟。 |
| 基准标识符 | | 创建由参照字母组成的基准标识符。在该框中输入字母。 |

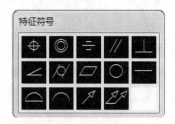

图 11-82 【特征符号】对话框          图 11-83 【附加符号】对话框

③ 操作过程与图例。见表 11-25。

表 11-25  公差标注操作过程与图例表

| 操作步骤 | 图　例 |
|---|---|
| (1)调用公差命令,弹出【形位公差】对话框,在"符号"栏中选择直线度符号"——",在"公差1栏"中输入"0.01"。<br>(2)点击"确定",结束命令。<br>(3)标注结果如图例所示。 | —— \| 0.01 |
| (1)调用公差命令,弹出【形位公差】对话框,在"符号"栏中选择平面度符号"▱",在"公差1栏"中输入"0.04",包容条件附加符号"Ⓛ"。<br>(2)点击"确定",结束命令。<br>(3)标注结果如图例所示。 | ▱ \| 0.04 Ⓛ |
| (1)调用公差命令,弹出【形位公差】对话框,在"符号"栏中选择同轴度符号"◎",在"公差1栏"中依次输入直径符号"⌀"、公差值"0.01",基准1中输入基准字母"A"。<br>(2)点击"确定",结束命令。<br>(3)标注结果如图例所示。 | ◎ \| ⌀ 0.01 \| A |
| (1)调用公差命令,弹出【形位公差】对话框,在"符号"栏中选择平行度符号"//",在"公差1栏"中输入公差值"0.02",基准1中输入基准字母"B"、包容条件附加符号"Ⓜ"。<br>(2)点击"确定",结束命令。<br>(3)标注结果如图例所示。 | // \| 0.02 \| BⓂ |
| (1)调用公差命令,弹出【形位公差】对话框,在"符号"栏上栏中选择直线度符号"——",下栏中选择垂直度符号"⊥",在"公差1栏"上栏中输入公差值"0.04",下栏中输入公差值"0.02",基准1下栏中输入基准字母"A"。<br>(2)点击"确定",结束命令。<br>(3)标注结果如图例所示。 | —— \| 0.04<br>⊥ \| 0.02 \| A |
| (1)调用公差命令,弹出【形位公差】对话框,在"符号"栏上栏中选择平行度符号"//",下栏中选择对称度符号"——",在"公差1栏"上栏中输入公差值"0.03",下栏中输入公差值"0.02",基准1上栏中输入基准字母"B",下栏中输入基准字母"A"。<br>(2)点击"确定",结束命令。<br>(3)标注结果如图例所示。 | // \| 0.03 \| B<br>—— \| 0.02 \| A |
| (1)调用公差命令,弹出【形位公差】对话框,在"符号"栏中选择垂直度符号"⊥",在"公差1栏"中输入公差值"0.01",基准1中输入基准字母"A"、基准2中输入基准字母"B"、基准3中输入基准字母"C"。<br>(2)点击"确定",结束命令。<br>(3)标注结果如图例所示。 | ⊥ \| 0.01 \| A \| B \| C |

(14)引线标注。可以快速创建引线和引线注释,而且引线和注释可以有多种格式。

① 引线标注命令调用。

功能区:"注释"→"引线"→"标注引线"按钮(需在管理标签下"用户界面"中进行加载);

菜单:"标注"→"标注引线"(需在管理标签下"用户界面"中进行加载);

工具栏:标注(需在管理标签下"用户界面"中进行加载);

命令条目:qleader。

② 引线标注命令选项。

指定第一个引线点:设置引线的位置。

设置(S):弹出【引线设置】对话框,进行"注释"、"引线和箭头"、"附着"3 个选项卡的设置。

③ 引线设置对话框。

"注释"选项卡:设置引线标注的注释类型,包括"注释类型"、"多行文字选项"、"重复使用注释"3 项,如图 11-84 所示。选项与功能见表 11-26。

**图 11-84　"注释"选项卡**

**表 11-26　"注释"选项卡选项与功能表**

| 选　项 | | 功　能 |
|---|---|---|
| 注释类型<br>(单选) | 多行文字 | 表示创建引线标注时将提示创建多行文字注释。 |
| | 复制对象 | 表示创建引线标注时提示复制创建多行文字、单行文字、公差或块参照对象。 |
| | 公差 | 表示创建引线标注时将显示"公差"对话框,可引线标注形位公差。 |
| | 块参照 | 表示创建引线标注时将提示插入一个块参照。 |
| | 无 | 表示创建无注释的引线。 |
| 多行文字<br>选项(复选) | 宽度 | 表示创建引线标注时将提示指定多行文字宽度。 |
| | 始终左对齐 | 表示创建引线标注时,多行文字注释始终向左对齐。 |
| | 文字边框 | 表示创建引线标注时,在多行文字注释周围放置边框。 |
| 重复使用<br>注释(单选) | 无 | 表示不重复使用引线注释。 |
| | 重复使用下一个 | 表示重复使用为后续引线创建的下一个注释。 |
| | 重复当前 | 表示重复使用当前注释。 |

"引线和箭头"选项卡：用来设置引线和箭头的格式，设置"引线"、"箭头"、"点数"、"角度约束"4项，如图11-85所示。选项与功能见表11-27。

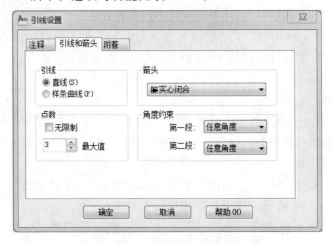

**图 11-85 "引线和箭头"选项卡**

**表 11-27 "引线和箭头"选项卡选项与功能见表**

| 选　项 | | 功　能 |
|---|---|---|
| 引线 | 直线 | 表示将在指定的引线点之间创建直线段。 |
| | 样条曲线 | 表示将使用指定的引线点作为控制点来创建样条曲线对象。 |
| 箭头 | 箭头 | 通过下拉列表选择一种箭头样式来定义引线箭头。常用的有"实心闭合"和"无"。 |
| 点数 | 无限制 | 选择该复选框，AutoCAD将不限制引线点数，引线标注时，用户可根据需要指定引线点数。 |
| | 最大值 | 取消对"无限制"复选框的选择，在该文本框中设置数值以限制引线的点数。一般设为"3"或"2"。 |
| 角度约束 | 第一段 | 在该下拉列表中选择选项以约束第一段引线的角度。 |
| | 第二段 | 在该下拉列表中选择选项以约束第二段引线的角度。 |

"附着"选项卡：用来设置多行文字注释相对于引线终点的位置。该选项卡只有在"注释"选项卡上选择"多行文字"注释类型时才可用，如图11-86所示。选项与功能见表11-28。

**图 11-86 "附着"选项卡**

表 11-28 "附着"选项卡选项与功能表

| 选 项 | 功 能 |
|---|---|
| 第一行顶部 | 表示将引线附着到多行文字的第一行顶部。 |
| 第一行中间 | 表示将引线附着到多行文字的第一行中间。 |
| 多行文字中间 | 表示将引线附着到多行文字的中间。 |
| 最后一行中间 | 表示将引线附着到多行文字的最后一行中间。 |
| 最后一行底部 | 表示将引线附着到多行文字的最后一行底部。 |
| 最后一行加下划线 | 表示给多行文字的最后一行加下划线。(选中该复选项,以上的各单选项将同时无效) |

④ 操作过程与图例。见表 11-29。

表 11-29 引线标注操作过程与图例表

| 选 项 | 操作步骤 | 图 例 |
|---|---|---|
| 多行文字 | (1)调用引线标注命令,输入"S",按【Enter】键。<br>(2)弹出【引线设置】对话框,在"注释"选项卡中,点击"多行文字"按钮,其余选择默认;在"符号和箭头"选项卡中的"箭头"中点击"无"选项,其余选择默认;在"附着"选项卡中点"最后一行加下划线"复选框,其余选项无效;点击"确定"。<br>(3)指定第一个引线点:利用端点或交点捕捉"A"点。<br>(4)指定下一点:利用端点或交点捕捉"B"点。<br>(5)指定下一点:打开正交,点击"C"处。<br>(6)指定文字宽度:输入"0",按【Enter】键。<br>(7)输入注释文字的第一行<多行文字(M)>:在命令行中输入"5×45％％D",按 2 次【Enter】键,结束命令。<br>(8)标注结果如图例所示。 | 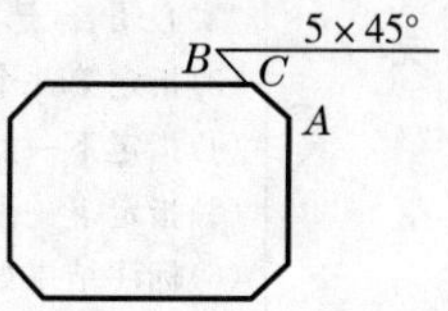 |
| 复制对象 | (1)调用引线标注命令,输入"S",按【Enter】键。<br>(2)弹出【引线设置】对话框,在"注释"选项卡中,点击"复制对象"按钮,其余选择默认;在"符号和箭头"选项卡中的"箭头"中点击"无"选项,其余选择默认;点击"确定"。<br>(3)指定第一个引线点:利用端点或交点捕捉"D"点。<br>(4)指定下一点:利用端点或交点捕捉"E"点。<br>(5)指定下一点:打开正交,点击"F"处。<br>(6)选择要复制的对象:选择"A"处的多行文字"5×45°",结束命令。<br>(7)标注结果如图例所示。 | 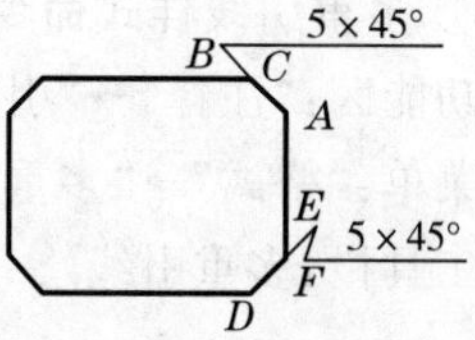 |
| 公差 | (1)调用引线标注命令,输入"S",按【Enter】键。<br>(2)弹出【引线设置】对话框,在"注释"选项卡中,点击"公差"按钮,其余选择默认;在"符号和箭头"选项卡中的"箭头"中点击"实心闭合"选项,其余选择默认;点击"确定"。<br>(3)指定第一个引线点:利用最近点捕捉"G"点。<br>(4)指定下一点:打开正交,点击"H"点。<br>(5)指定下一点:点击"K"点。<br>(6)弹出【形位公差】对话框,在"符号"栏中选择直线度符号"————",在"公差 1 栏"中输入"0.020",点击"确定",结束命令。<br>(7)标注结果如图例所示。 | 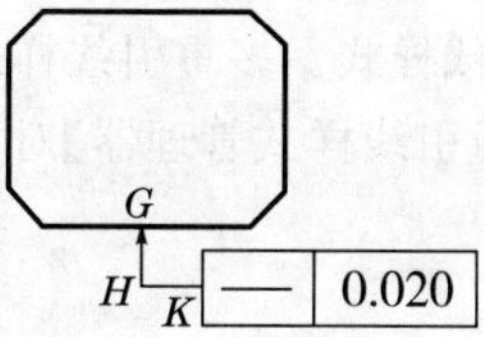 |

| 选 项 | 操作步骤 | 图 例 |
|---|---|---|
| 块参照 | (1).调用块命令,创建名为"基准符号"的块""。<br>(2)调用引线命令,在命令行中输入"S",按【Enter】键。<br>(3)弹出【引线设置】对话框,在"注释"选项卡中,点击"块参照"按钮,其余选择默认;在"符号和箭头"选项卡中的"箭头"中点击"实心闭合"选项,其余选择默认;点击"确定"。<br>(4)指定第一个引线点:利用最近点捕捉"G"点。<br>(5)指定下一点:打开正交,点击"H"点。<br>(6)指定下一点:点击"K"点,输入块名"基准符号"。<br>(7)指定插入点:点击"L"点。<br>(8)输入 X 比例因子"1",输入 Y 比例因子"1",指定旋转角度"0",结束命令。<br>(9)标注结果如图例所示。 | 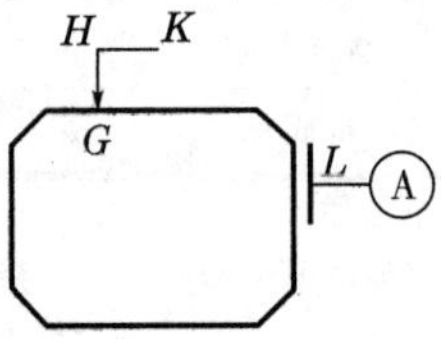 |
| 无 | (1)调用引线标注命令,输入"S",按【Enter】键。<br>(2)弹出【引线设置】对话框,在"注释"选项卡中,点击"无"按钮,其余选择默认;在"符号和箭头"选项卡中的"箭头"中点击"实心闭合"选项,其余选择默认;点击"确定"。<br>(3)指定第一个引线点:利用最近点捕捉"M"点。<br>(4)指定下一点:打开正交,点击"N"点。<br>(5)指定下一点:点击"K"点,结束命令。<br>(6)标注结果如图例所示。 | 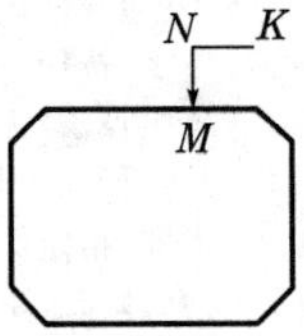 |

(15)多重引线样式。多重引线样式可以控制引线的外观。用户可以使用默认的多重引线样式 Standard,也可以创建自己的多重引线样式。多重引线样式可以指定基线、引线、箭头和内容的格式。

① 多重引线样式命令调用。

功能区:"注释"→"引线"→"多重引线样式" ﹀;

菜单:"格式"→"多重引线样式";

工具栏:多重引线;

工具栏:样式;

命令条目:mleaderstyle。

②【多重引线样式管理器】对话框。调用多重引线样式命令时会弹出【多重引线样式管理器】对话框,如图 11-87 所示。通过对话框可设置当前多重引线样式,创建、修改和删除多重引线样式。多重引线样式可以控制多重引线外观,可指定基线、引线、箭头和内容的格式。【多重引线样式管理器】对话框选项功能见表 11-30。

表 11-30　"多重引线样式管理器"选项功能表

| 选　项 | 功　能 |
|---|---|
| 当前标注样式: ISO-25<br>样式(S):<br>⚠ Annotative<br>ISO-25<br>Standard | 列出图形中的多重引线样式。⚠ Annotative、ISO-25、Standard 是 AutoCAD 2010 中默认的样式。当前样式 ISO-25 呈高亮度显示状态。 |
| 默认文字 | 预览:显示当前多重引线样式 Standard 的格式和外观。 |
| 置为当前(U) | 将选中的多重引线样式设置为当前多重引线样式,当前多重引线样式才可以使用。 |
| 新建(N)... | 显示【创建新多重引线样式】对话框,从中可以定义新的多重引线样式。 |
| 修改(M)... | 显示【修改多重引线样式】对话框,从中可以修改多重引线样式,对话框选项与【创建新多重引线样式】对话框选项相同。 |
| 替代(O)... | 显示【替代当前多重引线样式】对话框,从中可以设置多重引线样式的临时替代值,对话框选项与【创建新多重引线样式】对话框选项相同。 |
| 删除(D) | 删除选定的多重引线样式,不能删除图形中正在使用的样式。 |
| 列出(L):<br>所有样式 | 在样式列表中控制样式的显示,有"所有样式"和"正在使用的样式"2 个选项。 |
| 关闭 | 关闭对话框。 |
| 帮助(H) | 打开帮助文件。 |

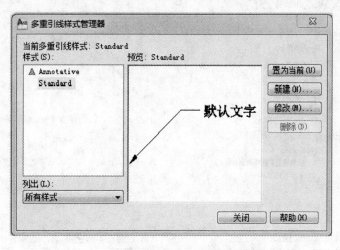

图 11-87　【多重引线样式管理器】对话框

③【修改多重引线样式】对话框。在多重引线样式管理器中点击 新建(N)... ，弹出【创建多重引线样式】对话框，在"新样式名"中选用默认选项，如图 11-88 所示。点击 继续 ，弹出【修改多重引线样式:副本 Standard】对话框，该对话框中包含"引线格式"选项卡，如图 11-89 所示，"引线结构"选项卡，如图 11-90 所示，"内容"选项卡(多行文字)，如图 11-91 所示，"内容"选项卡(块)如图 11-92 所示，"内容"选项卡(无)如图 11-93 所示。

**图 11-88 【创建多重引线样式】对话框**

【修改多重引线样式】对话框可以设置和修改多重引线样式的所有内容。

**图 11-89 "引线格式"选项卡**

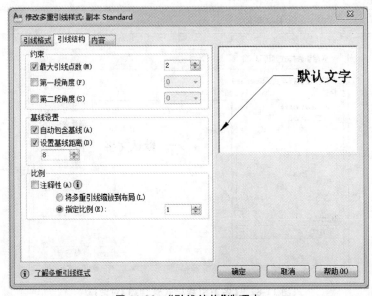

**图 11-90 "引线结构"选项卡**

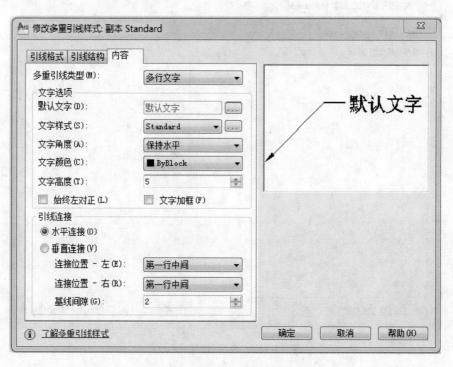

**图 11-91 "内容"选项卡(多行文字)**

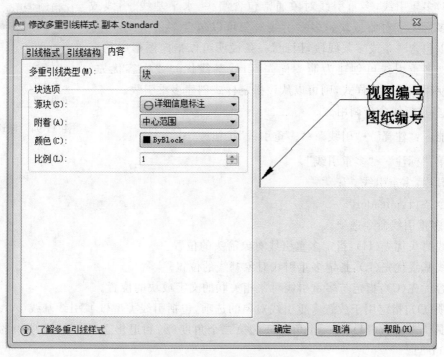

**图 11-92 "内容"选项卡(块)**

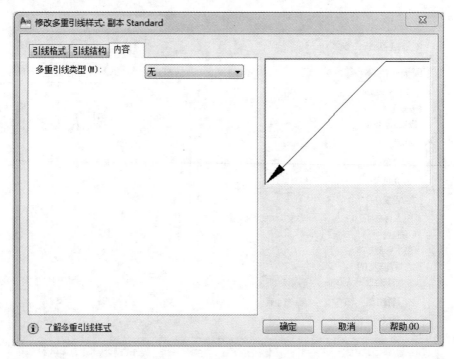

图 11-93　"内容"选项卡(无)

（16）多重引线，多重引线对象通常包含箭头、水平基线、引线或曲线和多行文字对象或块。多重引线对象可以包含多条引线，每条引线可以包含一条或多条线段，因此，一条说明可以指向图形中的多个对象。多重引线可创建为箭头优先、引线基线优先或内容优先。如果已使用多重引线样式，则可以从该指定样式创建多重引线。

图 11-94　源块类型

① 多重引线命令调用。

功能区："注释"→"引线"→"多重引线"按钮 ；

菜单："标注"→"多重引线"；

工具栏：多重引线 ；

命令条目：mleader。

② 多重引线命令选项。

引线箭头优先（H）：指定多重引线对象箭头的位置。

引线基线优先（L）：指定多重引线对象基线的位置。

内容优先（C）：指定与多重引线对象相关联的文字或块的位置。

选项（O）：指定用于放置多重引线对象的选项，包括引线类型（L）、引线基线（A）、内容类型（C）、最大节点数（M）、第一个角度（F）、第二个角度（S）和退出选项（X），选项中的内容可参见表 11-31。

表 11-31 修改多重引线样式对话框选项功能表

| 选 项 | | | 功 能 |
|---|---|---|---|
| 引线格式 | 常规区 | 类型 | 确定引线类型,可以选择直引线、样条曲线或无引线。 |
| | | 颜色 | 确定引线的颜色。 |
| | | 线型 | 确定引线的线型。 |
| | | 线宽 | 确定引线的线宽。 |
| | 箭头区 | 符号 | 设置多重引线的箭头符号,一般采用"实心闭合"。 |
| | | 大小 | 显示和设置箭头的大小。 |
| | 引线打断区 | 打断大小 | 显示和设置选择多重引线后用于 Dimbreak 命令折断大小。 |
| 引线结构 | 约束区 | 最大引线点数 | 指定引线的最大点数。 |
| | | 第一段角度 | 指定引线中的第一个点的角度。 |
| | | 第二段角度 | 指定多重引线基线中的第二个点的角度。 |
| | 基线设置区 | 自动包含基线 | 将水平基线附着到多重引线内容。 |
| | | 设置基线距离 | 为多重引线基线确定固定距离。 |
| | 比例区 | 注释性 | 指定多重引线为注释性。 |
| | | 将多重引线缩放到布局 | 根据模型空间视图和图纸空间视图中的缩放比例确定多重引线的比例因子。 |
| | | 指定缩放比例 | 指定多重引线的缩放比例。 |
| 内容 | 多重引线类型 | | 确定多重引线是包含文字还是包含块,或者为无。 |
| | 文字选项区 | 默认文字 | 为多重引线内容设置默认文字。 |
| | | 文字样式 | 列出可用的文本样式。 |
| | | 文字角度 | 指定多重引线文字的旋转角度。 |
| | | 文字颜色 | 指定多重引线文字的颜色。 |
| | | 文字高度 | 指定多重引线文字的高度。 |
| | | 始终左对齐 | 指定多重引线文字始终左对齐。 |
| | | 文字边框 | 使用文本框对多重引线文字内容加框。 |
| | 引线连接 | 水平连接 | 将引线插入到文字内容的左侧或右侧。 |
| | | 连接位置—左 | 控制文字位于引线右侧时基线连接到多重引线文字的方式。 |
| | | 连接位置—右 | 控制文字位于引线左侧时基线连接到多重引线文字的方式。 |
| | | 基线间隙 | 指定基线和多重引线文字之间的距离。 |
| | | 垂直连接 | 将引线插入到文字内容的顶部或底部。 |
| | | 连接位置—上 | 将引线连接到文字内容的中上部。 |
| | | 连接位置—下 | 将引线连接到文字内容的底部。 |
| | 块 | 源块 | 指定用于多重引线内容的块,如图 11-92 所示。 |
| | | 附着 | 指定块附着到多重引线对象的方式。可以通过指定块的插入点或块的圆心来附着块。 |
| | | 颜色 | 指定多重引线块内容的颜色。 |
| | | 比例 | 指定插入时块的比例。 |
| | | 预览 | 显示已修改样式的预览图像。 |

③ 操作过程与图例。见表 11-32。

**表 11-32 多重引线操作过程与图例表**

| 选　项 | | 操作步骤 | 图　例 |
|---|---|---|---|
| 引线箭头优先（H） | | (1)调用多重引线样式命令,选择默认样式 Standard。<br>(2)调用多重引线命令,输入"H",按【Enter】键,点取"A"点,确定引线箭头的位置;点取"B"点,确认引线基线的位置。<br>(3)弹出【文字编辑器】对话框,在基线右边输入"1×45",点击文字格式工具栏中符号按钮 @ ▾,在弹出的下拉菜单中选择"度数％％d",得到特殊字符"°",点击"确定",关闭【文字编辑器】对话框。<br>(4)标注结果如图例所示。 | 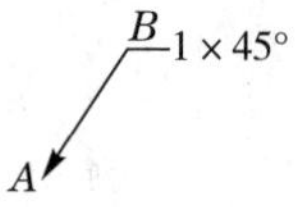 |
| 引线基线优先（L） | | (1)调用多重引线样式命令,选择默认样式 Standard。<br>(2)调用多重引线命令,输入"L",按【Enter】键,点取"C"点,确定引线基线的位置;点取"D"点,确认引线箭头的位置。<br>(3)弹出【文字编辑器】对话框,在基线右边输入"1×45",点击文字格式工具栏中符号按钮 @ ▾,在弹出的下拉菜单中选择"度数％％d",得到特殊字符"°",点击"确定",关闭【文字编辑器】对话框。<br>(4)标注结果如图例所示。 | 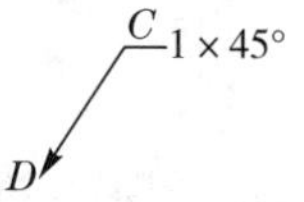 |
| 内容优先（C） | 多行文字（M） | (1)调用多重引线样式命令,选择默认样式 Standard。<br>(2)调用多重引线命令,输入"C",按【Enter】键,输入"M",按【Enter】键,点取两对角点,确定多行文字的区域。<br>(3)弹出【文字编辑器】对话框,输入"1×45",点击文字格式工具栏中符号按钮 @ ▾,在弹出的下拉菜单中选择"度数％％d",得到特殊字符"°",点击"确定",关闭【文字编辑器】对话框。<br>(4)点取"F"点,确认引线箭头的位置。<br>(5)标注结果如图例所示。 | 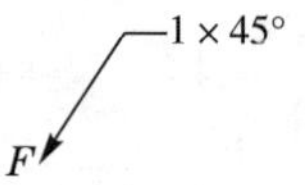 |
| | 块（B） | (1)调用多重引线样式命令,选择默认样式 Standard,进行修改:箭头为"点",选择"自动带有基线",引线内容为"块",选择"圆",附着为"中心",设为当前样式。<br>(2)调用多重引线命令,输入"L",按【Enter】键,点取"M"、"H"点,确定引线基线的位置;点取"N"、"G"点,确认引线箭头的位置。<br>(3)在圆中填写数字"1"或"2"。<br>(4)多重引线标注如带圈的"1"、"2",如图例所示。 | 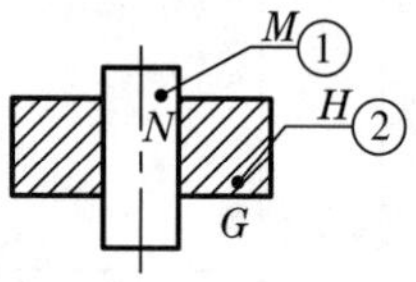 |
| | 无（N） | (1)调用多重引线样式命令,选择默认样式 Standard,进行修改:箭头为"实心闭合",选择"自动带有基线",引线内容为"无",设为当前样式。<br>(2)调用多重引线命令,输入"L",按【Enter】键,点取"K"点,确定引线基线的位置;点取"N"点,确认引线箭头的位置。<br>(3)标注结果如图例所示。 | 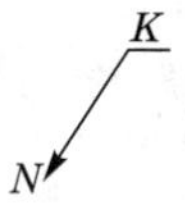 |
| 选项（O） | | (1)调用多重引线命令,输入"O"按【Enter】键,输入"L"按【Enter】键,输入"S"按【Enter】键,引线类型确认为"直线";输入"A"按【Enter】键,输入"Y"按【Enter】键,输入"8"按【Enter】键,确认使用基线,固定基线距离为"8";输入"C"按【Enter】键,输入"M"按【Enter】键,确认内容类型为"多行文字";输入"M"按【Enter】键,输入"2",按【Enter】键,确认最大节点数为"2";输入"F"按【Enter】键,输入"60"按【Enter】键,确认第一个角度约束;输入"X"按【Enter】键,确认"退出"选项。<br>(2)输入"L",按【Enter】键,点取"C"点,确定引线基线的位置;点取"D"点,确认引线箭头的位置。<br>(3)弹出【文字编辑器】对话框,在基线右边输入"1×45",点击文字格式工具栏中符号按钮 @ ▾,在弹出的下拉菜单中选择"度数％％d",得到特殊字符"°",点击"确定",关闭【文字编辑器】对话框。<br>(4)标注结果如图例所示。 | 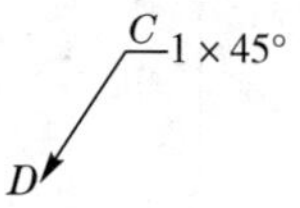 |

（17）尺寸公差标注。在实际生产中,用尺寸公差能有效控制零件的加工精度,许多零件图上需要标注极限偏差或公差带代号,它的标注形式可以通过标注样式中的公差格式来设置,也可以利用标注命令中多行文字选项创建堆叠文字来实现,具体见前面所述。利用 AutoCAD 2010 尺寸标注样式时,可用"新建"、"修改"或"替代"某一种标注样式,对"公差"选项卡进行设置,然后在绘图区域中选择需要标注公差的对象来进行标注。如果用户利用"修改"标注样式的方法来设置"公差"选项卡,将对在此之前的尺寸标注也产生影响;如果利用"替代"标注样式的方法来设置"公差"选项卡,将对在此之后的尺寸标注产生影响。以图 11-95 为例说明尺寸公差的设置步骤。

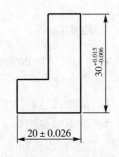

图 11-95　尺寸公差标注

① 点击功能区:"注释"→"标注"→ ,在"标注样式管理器"中创建新的样式:"ISO－25公差"。打开"公差"选项卡,如图 11-96 所示。在公差格式区设置"方式"为"极限偏差"。在"精度"栏选择"0.000";输入"上偏差":"0.015";"下偏差":"0.006";"高度比例":"0.5";"垂直位置":"中"。

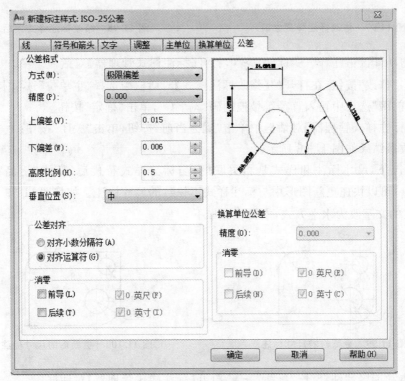

图 11-96　新建公差标注样式

② 将该样式置为当前,利用"线性标注"标注尺寸"$30^{+0.015}_{-0.006}$"。（上偏差为正时,在偏差值前输入正号"＋";下偏差为负时,在偏差值前输入负号"－"。）

③ 同上述步骤,建立"ISO－25 公差 2"样式,改变公差标注方式为"对称"。可标注尺寸"20±0.026"。

4. 尺寸编辑

在 AutoCAD 2010 中,可以编辑尺寸标注样式、编辑标注文字内容和位置以及标注特性。

(1)编辑尺寸标注样式。使用"标注样式管理器"中的"修改"按钮,可通过【修改标注样式】对话框来编辑图形中所有与标注样式相关联的尺寸标注。如将图 11-97 所示的"30"改为"φ30",主要步骤如下。

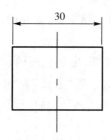

图 11-97　修改标注样式之前

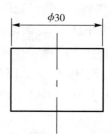

图 11-98　修改标注样式之后

① 点击功能区:"注释"→"标注"→⬃,打开【标注样式管理器】对话框。

② 单击"修改"按钮,在打开的【修改标注样式】对话框中选择"主单位"选项卡。

③ 在"前缀"选项中输入直径符号控制码"％％C",单击"确定"按钮。

④ 在【标注样式管理器】对话框中单击"置为当前"按钮,单击"关闭"按钮。

⑤ 修改后结果如图 11-98 所示。

通常情况下,尺寸标注和样式是相关联的,当标注样式替代后,使用"更新标注"命令🔄(dimstyle)可以快速更新图形中与标注样式不一致的尺寸标注。如将图 11-99 所示的 φ6、φ8、R10、R8 的文字改为水平方式,主要步骤如下。

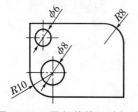

图 11-99　更新前的尺寸标注

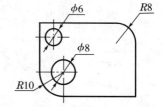

图 11-100　更新后的尺寸标注

(a)点击功能区:"注释"→"标注"→⬃,打开【标注样式管理器】对话框。

(b)单击"替代"按钮,在打开的【替代当前样式】对话框中选择"文字"选项卡。

(c)在"文字对齐"设置区中选择"水平"单选钮,然后单击"确定"按钮。

(d)在【标注样式管理器】对话框中单击"置为当前",单击"关闭"按钮。

(e)点击功能区:"注释"→"标注"→🔄(更新标注)。

(f)在图形中单击需要修改其标注的对象,如 φ6、φ8、R10、R8。

(g)按【Enter】键,结束对象选择,则更新后的标注如图 11-100 所示。

（2）编辑标注文字内容和位置,倾斜命令可以实现修改原尺寸为新文字、调整文字到默认位置、旋转文字和倾斜尺寸界线。

① 倾斜命令调用。

功能区:"注释"→"标注"▼→"倾斜"按钮|-/;

菜单:"标注"→"倾斜";

工具栏:标注|-/;

命令条目:dimedit。

② 倾斜命令选项。

默认（H）:选定的标注文字移回到由标注样式指定的默认位置和旋转角。

新建（N）:在打开的【多行文字编辑器】对话框中修改标注文字。

旋转（R）:旋转标注文字。

倾斜（O）:调整线性标注延伸线的倾斜角度。

③ 操作过程与图例。见表 11-33。

表 11-33　倾斜操作过程与图例表

| 选　项 | 操作步骤 | 图　例 |
|---|---|---|
| 默认（H） | （1）调用倾斜命令,敲 2 次【Enter】键,输入"H",按【Enter】键。<br>（2）选择左图中尺寸"φ30"（文字角度 30°）,按【Enter】键。尺寸"φ30"（文字角度 0°,呈水平位置）。<br>（3）标注结果如右图所示。 | 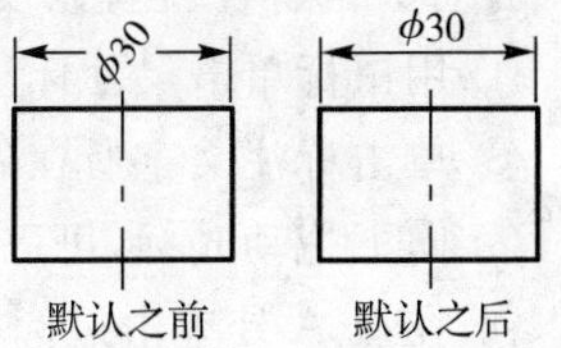 默认之前　　默认之后 |
| 新建（N） | （1）调用倾斜命令,敲 2 次【Enter】键,输入"N",按【Enter】键。<br>（2）弹出【多行文字编辑器】对话框,在文字编辑框中输入直径符号控制码"％％C"。<br>（3）在图形中选择需要编辑的标注对象,选择尺寸"30",按【Enter】键结束对象选择。尺寸变为"φ30"。<br>（4）标注结果如右图所示。 | 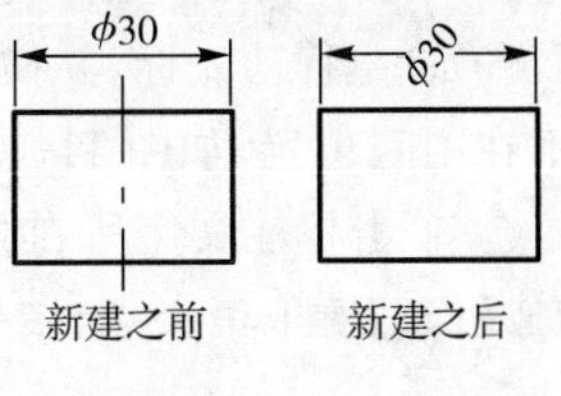 新建之前　　新建之后 |
| 旋转（R） | （1）调用倾斜命令,敲 2 次【Enter】键,输入"R",按【Enter】键。<br>（2）指定标注文字的角度,输入"45",按【Enter】键。<br>（3）在图形中选择需要编辑的标注对象,选择尺寸"30"（文字角度 0°,呈水平位置）,按【Enter】键。尺寸"30"文字角度变为 45°。<br>（4）标注结果如右图所示。 | 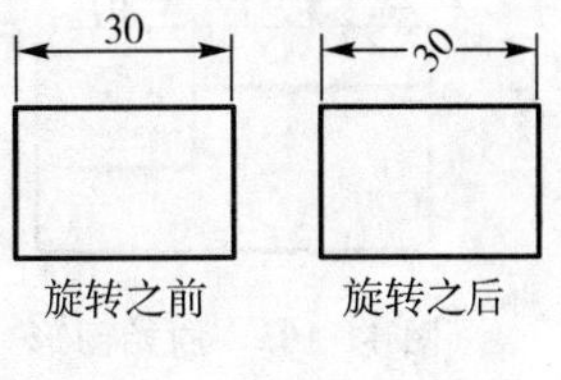 旋转之前　　旋转之后 |
| 倾斜（O） | （1）调用倾斜命令。<br>（2）选择需要倾斜的尺寸标注对象,选择尺寸"30"按【Enter】键。<br>（3）指定标注文字的角度,输入"60",按【Enter】键。<br>（4）尺寸"30"延伸线倾斜 60°。<br>（5）标注结果如右图所示。 | 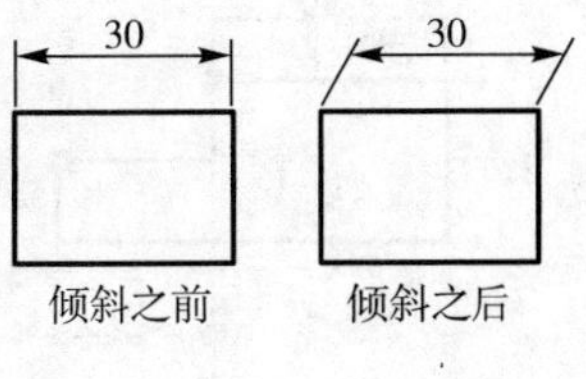 倾斜之前　　倾斜之后 |

文字角度可以点击功能区:"注释"→"标注"▼下的文字角度按钮\，选择需要编辑的标

注对象尺寸 30,按【Enter】键,输入文字角度值"45",按【Enter】键,完成文字角度的修改,如图 11-101 所示。

文字对齐方式可以点击功能区:"注释"→"标注"▼下的左对齐按钮┣━┥,选择需要编辑的标注对象尺寸"30",按【Enter】键,将文字对齐方式修改为左对齐,如图 11-102 所示。

点击功能区:"注释"→"标注"▼下的右对齐按钮┣━┥,选择需要编辑的标注对象尺寸"30",按【Enter】键,将文字对齐方式修改为右对齐,如图 11-103 所示。

点击功能区:"注释"→"标注"▼下的居中对齐按钮┣━┥,选择需要编辑的标注对象,按【Enter】键,将文字对齐方式修改为居中对齐,如图 11-104 所示。

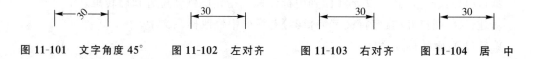

图 11-101　文字角度45°　　图 11-102　左对齐　　　图 11-103　右对齐　　图 11-104　居　中

(3)夹点调整标注位置。使用夹点可以非常方便地移动尺寸线、尺寸延伸线和标注文字的位置。在该编辑模式下,可以通过调整尺寸线两端或标注文字所在处的夹点来调整标注的位置,也可以通过调整尺寸延伸线夹点来调整标注长度。例如,要调整如图 11-105 所示的尺寸"20"的标注位置以及在此基础上再增加标注长度,可按如下步骤进行操作。

① 用鼠标单击尺寸标注,这时在该标注上将显示夹点,如图 11-106 所示。

② 单击标注文字所在处的夹点,该夹点将被选中。

③ 向下拖动光标,可以看到夹点跟随光标一起移动。

④ 在点 A 处单击鼠标,确定新标注位置,如图 11-107 所示。

⑤ 单击尺寸 20 延伸线左上端的夹点,将其选中,如图 11-108 所示。

⑥ 向左移动光标,并捕捉到点 B,单击确定捕捉到的点,则总长尺寸 50 被注出,尺寸文本不在中间位置,如图 11-109 所示。

⑦ 单击标注文字所在处的夹点,向左拖动光标,夹点跟随光标一起移动,遇到中点单击,按【Esc】键取消夹点,结果如图 11-111 所示。

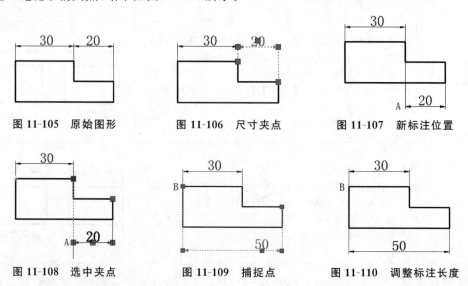

图 11-105　原始图形　　　图 11-106　尺寸夹点　　　图 11-107　新标注位置

图 11-108　选中夹点　　　图 11-109　捕捉点　　　图 11-110　调整标注长度

（4）标注特性。在 AutoCAD 2010 中，利用"特性"可以在图形中显示和更改任何对象的当前特性。选择尺寸标注，可以使用该窗口查看和快速编辑包括标注文字在内的任何标注特性，例如线型、颜色、文字位置以及由标注样式定义的其他特性。"特性"窗口如图 11-111 所示。

**图 11-111　尺寸标注特性窗口**

双击尺寸标注即可打开特性窗口，有"常规"、"其他"、"直线和箭头"、"文字"、"调整"、"主单位"、"换算单位"、"公差"等选项。如需修改某项，可直接在窗口中设置，设置完毕按【Esc】键取消夹点即可。例如将尺寸文本"20"改为"ϕ20"，其步骤如下。

① 双击尺寸"20"，弹出尺寸标注特性窗口。

② 在窗口"文字"选项中"文字替代"栏输入"％％C20"。

③ 在屏幕中单击鼠标。

④ 按【Esc】键取消夹点。

其他更改同上。如果要将修改的标注特性保存到新样式中，可右击修改后的标注，从弹出的快捷菜单中选择"标注样式"→"另存为新标注样式"。在

**图 11-112　【另存为新标注样式】对话框**

【另存为新标注样式】对话框中输入新样式名，然后单击"确定"按钮，如图 11-112 所示。

### 11.2.3 项目实施

#### 1.项目分析

本项目主要是进行尺寸标注,主要包含线性、对齐、角度、基线、连续、半径、直径、尺寸公差和形位公差9种类型。AutoCAD 2010尺寸标注时,首先应遵循国家制图标准有关尺寸标注法的规定,不能漏标注,也不能多标注,最好按尺寸标注类型的顺序依次标注;应为尺寸标注单独设置一个图层,便于图形的管理;应创建用于尺寸标注的文字样式;应设置尺寸标注的样式,便于控制尺寸标注的格式和外观,有利于执行相关的绘图标准;应合理利用对象捕捉,有助于快捷准确地捕捉到需要的标注对象。

#### 2.绘制过程

(1)建图层。分别建立中心线层、细实线层、粗实线层、尺寸线层、文字层,并设定各层线型、颜色、线宽,具体设置见表11-34。

表 11-34 图层设置表

| 图层名称 | 颜 色 | 线型名称 | 线 宽 |
|---|---|---|---|
| 中心线 | 红色 | CENTER | 0.25 |
| 细实线 | 黑色 | CONTINUOUS | 0.25 |
| 粗实线 | 黑色 | CONTINUOUS | 0.50 |
| 尺寸线 | 黑色 | CONTINUOUS | 0.25 |
| 文字 | 黑色 | CONTINUOUS | 0.25 |

点击功能区:"常用"→"图层"→"图层特性"按钮 ,打开【图层特性管理器】对话框进行图层设置,将粗实线层设为当前层,如图11-113所示。

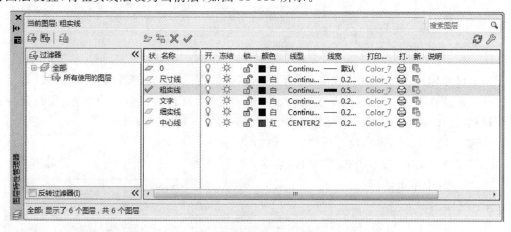

图 11-113 图层设置

(2)设置尺寸标注样式。考虑到9种标注类型,设置3个标注样式,点击功能区:"注释"→"标注"→ ,弹出【标注样式管理器】对话框,从中选择系统默认样式之一"ISO—25"作为标注基础样式,点击"修改",将"直线"选项卡中"基线间距"设置为"10";将"箭头"选项卡中"箭头大小"设置为"2.5";"圆心标记"类型设置为"标记";将"文字"选项卡中"文字高度"设置为"3.5";"文字对齐"方式设置为"与尺寸线对齐",如图 11-114 所示。在此基础上新建"尺寸公差"样式用于尺寸公差标注,将【标注样式管理器】对话框"文字"选项卡中"文字对齐"方式设置为"水平";"公差"选项卡中"方式"设置为"极限偏差"。在"精度"栏选择"0.000";输入"上偏差":"0.006";"下偏差":"0.015";"高度比例":"0.5";"垂直位置":"中",如图 11-115 所示。新建"水平"样式用于"角度"标注,在【标注样式管理器】对话框"文字"选项卡中设置"文字对齐方式"为"水平",如图 11-116 所示。

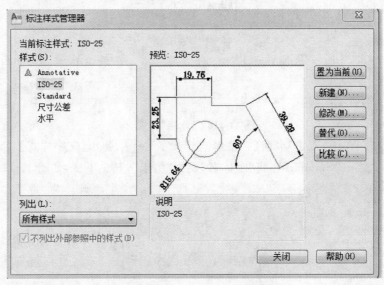

图 11-114 "ISO-25"基础样式

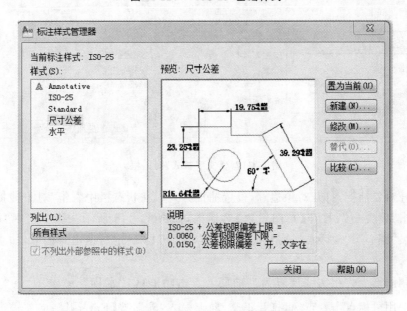

图 11-115 "尺寸公差"样式

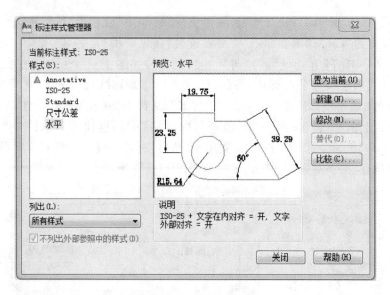

图 11-116 "水平"样式

(3)设置文字样式。点击功能区："注释"→"文字"→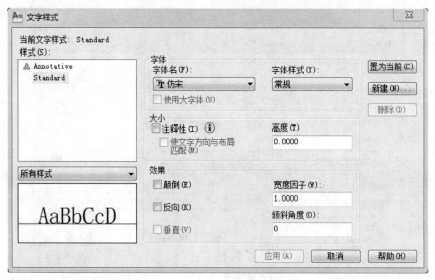，弹出【文字样式】对话框，从中选择系统默认样式之一——"Standard"，将"字体名"设为"仿宋"，其余不变，如图 11-117 所示。

图 11-117 【文字样式】对话框

(4)打开对象捕捉，打开对象追踪，设置捕捉方式。在状态栏中右击"对象捕捉"，弹出快捷菜单，点击"设置…"，打开【草图设置】对话框，如图 11-118 所示。从中选中"端点"、"中点"、"交点"、"圆心"、"象限点"、"最近点"捕捉方式，点击"确定"，退出对话框，如有其他需要可重新设置。

(5)绘制图形。将粗实线层置为当前层。点击功能区："常用"→"绘图"→"直线"按钮，在屏幕中用鼠标点击一点 $A$，打开正交，向上输入"50"，按【Enter】键；向左输入"100"，按【Enter】键；继续输入"@50<−150"，按【Enter】键；继续输入"@30<−60"，按【Enter】键；再

按【Enter】键退出直线命令。重复执行直线命令,捕捉 A 点,向左画线与左下方的斜线相交,按【Enter】键退出直线命令。点击功能区:"常用"→"修改"→"修剪"按钮，进行修剪,结果如图 11-119 所示。

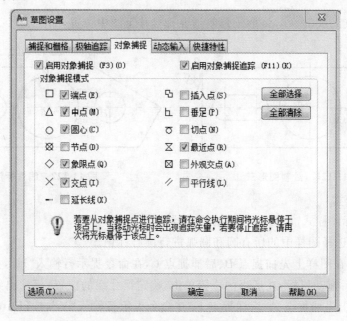

**图 11-118 【草图设置】对话框**

点击，捕捉直线 AB 中点,向左画线,应超出轮廓线 3mm 左右。点击功能区:"常用"→"修改"→"偏移"按钮，选择直线 AB,分别输入偏移距离值"15"、"35"、"70"、"110",依次向左偏移,按【Enter】键,可获得 R8 的 2 个圆心、φ40 的圆心和 φ20 的圆心。点击功能区:"常用"→"绘图面板"→"圆"按钮，捕捉交点确定圆心,绘制出 R8 的 2 个圆、φ40 的圆和 φ20 的圆。点击，将 R8 的 2 个整圆修剪成 2 个半圆。选中过圆心的直线,将它们设为中心线层,利用夹点调整中心线长度,结果如图 11-120 所示。

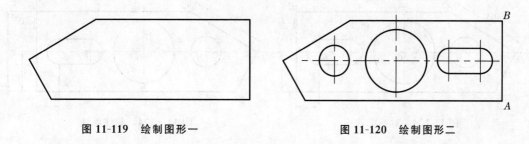

**图 11-119　绘制图形一**　　　　**图 11-120　绘制图形二**

点击，在图形外合适位置捕捉一点确定圆心,输入半径值"3.5",绘制出 φ7 的圆。

点击，捕捉 φ7 的圆心,向左画线输入长度"3",按【Enter】键,结束直线命令。重复执行直线命令,利用对象追踪,捕捉 φ7 圆的上象限点与长度为"3"直线的左端点相交的交点,向下画线输入长度"7",按【Enter】键,结束直线命令。点击，文字高度输入"3.5",其余为默认项,输入"A",按 2 次【Enter】键,结束文字输入。点击 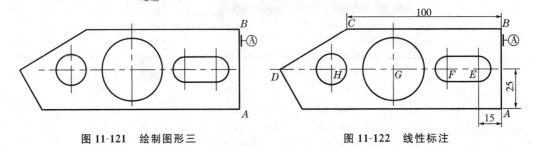 移动,将文字"A"移入 φ7 圆心位置,对图中的圆、文字、水平线的线宽设置为"0.25",垂直线的线宽设为形位公差基准符号"├─Ⓐ",绘制完成。点击 移动,将形位公差基准符号移至图中位置,如图 11-121 所示。

图 11-121　绘制图形三　　　　　图 11-122　线性标注

（6）尺寸标注。

① 将尺寸标注样式"ISO-25"置为当前样式。

② 点击⊙,选择图样中的所有圆和圆弧进行圆心标记。

③ 点击├┤,在图样上先捕捉点 B、后捕捉点 C,在命令提示行输入"H",按【Enter】键,创建水平标注,然后拖动鼠标,在适当的位置单击,确定尺寸线的位置,标注出线性尺寸"100";点击├┤,在图样上先捕捉点 A、后捕捉点 E,在命令提示行输入"V",按【Enter】键,创建垂直标注,然后拖动鼠标,在适当的位置单击,确定尺寸线的位置,标注出线性尺寸"25";点击├┤,在图样上先捕捉点 A、后捕捉点 E,在命令提示行输入"H",按【Enter】键,创建水平标注,然后拖动鼠标,在适当的位置单击,确定尺寸线的位置,标注出线性尺寸"15"。以上操作结果如图 11-122 所示。

④ 点击↖,在图样上捕捉点 C、点 D,然后拖动鼠标,在适当的位置单击,确定尺寸线的位置,标注出对齐尺寸"50",结果如图 11-123 所示。

⑤ 点击├┒,输入"S",按【Enter】键,选择尺寸"25",点击 B 点,按 2 次【Enter】键,标注出基线尺寸"50",结果如图 11-124 所示。

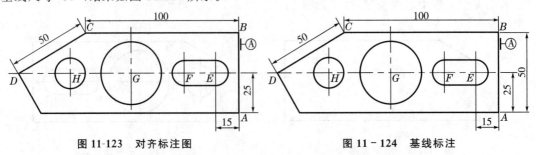

图 11-123　对齐标注图　　　　　图 11-124　基线标注

⑥ 点击├┼┤,输入"S",按【Enter】键,选择尺寸"15",点击 F 点、G 点、H 点,按 2 次【Enter】键,依次标注出连续尺寸"20"、"35"、"40",结果如图 11-125 所示。

⑦ 将尺寸标注样式"水平"置为当前样式。点击△,选择直线 BC 和直线 CD,然后拖动鼠标,在适当的位置单击,确定尺寸线的位置,标注出角度尺寸"150°";点击△,选择直线 CD 和直线 DL,然后拖动鼠标,在适当的位置单击,确定尺寸线的位置,标注出角度尺寸"90°"。

结果如图 11-126 所示。

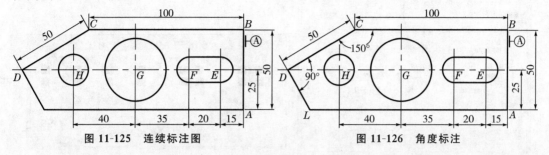

图 11-125　连续标注图　　　　　图 11-126　角度标注

⑧ 点击 $\bigotimes$，选择圆心为 $E$ 点的圆弧，然后拖动鼠标，在适当的位置单击，确定尺寸线的位置，标注出半径尺寸"$R8$"；点击 $\bigotimes$，选择圆心为 $G$ 点的圆，然后拖动鼠标，在适当的位置单击，确定尺寸线的位置，标注出直径尺寸"$\phi 40$"。结果如图 11-127 所示。

⑨ 将尺寸标注样式"尺寸公差"置为当前样式。点击 $\bigotimes$，选择圆心为 $H$ 点的圆，然后拖动鼠标，在适当的位置单击，确定尺寸线的位置，标注出直径带公差尺寸"$\phi 20^{-0.006}_{-0.015}$"。结果如图 11-128 所示。

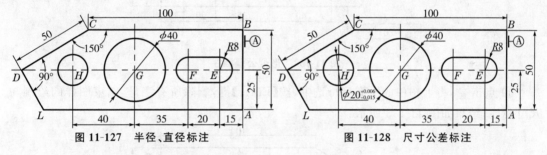

图 11-127　半径、直径标注　　　　　图 11-128　尺寸公差标注

⑩ 点击 $\bigotimes$，输入"S"，按【Enter】键，弹出【引线设置】对话框，在"注释类型"中选择"公差"，如图 11-129 所示。在"引线"中选择"直线"，"箭头"中选择"实心闭合"，如图 11-130 所示。设置完点击"确定"按钮。用最近点捕捉拾取点 $M$，垂直向下捕捉点 $N$，水平向左捕捉点 $K$，打开【形位公差】对话框，如图 11-131 所示。单击"符号"方框，选择垂直度公差符号"▉"，在"公差1"栏中输入形位公差值"0.03"，在"基准1"中输入基准字母"A"，单击"确定"按钮结束形位公差的标注，结果如图 11-132。

图 11-129　"注释"选项卡

图 11-130 "引线和箭头"选项卡

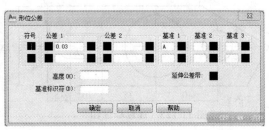

图 11-131 【形位公差】对话框

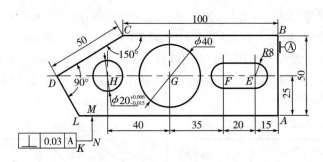

图 11-132 形位公差标注

⑪ 点击 ✎,将上图中的所有字母选中,按【Enter】键,删除所有字母,结束图样的绘制与尺寸标注,结果如图 11-133 所示。

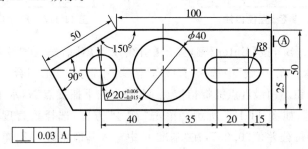

图 11-133 尺寸标注完成图

## 本章小结

本项目介绍了二维绘图中文本与尺寸标注,标注是图样中必不可少的环节,因此必须掌握。学习时应关注软件操作方法及各功能键的用途,熟悉操作环境,才能不断提高绘图的效率。

本项目知识点较多,主要是文本标注与尺寸标注两方面。文本标注不仅要掌握文字样式的设置、单行文字与多行文字命令、堆叠文字创建、特殊符号的输入,还要掌握单行文字与多行文字的编辑修改。尺寸标注不仅要掌握标注样式的设置、尺寸标注命令、引线标注创建、尺寸公差与形位公差的标注,还要掌握尺寸标注的编辑修改。在学习过程中,要结合机械制图知识,按照循序渐进的方法,通过图形标注的练习,掌握综合运用各种标注的方法。

# 第 **12** 章
## 计算机绘图综合举例

**学习目标**

□ 熟悉 AutoCAD 2010 创建绘图样板的过程，了解 AutoCAD 2010 创建绘图样板的原理与方法，掌握图层样式、文字样式和标注样式的操作方法。

□ 掌握 AutoCAD 2010 创建块的过程，掌握创建块的操作方法，培养何种类型的图形数据可以创建为块，熟悉块的插入操作。

□ 掌握 AutoCAD 2010 创建几何约束与标注约束，熟悉 AutoCAD 2010 创建参数化图形的过程。

□ 熟悉 AutoCAD 2010 建立零件图的过程，学习 AutoCAD 2010 零件图的标注方法。

□ 掌握 AutoCAD 2010 利用设计中心和块功能创建装配图的过程，学习 AutoCAD 2010 装配图的标注方法。

□ 掌握 AutoCAD 2010 图形输出的过程，学习 AutoCAD 2010 图形输出的相关设置。

□ 提高 AutoCAD 2010 的绘图水平和应用能力。

## 12.1　创建绘图样板

### 12.1.1　项目内容

绘制如图 12-1 所示样板图形，绘制图框和标题栏。创建与图幅相符合的国标标注样式。

**图 12-1　图形预览**

## 12.1.2 相关知识

(1)AutoCAD 2010 图形绘制命令和相关的基本操作。
(2)AutoCAD 2010 图层创建与设置、文字样式创建与设置、标注样式创建与设置。
(3)AutoCAD 2010 创建几何约束与标注约束。

## 12.1.3 项目实施

### 一、项目分析

在机械工程图中,每张图样必须有图框和标题栏,国家标准对图框和标题栏的绘制均有明确的规定。利用 AutoCAD 2010 创建不同规格绘图样板时,我们只需绘制一次标准的图框和标题栏,并将其保存为样板文件,在以后需要的时候则直接调用此样板文件,可以完全避免了一次又一次的重复性绘制,节省工作时间,提高效率。AutoCAD 2010 自带了部分样板文件,但是没有符合我国国标的图框和标题栏样板文件,因此,我们要绘制符合国标的图框和标题栏。本项目以 A2 图框和标题栏的绘制为例,介绍图框和标题栏的基本绘制过程,图层、文字和标注样式的创建方法,以及如何生成样板文件。

### 二、创建步骤

#### 1.绘图准备

(1)启动 AutoCAD 2010,进入它的用户界面,执行"文件"→"另存为"命令,或单击"快捷访问"工具栏中的"保存"按钮，弹出【图形另存为】对话框,如图 12-2 所示。选择好文件要保存的类型,选择 dwt 类型文件,将文件名改为"A2.dwt",单击"保存"按钮,出现【样板选项】对话框,如图 12-3 所示。测量单位选择"公制","说明"内的内容可以按图中更改,也可以根据实际绘制的样板图形具体情况更改,设置完毕后单击"确定",将文件保存起来。

**图 12-2 【图形另存为】对话框**

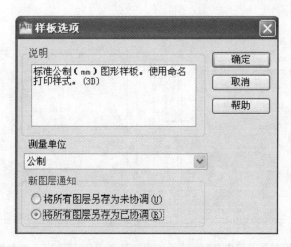

图 12-3 【样板选项】对话框

（2）单击"图层"工具栏中的"图层特性管理器"按钮 ，根据国标规定创建图层并进行相关设置，如图 12-4 所示。

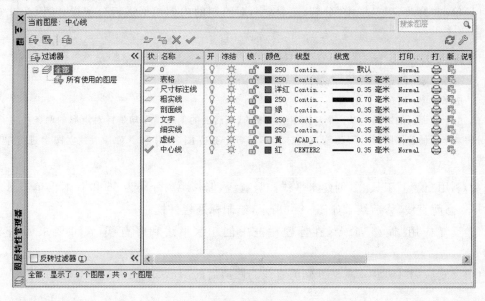

图 12-4 图层的设置

## 2. 绘制图框

（1）单击"图层"工具栏右侧向下的箭头符号，选择"细实线"层，即可将"细实线"层设置为当前层，在该图层中来绘制图框的外框。单击"绘图"工具栏中的"矩形"工具 ，绘制"594×420"的矩形，左下角点坐标(0,0)，右上角点坐标(594,420)，如图 12-5 所示。

（2）在"图层"工具栏中设置当前层为"粗实线"层，绘制图框的内框。单击"矩形"工具，绘制"559×400"的矩形，左下角点坐标(25,10)，右上角点坐标(559,400)，如图 12-5 所示。

注意：如果矩形的尺寸是按图幅的参数绘制，但是起始点是随意指定的，可以利用 AutoCAD 2010 提供的参数中的"标注约束"，确定上两步绘制矩形的相对位置尺寸，所要求尺寸如图 12-5 所示。

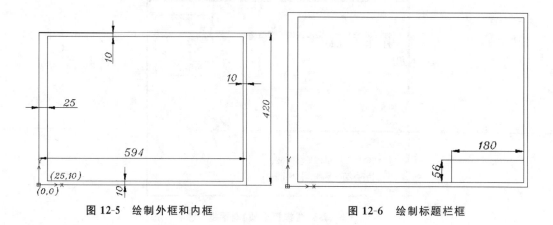

图 12-5　绘制外框和内框　　　　　图 12-6　绘制标题栏框

### 3.绘制标题栏

(1)单击"修改"工具栏中"分解"工具 ，对绘制的内框矩形进行分解操作,因为此矩形为多段线。

命令：_explode

选择对象：找到 1 个　※选择内框

选择对象：回车

由于前面画的矩形是以一个整体图形生成的,而后面的偏移操作却是针对矩形的两条边进行的,分解操作可使整体图形分解为构成整体图形的各个独立图素,有利于对各个独立图素进行单独的操作。

(2)利用"偏移"工具 ，创建水平线和竖直线,偏移距离分别为 56 和 180,再单击"修剪"工具 ，修剪直线,修剪结果如图 12-6 所示,绘制标题栏外框。

(3)反复应用"偏移"命令,在标题栏框中创建水平线和竖直线,尺寸要求如图 12-7 所示。

(4)反复应用"修剪"工具 ，修剪直线。修剪后的图形如图 12-8 所示。

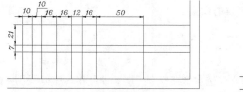

图 12-7　偏移复制出直线

图 12-8　修剪直线的图形

(5)继续引用"偏移"命令,复制平行线,继续使用"修剪"工具,修剪直线。偏移尺寸和修剪后的图形如图 12-9 所示。

(6)使用"偏移"复制出距离为 7 的直线。选中刚复制的偏移线,然后选择"细实线"层,按【Esc】键退出选择,则所选平行线的属性被更改,由原来的"粗实线"层的属性更改为"细实线"层的属性,再"修剪"直线。结果如图12-10所示。

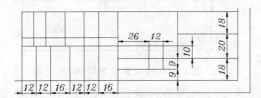

图 12-9 修剪直线

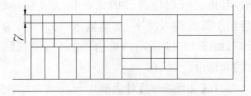

图 12-10 偏移直线并更改图层

(7)以上一步绘制的细直线为偏移对象,反复"偏移"复制出其他的平行线,结果如图12-11所示。

(8)依照上述方法,绘制另外的 3 条细直线,修剪后的图形如图12-12 所示。

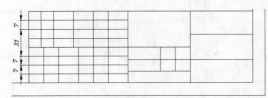

图 12-11 绘制细直线的平行线

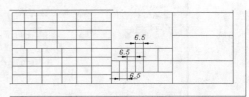

图 12-12 绘制出 3 条细直线

### 4. 书写文字

AutoCAD 2010 提供了 2 种文字输入的方式:多行文字输入和单行文字输入。绘图过程中,这两种输入方式可根据实际要求选择使用。我们以单行文字输入为例,介绍文字输入的方法。

(1)首先设置文字样式。执行"格式"→"文字样式"命令,弹出【文字样式】对话框,如图 12-13所示。

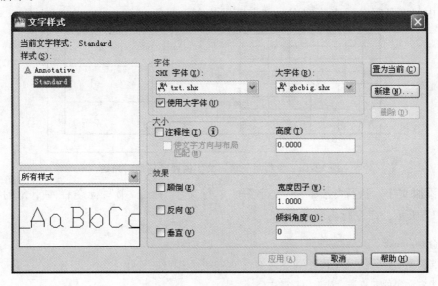

图 12-13 【文字样式】对话框

（2）单击"新建"按钮，弹出【新建文字样式】对话框，利用它可创建自己的文字样式。在标题栏的绘制中需要输入汉字，这里输入"样式名"为"大字体"，如图 12-14 所示。单击"确定"，回到【文字样式】对话框。

图 12-14 【新建文字样式】对话框

（3）在【文字样式】对话框中可完成"大字体"文字样式的各种设置，勾选使用大字体，设置"字体"，其中 SHX 字体选择"gbenor. shx"，大字体选择"gbcbig. shx"，宽度椅子设为"0. 67"，其他设置取默认值，如图 12-15 所示。单击"应用"，再单击"关闭"。

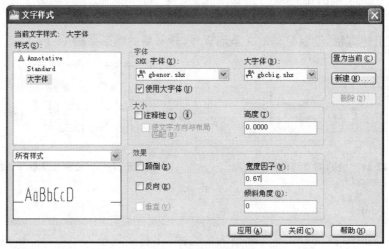

图 12-15 文字样式的设置

（4）利用"绘图"工具栏中的"直线"工具，绘制出两条对角线，如图 12-16 所示。绘图中可根据自己的需要设置样式名称以及样式属性，设置方法同上。在使用单行文字输入时，需要每个文字的位置居中对齐，所以要借助一些辅助线来确定文字的位置。本例是利用图 12-16中的两条对角线来确定书写文字区域的中心。

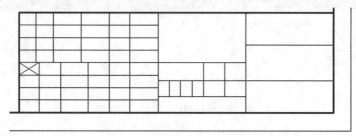

图 12-16 绘制用于填写文字的两条辅助对角线

（5）添加文字。执行"绘图"→"文字"→"单行文字"命令，书写标题栏左下角的"工艺"，如图 12-17 所示。命令行内容如下：

命令：text
当前文字样式："大字体" 文字高度： 0.2000 注释性： 否
指定文字的起点或 ［对正(J)/样式(S)］：j
输入选项［对齐(A)/布满(F)/居中(C)/中间(M)/右对齐(R)/左上(TL)/中上(TC)/右上(TR)/左中

(ML)/正中(MC)/右中(MR)/左下(BL)/中下(BC)/右下(BR)]:M 回车　※输入 M,表示对正的方式为"中间"

指定文字的中间点：　※捕捉辅助线的交点,如图 12-16 所示

指定高度 <0.2000>:5 回车　※输入高度为 5

指定文字的旋转角度 <0>:回车

输入文字:设计　回车

输入文字:回车

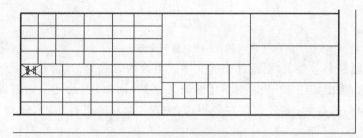

**图 12-17　捕捉交点输入文字**

(6)利用"绘图"工具栏中的"直线"工具,在其他需要书写文字位置绘制出相应的对角线,如图 12-18 所示。

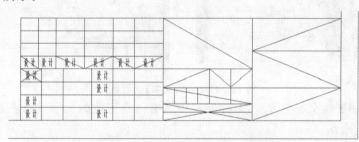

**图 12-18　绘制创建文字所需辅助直线**

(7)使用"修改"工具栏中的"复制对象"工具 ,选择文字"设计",使用其"重复(M)"功能,指定起始基点,如图 12-19(a)所示,指定要复制到位置的准确点,如图 12-19(b)所示,即所绘直线对角线的中点,在标题栏的其他位置处复制出文字,最后结果如图 12-19(c)所示。

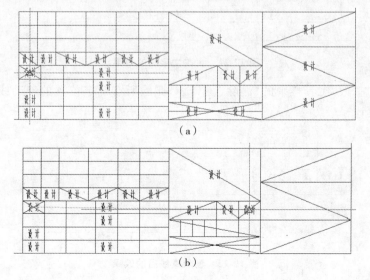

(a)

(b)

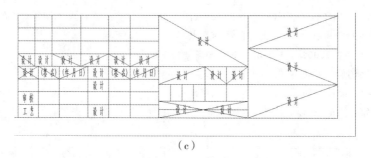

（c）

图 12-19　复制文字

（8）根据标题栏书写要求，更改其中的文字。更改的方式为：左键选中要更改的文字，用鼠标左键单击它，弹出如图 12-20 所示的【编辑文字】对话框，更改文字内容即可，当然也可以更改与文字相关的参数（或者直接在要更改的文字上双击进行更改，比较一下两者的特点）。

（a）

（b）

图 12-20　【编辑文字】对话框

（9）依照上述更改文字的方法，对标题栏中所有需要更改的文字进行更改，更改后的标题栏如图 12-21 所示。

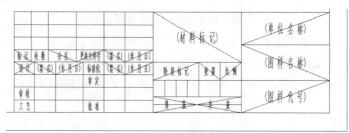

图 12-21　更改文字后的效果

（10）单击"修改"工具栏中的"删除"工具 ✐，删除所有确定位置的辅助线对角线，如图 12-22 所示。

图 12-22　删除直线后的效果

注意：文字参数更改的方法。以其中一处文字"阶段标记"为例，讲解如何更改文字的设置。选中文字"更改文件号"，用鼠标左键选中，右键单击它，选择"特性"，在如图 12-23 所示的"特性"窗口中，更改"文字"中的"高度"为 5，"宽度比例"为 0.67，按回车键，完成文字属性的更改。

(11)至此，A2 图纸的图框和标题栏绘制完成，如图 12-1 所示。单击"保存"按钮，保存绘制好的图框和标题栏。

注意：(1)对于标题栏中大量文字的输入，为了减少工作量，建议采用如上所述的复制方法。同时还要学会使用"修改"菜单中的"特性匹配"，对文字进行特性匹配编辑。

(2)多利用"特性"工具。利用"特性"窗口可对所绘制图形进行实时更改，而不必要通过删除后再重新绘制。

图 12-23　更改文字属性

### 5.创建标注样式

(1)执行下拉菜单"格式"→"标注样式"命令，弹出【标注样式管理器】对话框，如图 12-24 所示。在"标注样式管理器"内单击"新建"，即可弹出【创建新标注样式】对话框，如图 12-25 所示。此时，可更改样式名为"GB 标注－35"，其他选项如图所示。设置完毕单击"继续"按钮，即可弹出【新建标注样式：GB 标注－35】对话框，如图 12-26 所示。按图中的设置参数设置 GB 标注－35 的内容。

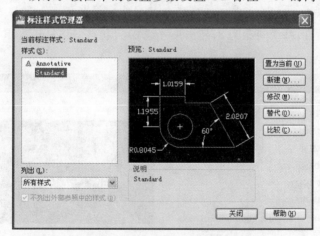

图 12-24　【标注样式管理器】对话框

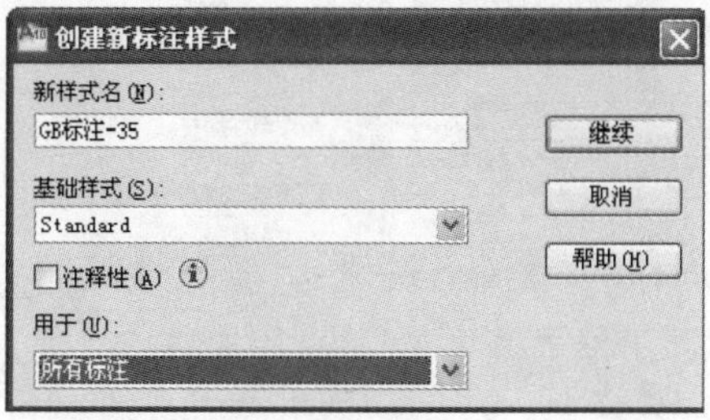

图 12-25　【创建新标注样式】对话框

图 12-26 【新建标注样式:GB标注－35】对话框

(2)设置 GB 标注－35 标注样式的各项内容。

① 设置"线"项目,基线间距为 8,超出尺寸线 2.5,起点偏移量 0.5,其余按图 12-27 所示设置相关参数。

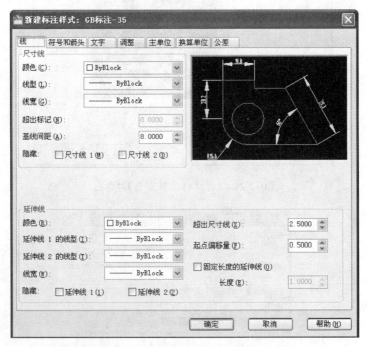

图 12-27 GB 标注－35 样式的标注线设置

② 设置"符号和箭头"项目,箭头大小为 8,标记符号选择"标记",尺寸 0.09,其余按图 12-28 所示设置相关参数。

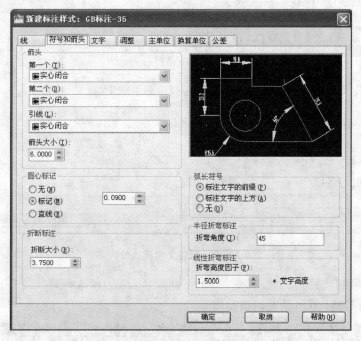

**图 12-28 GB 标注－35 样式的标注箭头设置**

③ 设置"文字"项目,文字样式选择"大字体",文字高度为 3.5,垂直选择"上",水平选择"居中",从尺寸线偏移为 0.5,文字对齐选择"ISO 标准",其余按图 12-29 所示设置相关参数。同时,文字的样式如果不符合,也可以再创建符合标准的文字样式,如图 12-30 所示。

**图 12-29 GB 标注－35 样式的文字设置**

图 12-30　新建文字样式设置

④ 设置"调整"项目，文字位置中，文字不在默认位置上时，将其放置在尺寸线上方，带引线，其余按图 12-31 所示设置相关参数。

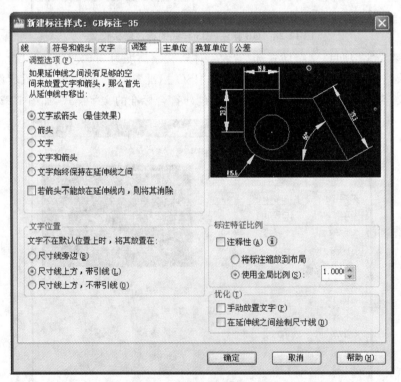

图 12-31　GB 标注－35 样式的调整设置

⑤ 设置"主单位"项目,精度为 0.0,角度单位选择"度/分/秒",其余按图 12-32 所示设置相关参数。

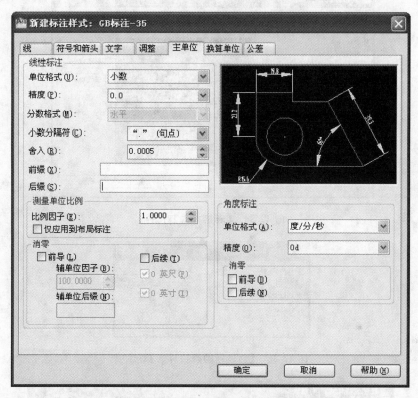

**图 12-32　GB 标注－35 样式的主单位设置**

⑥ "换算单位"与"公差"项目暂不设置,在进行公差标准的时候要建立公差的标注样式,此时需要对公差进行设置。至此普通的标注样式设置完毕,单击对话框的"确定"按钮。关闭【标注样式管理器】对话框。在样式工具栏操作文字样式,选择"大字体"。在样式工具栏操作标注样式,选择"GB 标注－35"。结果如图 12-33 所示。

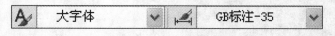

**图 12-33　更改文字属性**

### 6.创建表格样式

创建表格样式,目的是建立装配图、提供明细表,而不是以直线的形式绘制表格,因为绘制的表格文字输入比较麻烦,同时编辑也比较麻烦。表格样式同插入表格的命令解决了此问题,使得 CAD 中的表格类似于 Excel 表格,使得创建与编辑非常容易。利用此方法可以解决明细表的创建问题。

(1)创建明细表表格样式。

① 执行"格式"→"表格样式"命令,弹出【表格样式】对话框,如图 12-34 所示。单击"新建"按钮,出现【创建新的表格样式】对话框,如图 12-35 所示。此时,输入新表格的新样式

名，单击"继续"按钮，出现【新建表格样式:明细表】对话框，如图 12-36 所示。

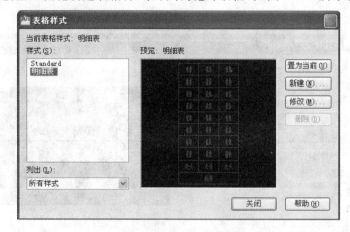

图 12-34 【表格样式】对话框

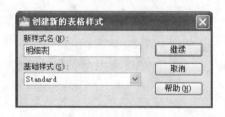

图 12-35 【创建新的表格样式】对话框

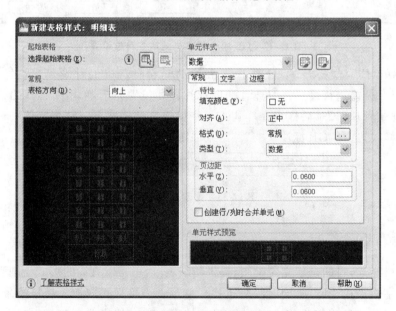

图 12-36 【新建表格样式:明细表】对话框

② 设置明细表的样式。明细表表格样式以标准表格为依据，表格方向选择"向上"，单元样式选择"数据"，常规内的对齐样式选择"正中"，类型选择"数据"，其余按图 12-36 所示设置相关参数。

明细表表格文字样式设置内容,文字样式选择"大字体",文字高度设置为0.18,其余按图12-37所示设置相关参数。边框的设置按系统默认,不需进行更改。

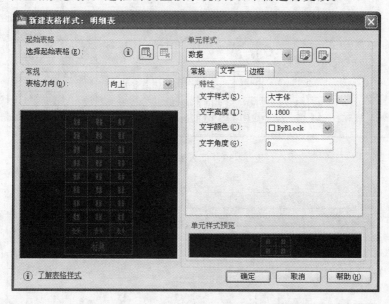

**图 12-37 设置明细表表格文字参数**

(2)插入表格。

① 单击"绘图"工具栏→"插入表格"命令,弹出【插入表格】对话框,如图12-38所示。选择表格样式"大字体",插入方式选择"指定插入点",列数设置为8,列宽设置为30,数据行数设置为10,行高设置为8,第一行单元样式选择"数据",第二行单元样式选择"数据",第三行单元样式选择"数据"。其余按图12-38所示设置相关参数。

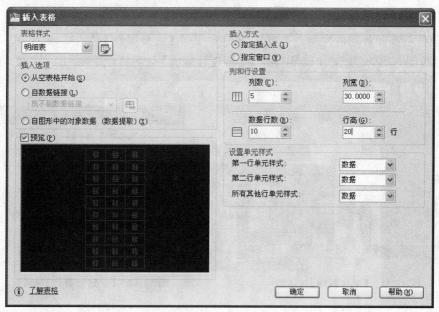

**图 12-38 【插入表格】对话框**

② 设置完毕后,单击"确定",选择插入基准点为标题栏左上角顶点,如图 12-39 所示。选择点后将符合明细表的表格插入到 CAD 中,如图 12-40 所示。

图 12-39　插入表格基准点

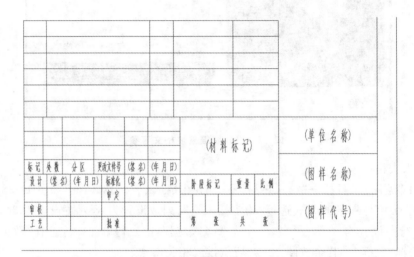

图 12-40　插入表格

③ 设置行高和各列的列宽。左键选择表格,弹出【表格属性】对话框,如图 12-41 所示。选择表格高度右侧的"快速计算器",弹出【快速计算器】对话框,在里面键入"12×8",单击"应用",如图 12-42 所示。

图 12-41　【表格属性】对话框

图 12-42　【快速计算器】对话框

同理,选择表格宽度右侧的"快速计算器",弹出【快速计算器】对话框,在里面键入"130",单击"应用",如图 12-43 所示。

图 12-43　设置表格宽度

④ 平移图形。使用平移命令,移动的起始点如图 12-44 所示,移动的终止点如图 12-45 所示,平移后的结果如图 12-46 所示。

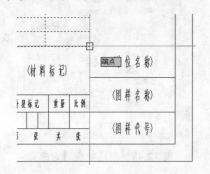

图 12-44　表格平移起始点

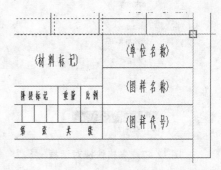

图 12-45　表格平移终止点

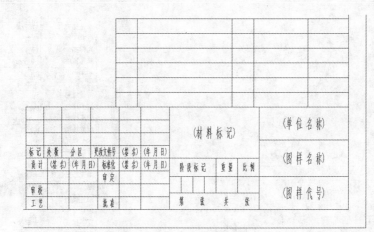

图 12-46　表格平移后位置

⑤ 设置各列的列宽。首先,鼠标左键选中表格,再一次左键选择表格的第一列,鼠标右键单击弹出对话框,如图 12-47 所示。鼠标左键单击"特性"按钮,弹出"表格特性"对话框,如图 12-48 所示。选中"单元宽度"选项,属性值更改为"12"。各个列宽的具体参数值如图 12-48 所

示。按相似的方法选择剩余的每一列,更改其列宽,如图 12-49 和图 12-50 所示。在最下一行输入明细表最下一行文字,如图 12-51 所示。这种文字的输入属于表格的文字输入。输入方法:鼠标左键选中表格,左键双击要输入文字的表格方框(也可用右键,选择特性,从文字内容选项输入文字),输入文字,设置文字大小和文字样式。输入后的结果如图 12-51 所示。

图 12-47 表格快捷对话框

图 12-48 表格特性对话框

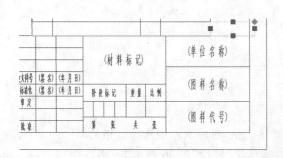

图 12-49 表格快捷对话框

图 12-50 表格特性对话框

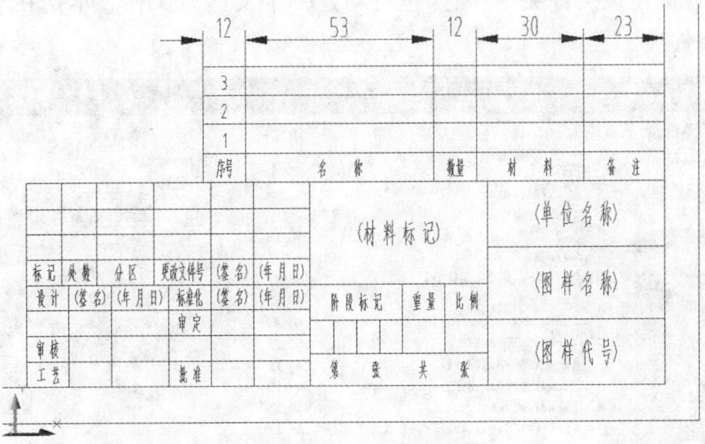

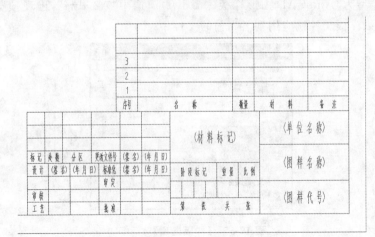

**图 12-51　明细表表格尺寸**

⑥ 插入行。在具体的装配图绘制过程中,零部件的总数量是不固定的、变化的,这需要删除行或插入行,具体操作是,鼠标左键选中表格,出现【表格】对话框,如图 12-52 所示。第一个按钮是在选中的表格行向上插入行,第二个按钮是在选中的表格行向下插入行,第三个按钮是对选中删除的行进行删除,从第四个按钮到第六个按钮是对列进行操作。插入两行后明细表如图 12-53 所示。

**图 12-52　【表格】对话框**

**图 12-53　明细表**

⑦ 执输入序号。在明细表的序号上方的表格输入零部件的序号,如图 12-53 所示。

## 7. 生成样板文件

(1)执行"文件"→"另存为"命令,弹出【图形另存为】对话框,在"文件类型"下拉菜单中选择"AutoCAD 图形样板(＊.dwt)",系统自动转到"Template"样板文件夹下,如图 12-54

所示。此时,可直接在该文件夹下保存,也可新建一个文件夹保存。本例在个人图库文件夹下新建"样板"文件夹。

**图 12-54 【图形另存为】对话框**

(2)单击"保存"按钮后,弹出如图 12-55 所示的【样板选项】对话框,在说明栏中输入该样板文件的描述性文字,单击"确定",关闭刚保存的样板文件。至此,已经生成了 A2 图纸的样板文件。

(3)执行"文件"→"打开"命令,弹出【选择文件】对话框,指定刚刚保存 A2 样板文件的路径,选择文件类型为"AutoCAD 图形样板(*.dwt)",选中"A2.dwt",出现预览图形。单击"打开",A2 图纸样板文件就应用到了当前的文件中。

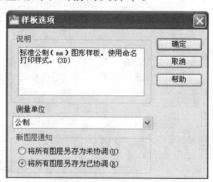

**图 12-55 【样板选项】对话框**

在以后的绘图中,当要求为 A2 图纸时,都可使用样板文件完成操作,而不必再重新绘制图框和标题栏,样板文件的导入免去了大量重复的工作,提高了效率。

## 12.1.4 项目小结

(1)本项目描述了符合国标的 A2 图纸样板的制作,以此为例可以完成 A4、A3、A1、A0图纸的样板文件的制作。

（2）练习直线及其相关编辑命令的使用。

（3）练习图层样式、文字样式和标注样式的创建与设置，熟悉相关设计流程。

（4）练习表格样式的创建、插入表格的使用方法和更改表格相关参数的设置，完成基本的样板图形的创建。

### 12.1.5 巩固训练

创建符合国标的 A4、A3、A1、A0 图纸样板，练习标注样式、文字颜色和表格样式创建。

## 12.2 创建块

### 12.2.1 项目内容

创建如图 12-56 所示粗糙度块，创建内部块和外部块。练习块的插入方法。

### 12.2.2 相关知识

（1）AutoCAD 2010 图形绘制命令和相关的基本操作。

（2）AutoCAD 2010 块属性和块创建与设置。

图 12-56 图形预览

### 12.2.3 项目实施

**一、项目分析**

由上可知，依照 A2 图纸的绘制方法可按部就班地绘制出 A3 图纸的图框和标题栏，但使用这种绘制方法后，会有"绘制过程过于繁琐"的感觉，尤其是标题栏的绘制和文字的输入。对于相同的、具有重复性的工作，我们用一种叫"块"的工具进行解决，使工作更加轻松，如 A2 与 A3 的图纸相同的是标题栏、明细表和标注样式等，这些具有重复性，我们的做法是将这些具有重复性的部分先定义"块"，需要再次使用的时候，采用"插入块"的方式进行调用，包括文字也可以定义为"块"，再次调用时允许更改文字内容。本节以创建粗糙度符号块和插入粗糙度块为例，说明块的定义、编辑和存储以及块的插入。

**二、创建步骤**

**1.图块**

（1）块的概念和特点。图块（block）是组成复杂实体的一组对象的集合，构成图块的每个对象可以有自己的图层、线型和颜色。但 AutoCAD 2010 系统把图块当作一个单一的实体对象来处理，并要求赋予一个图块名。用户需要用此图块时，可将其直接插入到图样中任意一个指定的位置，而且在插入时还可以指定 $X$、$Y$、$Z$ 方向上不同的缩放比例系数和旋转角度。并可以通过拾取图块内的任何一个对象，对整个图块进行移动、复制、镜像、分解、修改、重新定义等编辑操作，这些操作与块的内部结构无关。在图形中对相同图块的引用不仅可以提高效率,保证同一项目的一致性,而且还可以大大减少图形文件的大小及其占用的磁盘空间,节省时间,增加通用性。我们创建图形块时,建议在 0 层创建,因为以后在插入图块时,图块的属性会自动与插入的图层属性相匹配,例如当前图层为红色、虚线,则图块插入后会自动变为红色、虚线。如果建立的图形块包含几个图层,则插入块时会引入这些图层。

（2）块的属性。调用方式:(执行该命令后,弹出如图 12-57 所示对话框)

① 执行下拉菜单"绘图"→"块"→"定义属性"选项。

② 命令行输入:attdef。

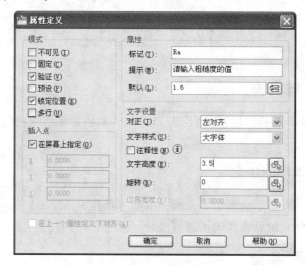

图 12-57 【属性定义】对话框

图块可以附带属性信息。该信息是与图块有关的特殊文本信息,是存储于图块中的文字信息,用于描述图块的某些特征。属性值可以随图块的每次引用而改变,从而增强了图块的通用性。从这种意义上来讲,图块应表示为:图块＝图形＋属性。由于属性是附属于图块的,所以它不像一般的文本信息那样单独使用,而只能和图块一起使用。在使用属性之前,必须先定义,然后才能作为图块的一部分,在插入图块时被引用。属性从属于图块,它与图块组成了一个整体。当用"删除"命令擦除图块时,包括在图块中的属性也会被一起擦除。当改变图块的位置与旋转角度时,其属性也随之变化,但变化具有局限性。

（3）创建块。调用方式:(执行该命令后,弹出如图 12-58 所示对话框)

① 执行下拉菜单"绘图"→"块"→"创建"选项。

② 单击"绘图"工具栏中的"创建块"工具。

③ 命令行输入:block 或 bmake 或 b。

这种方式定义的图块只能在定义该图块的图形中调用,而不能在其他图形中调用,故称它为内部块。

（4）写图块文件。调用方式只有在命令行输入"wblock"或"w"。该命令是把当前图形中的部分图形或者全部图形定义成一个图块,并作为一个单独的图形文件存盘,以便让所有的外部图形文件调用,故又称它为外部块。用 wblock 命令建立的图块是一个后缀名为".dwg"的图形文件。

**注意:**所有的图形文件(即使不是用 wblock 命令建立的)都可以用"插入块"命令插入。

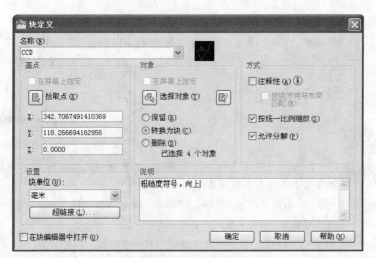

**图 12-58　【块定义】对话框**

（5）块插入。调用方式：（执行该命令后，弹出如图 12-59 所示对话框）

① 执行下拉菜单"插入"→"块"选项。

② 单击"绘图"工具栏中的"插入块"工具 。

③ 命令行输入：insert。

图块的重复使用是通过插入图块的方式实现的。所谓插入图块，就是将已经定义好的图块利用"插入块"命令到当前的图形文件中。

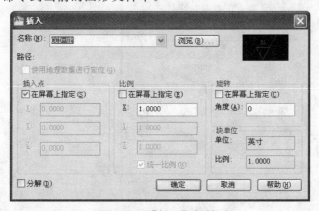

**图 12-59　【插入】对话框**

假如在同一图纸不同位置使用相同的结构设计时，可通过完成定块以后，直接插入块到相应的位置。而假如是其他的图形文件需要使用块时，则必须先将此块复制到新图形文件中，然后在新图形文件中使用"插入块"命令，这样才能通过块文件的调用达到插入此块的目的。

### 2.创建粗糙度块

绘制粗糙度图形。

（1）启动 AutoCAD 2010，选择"∗.dwt"文件格式，选择"A2.dwt"文件，单击"确定"按钮。

(2)单击【直线】工具 ✏，输入极坐标形式的相对坐标来确定点的位置，绘制如图 12-60 所示的图形，命令行内容如下：

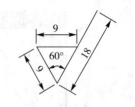

**图 12-60　绘制粗糙度图形**

命令：_line 指定第一点：　绘制水平线　※在绘图区域单击指定第一点

指定下一点或［放弃(U)］：9 回车　※按【F8】，向左移动鼠标，同时输入"9"，回车

指定下一点或［放弃(U)］：@9＜－60 回车　※输入极坐标形式的相对坐标，它表示定义的点与上一点之间的直线距离为 9，与 0 度方向夹角为－60°

指定下一点或［闭合(C)/放弃(U)］：@18＜60 回车　※输入极坐标形式的相对坐标，表示定义的点与上一点之间的直线距离为 18，与 0 度方向夹角为 60°

指定下一点或［闭合(C)/放弃(U)］：回车　※结束直线的绘制

(3)执行"绘图"→"块"→"定义属性"命令，弹出【属性定义】对话框，如图 12-61 所示。更改"属性"内容和"文字设置"内容，模式选择"验证"，单击"确定"按钮，如图 12-62 所示。横线和端点作为标记的插入位置，要求 *RA* 字母在中间位置，再次弹回到【属性定义】对话框，如图 12-61 所示。单击"确定"，定义了属性的图形，如图 12-62 所示。

**图 12-61　【属性定义】对话框**

**图 12-62　定义粗糙度属性结果**

(4)执行"绘图"→"块"→"创建"命令，或单击"创建块"工具 ▣，弹出【块定义】对话框，如图 12-63 所示。输入名称为"CCD-UP"，创建向上标注的粗糙度符号。单击"选择对象"按钮，选取如图 12-62 所示的整个图形，按回车键，回到【块定义】对话框。单击"拾取点"按钮，返回到绘图区，如图 12-64 所示，捕捉粗糙度图形的下端点为拾取点，单击"确定"按钮。出现如图 12-65 所示对话框，默认值为 1.6，单击"确定"键，结果如图 12-64 所示。

图 12-63 【块定义】对话框            图 12-64 定义块定义结果

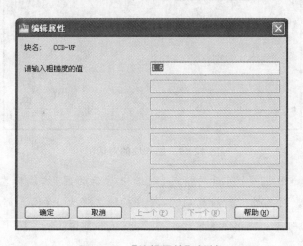

图 12-65 【编辑属性】对话框

(5)同理,绘制如图 12-66 所示图形。执行"绘图"→"块"→"创建"命令,或单击"创建块"工具，弹出【块定义】对话框,创建名称为"CCD-DOWN"的块,创建向下的粗糙度标注符号。结果如图 12-66 所示。

图 12-66 向下的粗糙度标注符号

**注意**:在使用粗糙度块标注时,尾巴向上和向左是使用同一个块,使用名称为"CCD-UP"的块,如图 12-67 所示。尾巴向下和向右是使用同一个块,使用名称为"CCD-DOWN"的块,如图 12-68 所示。

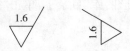

图 12-67 向上和向左粗糙度            图 12-68 向下和向右粗糙度

(6)插入块。执行下拉菜单"插入"→"块"选项,出现如图 12-69 所示对话框。选择块名称,其余的参数如需改变按需要改变,注意角度的选择,如尾巴向左或向右必须选择角度旋转 90°。设置完毕后单击"确定"选择块的插入点,命令行如下:

命令:_insert
指定插入点或［基点(B)/比例(S)/旋转(R)］: ※用鼠标左键选择点,指定块放置位置
输入属性值
请输入粗糙度的值 ＜1.6＞: 3.2 ※验证属性值
请输入粗糙度的值 ＜3.2＞:

执行结束后,粗糙度值变为 3.2。

图 12-69 插入块的对话框

**注意**:如果出现如图 12-70 所示的情况,则选中所示的图形,鼠标左键双击,弹出【增强属性编辑器】对话框。对属性进行修改,使粗糙度标注文字大小、位置都符合要求,修改后的属性设置如图 12-71 所示。设置完后,单击"确定",效果如图 12-72 所示。

图 12-70 粗糙度 12.5　　　　图 12-71 编辑块的属性　　　　图 12-72 更改属性后的块

(7)定义外部块。在命令行中输入"wblock",按回车键,弹出【写块】对话框,选择定义好的"CCD-UP"和"CCD-DOWN"图块,将其存储在"常用图形图库"目录下,单击"确定"按钮。

## 12.2.4 项目小结

(1)通过本项目学习了内部块和外部块的基本定义,练习了它们的创建方法。

（2）掌握练习块的插入方法和插入注意事项。

### 12.2.5　巩固训练

（1）练习将 A2 标题栏创建为内部块和外部块。
（2）将绘图中常用的图形及其相关文字定义为合适的块。

## 12.3　创建个人图库

### 12.3.1　项目内容

绘制如图 12-73 所示图形，创建型材截面图库，并以块的形式保存，插入时以块的形式插入钢截面。

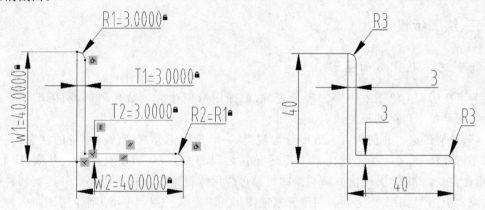

图 12-73　图形预览

### 12.3.2　相关知识

（1）AutoCAD 2010 图形绘制命令和相关的基本操作。
（2）AutoCAD 2010 捕捉应用与设置。
（3）AutoCAD 2010 创建几何约束与标注约束。

### 12.3.3　项目实施

**一、项目分析**

建立个人图库实际上是绘图工作的不断积累。通过建立个人图库，可将在绘图过程中绘制过且认为在以后的绘图中经常使用的全部图形或部分图形保存下来，以便在今后遇到类似图形时不再需要从头画起。而对于标准件、标准型材截面和常用的可以尺寸驱动的图形建立图库，则更是有必要，这样可减少许多的重复性工作，提高图形的通用性。在这里以国标规定的等边角钢型材截面为实例，讲述建立个人图库的基本步骤，创建国标规定的等边角钢型材截面库，也可以按照此方法创建自己的标准件库。

### 1.标准件图库

为了在后面的绘图中能够方便自如地应用一些标准件,建议把螺母、螺钉等一些初次绘制的标准件保存起来,建立标准件图库。因为这些标准件在机械图绘制过程中往往需要反复使用,而块的功能正好可满足这样的要求,故对零标准件图库的建立,我们采取建立块文件的方式。

### 2.标准型材截面库——图块

绘制机械图时,尤其是梁结构件,要用有许多标准型材截面图形,比如等边角钢、槽钢等,而 AutoCAD 2010 本身并没有提供这些截面形式,所以有必要对这些常用图形进行图库式的管理,提高绘图的效率,减轻绘图者的劳动强度。下面以 $40 \times 40 \times 3$ 等边角钢为例,讲解如何创建常用截面库,对于其他的常用图库,可按照同样的方法创建。

## 二、绘图步骤

### 1.创建参数化截面图形

为了在后面的绘图中能够方便地更改,截面图形创建为参数化图形,利用尺寸驱动图形。以下是关于约束的相关知识。

(1)几何约束。几何约束大致可分为两类:一类是图形元素(直线)本身的状态,有竖直及水平两种状态;另一类是确定两个图形元素之间的关系,包括垂直、同等、共线、同心、相切、重合、对称、相等,其中前 6 项在绘图时都可应用捕捉追踪方式获取。此外还有两种特殊的约束:"固定"是用来固定某一图形元素或图形元素上某一点,"平滑"则专用于两条样条曲线的连接。几何约束的应用一般有两种情况。第一种情况是绘图过程中已经正确地控制了图形各元素的状态和相互关系,我们使用添加几何约束只是用来确认并固定这些关系,以避免在修改图形时这些关系被破坏,我们一般使用"自动约束"命令(主菜单《参数》/《自动约束》)来确认并固定已经存在的几何关系。第二种情况是绘图时并没有保证几何关系,需要通过添加几何关系来改变某一图形元素的状态或位置,使之达到我们的要求。既然是改变位置,那么就有一个基准的题目,这里要记住两点,假如要使一条倾斜的直线变为水平或竖直(或改变到其他直线呈平行或垂直),那么选中这条直线时更接近点击点位置的直线端点将保持不动,而假如是处理两个图形元素之间的关系,则选中的第一个元素将作为基准(保持不动)。每个几何约束都有一个约束图标来表示其约束类型,右击约束图标可删除该约束或隐躲约束图标。添加几何约束是进行标注约束的条件。

(2)标注约束。标注约束实际上就是具体实现尺寸驱动的过程:通过标注约束时输进所需要的尺寸,来驱动图形元素使之改变大小或位置以符合设计要求。这里同样也有一个基准的题目,处理原则与上述几何约束大致相同,但注意假如是改变一条直线的长度时,使用了选择"对象"即直接选中此直线,那么直线的出发点(绘制时的第一点)将保持不动;而假如用"指定第一个约束点""指定第二个约束点",则仍然符合第一点不动的原则。每个标注约束都有名称、表达式及值三部分内容,默认的显示方式是"名称和表达式",如"d1=150.00"或"d1=75 * 2",这里 d1 是名称,即参数名称,可以修改,等号右面是表达式,值则是 150(前者的值与表达式相同），表达式中可使用常数、图形中的其他参数名称、算术运算符及函数。由于标注约束中可以使用表达式，因此使设计工作得到了极大的改进。举一个简单的例子，假如要设计一个系列产品的面板，面板的外形要求是一个符合黄金分割比例的矩形，在添加几何约束后，使用标注约束将其长度定义为"L＝150"，宽度定义为"W＝0.618＊L"，那么，今后要设计其他面板时只需修改其长度 L，宽度尺寸则可自动按表达式计算而成。

（3）标注约束与普通尺寸标注的关系。在其他一些 CAD 软件中，尺寸驱动时所标注的尺寸即可以作为工程图的标注使用。在 AutoCAD 2010 中，标注约束默认的显示方式是"动态"，在打印时，"动态"的标注约束不会被打印，把它改为"注释性"（在特性窗口中）则可以实现打印（也可以把系统参数 CCONSTRAINTFORM 的值设置为 1，则每一个新生的标注约束均自动成为"注释性"），打印的文字可能是"d1＝190"这样的形式，可以设置一下使之符合常规形式（主菜单参数/约束设置/标注/标注约束格式/选中"值"）。变为"注释性"后的标注约束看上去往往与常规的尺寸标注相同，但实际上二者还是有很大区别。一方面，"注释性"的标注约束仍然可以驱动图形元素，另一方面，假如要在标注中加一些前缀后缀或公差，就不能如同普通标注那样使用多行文字编辑器处理，也不能直接在特性窗口的文字替换中添加或修改文字来达到加上前缀后缀或公差的目的（笔者试验后发现，可以通过设置标注方面的系统变量来实现添加前缀后缀或上下偏差）。至于如何实现图纸上所要求的标注，目前来说，比较保守的方法还是在完成尺寸驱动后，把所有的标注约束全部隐躲（主菜单：参数/显示所有动态约束，使之取消选中），这样可使图面更清楚些，然后再使用常规的尺寸标注方法添加标注。注意，添加的标注应该是"关联标注"（主菜单工具/选项/用户系统配置/关联标注/使新标注可关联），这样在图形改变大小时标注也能跟随改变。当然，假如图纸上的标注不必另加前缀后缀或上下偏差，那么，直接使用转为"注释性"的标注约束作为工程图纸上的标注就更加方便一些了。

注意：所有约束都是用于二维平面作图的情况下；假如想在三维立体作图的绘制平面轮廓时使用约束，必须记住，约束只能应用于世界坐标系或用户坐标系的 XY 平面上，而不能用于动态坐标系（的 XY 平面）中。主菜单参数/参数治理器中可以看到所有的标注约束的名称、表达式和值，可以在此修改名称和表达式，从而方便地实现参数化设计。参数一般在进行标注约束时自动生成，但也可以自己新建一些参数，再利用这些参数作为基本变量，应用于其他尺寸参数的表达式中，但应注意参数治理器也只能用于二维作画的情况。

使用约束的建议：AutoCAD 2010 提供了很多控制图形尺寸位置的方法，如正交、捕捉、追踪、极轴追踪、tt 追踪（临时追踪点）、From 追踪（捕捉自）等，现在有了尺寸驱动，有些功能可能不会再经常使用。假如画的图形不太复杂，并且以后也不大可能需要修改，同时对 AutoCAD 的各种追踪方法很熟练，那么还是使用传统的作图法更方便一些。假如画的图形比较复杂，或者今后可能需要修改，或者图形是用于系列产品的参数化设计，那么，使用尺寸驱动来进行设计更为方便。在这种情况下，正交、捕捉还是必须的，普通的追踪在不少情况下还得使用，其他的一些可能就不一定再经常需要。至于尺寸驱动的具体使用，编者认为，首先不考虑具体尺寸，把图形基本结构画好，使用"自动约束"确认各直线的水平、竖直、平行、垂直、重合等关系，以避免在尺寸驱动时破坏这些关系；使用标注约束把图形"驱动"到所要求的尺寸，再考虑完成图形的细节部分。

① 绘制角钢截面图形。绘制如图 12-74 所示图形，此图形是大致的图形，不要求较精

确,利用几何约束和标注约束确定其为准确的符合国家标准的角钢截面图形。

调用几何约束和标注约束的方法：

(a)执行下拉菜单"参数"→"几何约束"选项,选择所需几何约束,如图 12-75 所示。

(b)执行下拉菜单"参数"→"标注约束"选项,选择所需标注约束,如图 12-76 所示。

(c)使用几何约束和标注约束的工具栏选择所需的约束,操作类似于绘图工具栏。

**注意:**一般为使图形变化不大,先用标注约束标出几个大致的尺寸,作为总体图形的参考尺寸,使约束朝着期望的解变化;再用几何约束,约束完所有相关的位置要求和自身的约束要求;最后再使用标注约束,约束所有未要求的尺寸。

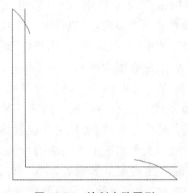

图 12-74　绘制大致图形

图 12-75　调用几何约束

② 添加约束。

(a)首先添加标注约束,标注出部分准确尺寸。标出的尺寸:等边角钢宽度 W1＝40,W2＝40,厚度 T1＝3,T2＝3,如图 12-77 所示,得到大致角钢截面图形。

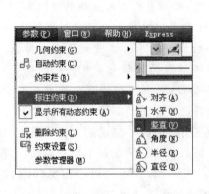

图 12-76　调用标注约束

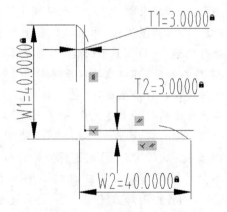

图 12-77　先标注大致尺寸

(b)其次添加几何约束,约束所有图素的相对几何关系。添加重合几何约束,如图 12-78 所示,鼠标左键选择"重合",选择需要重合的 2 个点,利用对象捕捉,如图 12-79 和图 12-80 所示。重合后的图形如图 12-81 所示。

图 12-78　调用重合几何约束

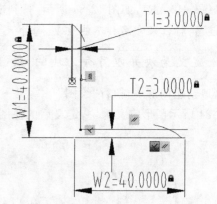

图 12-79　选择重合几何约束第一点

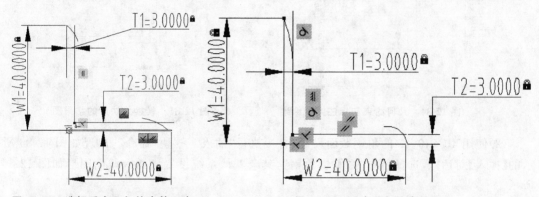

图 12-80　选择重合几何约束第二点　　　　　图 12-81　重合几何约束结果

　　利用重合几何约束的原理创建所有所需几何约束。主要包括：最外边线的垂直约束 1 个，内边线的垂直约束 1 个，内边线的竖直约束 1 个，水平两边线的平行约束 1 个，所有图素的共点约束 6 个，弧与直线的相切约束 2 个。约束完毕后利用"修剪"命令修剪，如图 12-82 所示，得到大致角钢截面图形。注意几何约束符号的识别。

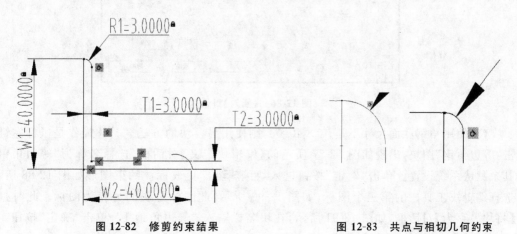

图 12-82　修剪约束结果　　　　　　　　　图 12-83　共点与相切几何约束

　　（c）最后添加标注约束，标注出剩余部分准确尺寸。标出的尺寸：等边角钢边的圆角尺寸 R1＝3,R2＝R1,如图 12-84 所示,得到准确角钢截面图形。

**注意:**标注尺寸名称不能重复,每个尺寸名称必须唯一。

## 2.定义为块并以另存为块的形式插入不同尺寸的截面图形

(1)创建内部块,执行"绘图"→"块"→"创建"命令。将块的名称定义为"等边角钢"。将图 12-84 所示图形定义为块,定义后的块图形如图 12-85 所示。

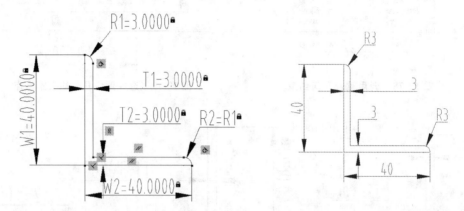

图 12-84 几何约束与标注约束结果　　　　图 12-85 转换为块后的结果图

(2)使用 40×40×3 的角钢截面尺寸,直接执行"插入"→"块"命令。出现如图 12-86 所示的【插入】对话框,选择名称为"等边角钢",其余默认系统设置。插入截面图形如图 12-85 所示。

图 12-86 【插入】对话框

(3)使用角钢截面尺寸不是 40×40×3,则使用另存块的方法。具体操作是鼠标左键双击"等边角钢"图块,出现如图 12-87 所示的【编辑块定义】对话框,选择名称为"等边角钢",其余默认系统设置。单击"确定"按钮进入块编辑器。更改标注约束图形如图 12-88 所示。选择编辑块工具栏的第三个图标,如图 12-90 所示,此图标是块的另存为图标。此时打开【将块另存为】对话框,如图 12-91 所示,在块名栏输入"等边角钢 1",单击"确定"按钮。鼠标左键单击"关闭块编辑器"按钮。

(4)直接执行"插入"→"块"命令。出现【插入】对话框,选择名称为"等边角钢 1",其余默认系统设置。插入截面图形如图 12-89 所示。此时角钢截面尺寸已经改变。

图 12-87 【编辑块定义】对话框

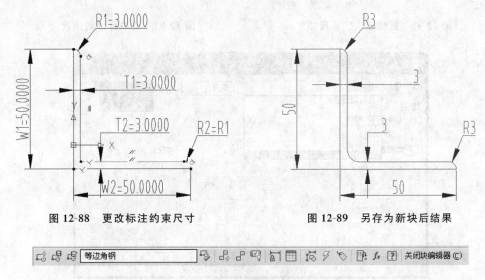

图 12-88 更改标注约束尺寸　　　　　　图 12-89 另存为新块后结果

图 12-90 编辑块工具栏

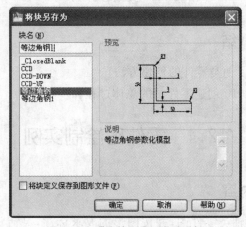

图 12-91 【将块另存为】对话框

(5)同理更改尺寸为 63×63×4 的角钢截面。选择名称为"等边角钢 2",截面图形如图 12-92 所示。【插入】对话框如图 12-94 所示。插入后图形如图 12-93 所示。

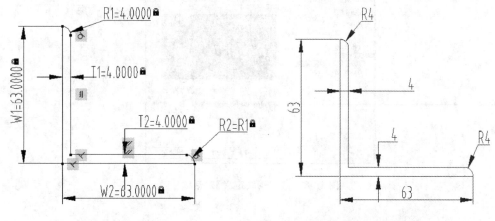

图 12-92　更改标注约束尺寸　　　　　　图 12-93　更改标注约束尺寸

图 12-94　更改标注约束尺寸

### 12.3.4　项目小结

(1)通过本项目学习了轴类零件的创建方法。

(2)使用 AutoCAD 2010 创建零件图的总体过程和步骤。

# 12.4　零件图绘制实例

### 12.4.1　项目内容

绘制如图 12-95 所示轴类零件图,并按图形的要求标注,灵活掌握镜像、整列和复制的使用方法,做到高效和准确。本项目共有 2 个任务。任务一为绘制轴类零件;任务二为绘制齿轮类零件。

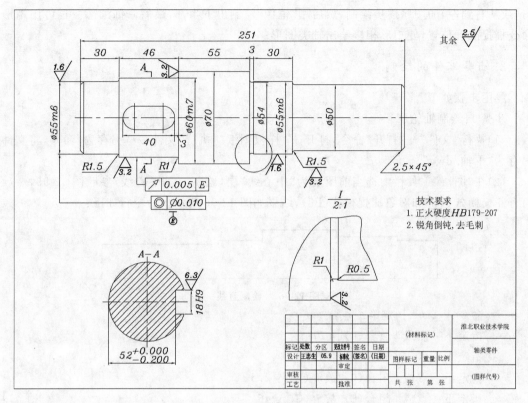

图 12-95　图形预览

## 12.4.2　相关知识

(1)AutoCAD 2010 图形绘制命令和相关的基本操作。

(2)AutoCAD 2010 捕捉应用与设置。

(3)AutoCAD 2010 尺寸标注和公差标注。

## 12.4.3　项目实施

### 一、绘制轴类零件

#### 1.任务分析

学习零件图的绘制方法与注意事项。一张完整的零件图包括一组清晰、准确、合理的视图,完整的尺寸,标题栏及技术要求。绘制零件图前必须对绘图共性环境进行设置,图框和标题栏调用样板文件。视图及尺寸标注用 AutoCAD 2010 的二维命令来完成,标题栏及技术要求的内容用 AutoCAD 2010 的文本输入命令来完成。

轴类零件主要由一系列同轴回转体构成。图形包括整体形状的主视图,相关的剖视图和局部放大视图。以如图 12-95 所示的轴零件图为例介绍使用 AutoCAD 2010 的绘制方法。一般来说,绘制轴类零件首先要绘制该零件的中心线,再将轴的轮廓线上半部按从左到右(或从右到左)的顺序逐步绘制,然后用"镜像"绘制出下半部,最后修饰细部。也可用矩形命令捕捉准确位置,使矩形相接绘出轴类图形。

**2. 轴类零件的绘制**

绘图步骤如下。

步骤 1:绘制轴轮廓。

(1)执行"文件"→"打开"命令,打开 A3 样板图纸。执行"文件"→"另存为"命令,将文件另存为"Ⅰ轴.dwg"。

(2)在"图层"工具栏中选当前图层为"中心线"层,绘制一条中心线,参照图 12-95,然后打开正交模式(F8)和对象捕捉模式(F3),结果如图 12-96 所示。命令行如下:

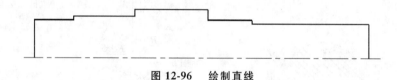

图 12-96   绘制直线

命令:_line 指定第一点:

指定下一点或[放弃(U)]:27.5

指定下一点或[放弃(U)]:30

指定下一点或[闭合(C)/放弃(U)]:2.5

指定下一点或[闭合(C)/放弃(U)]:46

指定下一点或[闭合(C)/放弃(U)]:5

指定下一点或[闭合(C)/放弃(U)]:55

指定下一点或[闭合(C)/放弃(U)]:7.5

指定下一点或[闭合(C)/放弃(U)]:33

指定下一点或[闭合(C)/放弃(U)]:2.5

指定下一点或[闭合(C)/放弃(U)]:87

指定下一点或[闭合(C)/放弃(U)]:25

指定下一点或[闭合(C)/放弃(U)]:

(3)创建局部放大视图中的 R1 和 R0.5 的圆角,先利用偏置命令偏移直线,然后倒圆角,结果如图 12-97 所示。命令行如下:

命令:_offset

当前设置:删除源=否   图层=源   OFFSETGAPTYPE=0

指定偏移距离或[通过(T)/删除(E)/图层(L)]<通过>: 3

选择要偏移的对象,或[退出(E)/放弃(U)]<退出>:

指定要偏移的那一侧上的点,或[退出(E)/多个(M)/放弃(U)]<退出>:

选择要偏移的对象,或[退出(E)/放弃(U)]<退出

命令:o OFFSET

当前设置:删除源=否   图层=源   OFFSETGAPTYPE=0

指定偏移距离或［通过(T)/删除(E)/图层(L)］＜3.0000＞：0.5

选择要偏移的对象,或［退出(E)/放弃(U)］＜退出＞：

指定要偏移的那一侧上的点,或［退出(E)/多个(M)/放弃(U)］＜退出＞：

选择要偏移的对象,或［退出(E)/放弃(U)］＜退出＞： ＊取消＊

命令：tr TRIM

当前设置:投影＝UCS,边＝无

选择剪切边…

选择对象或 ＜全部选择＞： 找到 1 个

选择对象：

选择要修剪的对象,或按住【Shift】键选择要延伸的对象,或

［栏选(F)/窗交(C)/投影(P)/边(E)/删除(R)/放弃(U)］：

选择要修剪的对象,或按住【Shift】键选择要延伸的对象,或

［栏选(F)/窗交(C)/投影(P)/边(E)/删除(R)/放弃(U)］：

命令：_fillet

当前设置：模式＝修剪,半径＝0.0000

选择第一个对象或［放弃(U)/多段线(P)/半径(R)/修剪(T)/多个(M)］：R 指定圆角半径 ＜0.0000＞：1

选择第一个对象或［放弃(U)/多段线(P)/半径(R)/修剪(T)/多个(M)］：

选择第二个对象,或按住【Shift】键选择要应用角点的对象：

命令：FILLET

当前设置：模式＝修剪,半径＝1.0000

选择第一个对象或［放弃(U)/多段线(P)/半径(R)/修剪(T)/多个(M)］：R 指定圆角半径 ＜1.0000＞：0.5

选择第一个对象或［放弃(U)/多段线(P)/半径(R)/修剪(T)/多个(M)］：

选择第二个对象,或按住【Shift】键选择要应用角点的对象：

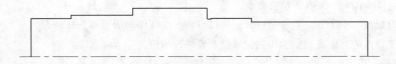

图 12-97　倒圆角

(4)利用"修改"工具栏中的"圆角"工具绘制圆角,利用"修改"工具栏中的"倒角"工具绘制倒角,如图 12-98 所示。

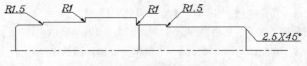

图 12-98　绘制圆角和倒角

(5)在倒圆处,利用"修改"工具栏中的"延伸"工具绘制直线,或利用夹点编辑命令将

直线拖到对应的位置处；在倒角处，利用"直线"工具 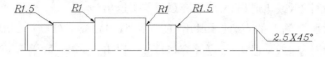 绘制直线，如图 12-99 所示。

**图 12-99　绘制直线**

(6)利用镜像命令将做好的上半部分镜像到下面，再打开对象捕捉，画出中间轴间端面的投影直线，结果如图 12-100 所示。

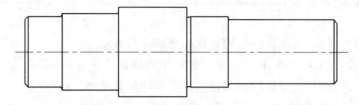

**图 12-100　镜像图形**

步骤 2：绘制键槽。

利用偏置直线命令、绘圆弧命令和修剪的方法绘制键槽。

　　命令：_offset 回车　※点击偏移命令，根据尺寸定出键槽的两个半圆弧圆心位置

　　指定偏移距离或 [通过(T)] <通过>：12 回车　※将轮廓线 ab 向右复制偏移 12

　　选择要偏移的对象或 <退出>：　※选择 ab 线

　　指定点以确定偏移所在一侧：　※选择 ab 线左边

　　选择要偏移的对象或 <退出>：回车

　　offset　※重复执行偏移命令

　　指定偏移距离或 [通过(T)] <12.0000>：22 回车　※将刚偏移得到的直线，再向左偏移复制距离为 22

　　选择要偏移的对象或 <退出>：　※选择偏移直线

　　指定点以确定偏移所在一侧：　※选择偏移直线左边

将所做的辅助线改到中心线层，然后单击"修改"工具栏中的"拉长"工具 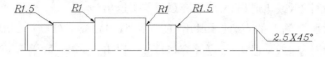，对辅助线进行修改。

　　命令：_lengthen　※点击拉长命令

　　选择对象或 [增量(DE)/百分数(P)/全部(T)/动态(DY)]：DY ↵　※选择动态

　　选择要修改的对象或 [放弃(U)]：　※选择要修改的边

　　指定新端点：

　　选择要修改的对象或 [放弃(U)]：

　　指定新端点：

　　命令：_circle 指定圆的圆心或 [三点(3P)/两点(2P)/相切、相切、半径(T)]：<对象捕捉 开>

　　※点击绘制圆的命令，捕捉偏移得到的直线与轴线的交点

　　指定圆的半径或 [直径(D)]：9 回车　※输入圆的半径

　　circle 指定圆的圆心或 [三点(3P)/两点(2P)/相切、相切、半径(T)]：　※重复执行绘制圆的命令

　　指定圆的半径或 [直径(D)] <9.0000>：9 回车　※输入圆的半径

　　命令：_line 指定第一点：_tan 到　※点击绘制直线命令，画键槽的两段直线；捕捉切点

　　指定下一点或 [放弃(U)]：_tan 到　※捕捉另一个圆的切点

　　指定下一点或 [放弃(U)]：

命令：_line 指定第一点：_tan 到 ※继续执行绘制直线命令；捕捉另一侧的切点

指定下一点或［放弃(U)］：_tan 到 ※捕捉另一个圆的切点

指定下一点或［放弃(U)］：↙ 回车；结果如图 12-101 所示

命令：_trim ※点击修剪命令，修剪多余的圆弧

当前设置：投影＝UCS，边＝无

选择剪切边…

选择对象：找到 1 个

选择对象：找到 1 个，总计 2 个 ※点选刚绘制的两条切线

选择对象：

选择要修剪的对象： ※点击要修剪的圆弧部分

选择要修剪的对象：

选择要修剪的对象： ※回车，结束。结果如图 12-102 所示

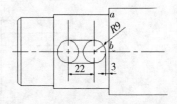

**图 12-101 绘制左侧轴段上的键槽**

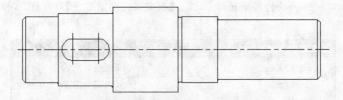

**图 12-102 完成左侧轴段上的键槽**

步骤 3：绘制 *A-A* 断面图及局部放大图。

(1) 选择 05 中心线层作为当前图层，用"直线"命令绘制 *A-A* 断面图中心线。选择粗实线层作为当前图层。

命令：_circle 指定圆的圆心或［三点(3P)/两点(2P)/相切、相切、半径(T)］： ※点击绘制圆的命令；绘制 A－A 断面图外轮廓线，参照图 12-103；捕捉中心线的交点

指定圆的半径或［直径(D)］：30 回车 ※输入半径值，回车，完成画图

命令：_offset 回车点击偏移命令

指定偏移距离或［通过(T)］＜通过＞：22 回车 ※将对称中心线的竖直线向右偏移 22

选择要偏移的对象或 ＜退出＞： ※选择竖直线

指定点以确定偏移所在一侧： ※选择竖直线右边

选择要偏移的对象或 ＜退出＞：回车

命令：回车 ※继续执行偏移命令

OFFSET

指定偏移距离或［通过(T)］＜22.0000＞：9 回车 ※将对称中心线的水平线向上、下各偏移 9

选择要偏移的对象或 ＜退出＞： ※选择水平线

指定点以确定偏移所在一侧： ※选择水平线的上侧

选择要偏移的对象或 ＜退出＞： ※选择水平线

指定点以确定偏移所在一侧： ※选择水平线的下侧

选择要偏移的对象或 ＜退出＞：回车，结果如图 12-103(a)所示

对图形进行"修剪"和"删除",结果如图 12-103(b)所示。

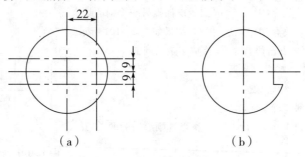

**图 12-103　A-A 断面图**

选择 10 剖面线作为当前图层。

命令：_bhatch　※点击边界填充命令,弹出【图案填充和渐变色】对话框,如图 12-104 所示,设置如图 12-105 所示。

**图 12-104　【图案填充和渐变色】对话框**

选择对象：指定对角点：找到 4 个　※点击拾取点按钮,点选填充范围(图 12-106 阴影区域)

选择对象：　※回车完成填充范围的选择,再在对话框中选择剖面线 ANSI31 型。点击确定按钮,结果如图 12-105 所示

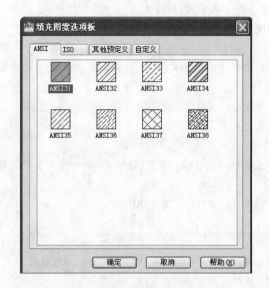

图 12-105 【填充图案选项板】对话框 图 12-106 填充剖面线后的结果

（2）选择尺寸标注层作为当前层，在需要局部放大的位置作一个圆，圈出需放大的范围。

命令：_copy ※点击复制命令，复制需放大的对象

选择对象：指定对角点：找到 6 个 ※选择圆圈中的直线

选择对象：回车，结束选择

指定基点或位移，或者［重复(M)］：※选择复制基点（在需放大的部位点击）

指定位移的第二点或 ＜用第一点作位移＞：※在一适当位置点击完成复制

命令：_spline ※点击样条曲线命令，画局部放大图的断裂线

指定第一个点或［对象(O)］：※选取一系列适当点画样条线

指定下一点：

指定下一点或［闭合(C)/拟合公差(F)］＜起点切向＞：

指定下一点或［闭合(C)/拟合公差(F)］＜起点切向＞：

指定起点切向：回车

指定端点切向：回车 ※修剪多余线段，整理图形

命令：_scale ※点击缩放命令，将局部放大图作 2:1 放大

选择对象：指定对角点：找到 6 个 ※框选需放大的部分

选择对象：※回车，结束选择

指定基点：※指定基点

指定比例因子或［参照(R)］：2 回车 ※输入比例因子，结果如图 12-107 所示

步骤 4：绘制剖切符号

绘制剖切符号，可以使用多段线命令

命令：_pline

指定起点：※在剖切面位置的轮廓线旁，指定第一点

当前线宽为 0.0000

指定下一个点或［圆弧(A)/半宽(H)/长度(L)/放弃(U)/宽度(W)］：W

指定起点宽度 ＜0.0000＞：0.7　※设置宽度为0.7

指定端点宽度 ＜0.7000＞：

指定下一个点或［圆弧(A)/半宽(H)/长度(L)/放弃(U)/宽度(W)］：4　※指定第二点,画出起迄和转折位置

指定下一点或［圆弧(A)/闭合(C)/半宽(H)/长度(L)/放弃(U)/宽度(W)］：W

指定起点宽度 ＜0.7000＞：0.3　※设置宽度为0.3

指定端点宽度 ＜0.3000＞：

指定下一点或［圆弧(A)/闭合(C)/半宽(H)/长度(L)/放弃(U)/宽度(W)］：3　※将光标水平向右放置,输入长度值3,画出投射方向线

指定下一点或［圆弧(A)/闭合(C)/半宽(H)/长度(L)/放弃(U)/宽度(W)］：W

指定起点宽度 ＜0.3000＞：1

指定端点宽度 ＜1.0000＞：0

指定下一点或［圆弧(A)/闭合(C)/半宽(H)/长度(L)/放弃(U)/宽度(W)］：3　※画出投射箭头

指定下一点或［圆弧(A)/闭合(C)/半宽(H)/长度(L)/放弃(U)/宽度(W)］：

命令：_dtext

当前文字样式： Standard　当前文字高度： 5.0000

指定文字的起点或［对正(J)/样式(S)］：　※指定字母位置

指定高度 ＜5.0000＞：

指定文字的旋转角度 ＜0＞：

输入文字：A　※输入剖切符号字母A

输入文字：

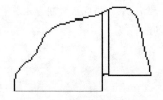

图 12-107　轴的局部放大图

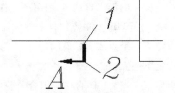

图 12-108　绘制剖切符号

命令：_mirror　※点击镜像命令

选择对象：指定对角点：找到 2 个　※选择刚刚绘制出的剖切符号

选择对象：回车　※结束选择

指定镜像线的第一点：　＜对象捕捉 开＞指定镜像线的第二点：　※选择轴中心线作为镜像线

是否删除源对象？［是(Y)/否(N)］＜N＞：N回车　※镜像出另一侧的剖切符号

命令：_dtext　※点击单行文字命令

当前文字样式： Standard　当前文字高度： 5.0000

指定文字的起点或［对正(J)/样式(S)］：

指定高度 ＜5.0000＞：回车

指定文字的旋转角度 ＜0＞：回车

输入文字：A-A回车　※在剖视图上方,注写剖视图名称

输入文字：回车　※结束选择,结果如图 12-108 所示

步骤 5:尺寸的标注。

创建了需要的标注样式后,就可以调用标注命令,为图形对象标注尺寸。

(1)线性尺寸标注。

标注线性尺寸需要使用 Dimlinear 命令,或单击"标注"工具栏中的┌─线性标注工具调用。

从左端开始标注轴主视图上的径向尺寸 φ55m6,φ60m7,φ70,φ54,φ55m6,φ50。

命令:_dimlinear ※点击线性标注命令

指定第一条尺寸界线原点或 <选择对象>: ※打开对象捕捉,点选第一条尺寸界线原点

指定第二条尺寸界线原点:指定尺寸线位置或[多行文字(M)/文字(T)/角度(A)/水平(H)/垂直(V)/旋转(R)]:T 回车 ※选择单行文字

输入标注文字 <55>:%%c55m6 回车 ※输入基本尺寸 φ55m6

指定尺寸线位置或[多行文字(M)/文字(T)/角度(A)/水平(H)/垂直(V)/旋转(R)]: ※指定一点

标注文字 = 55 ※完成标注

同理,可用线性尺寸标注 φ60m7,φ70,φ54,φ55m6,φ50 的尺寸,结果如图 12-109 所示。

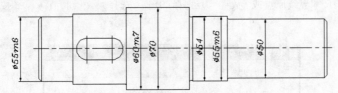

**图 12-109 线性尺寸标注效果**

(2)连续标注。连续标注是一种多个尺寸标注首尾相连的标注,需要使用 Dimcontinue 命令,也可以直接单击┌┬连续标注工具调用。

首先用┌─线性标注工具,标注最左端的尺寸 30;然后用┌┬连续标注工具从左向右标注轴尺寸 46,55,3,30。结果如图 12-110 所示。

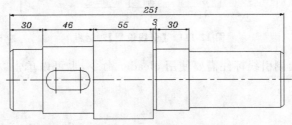

**图 12-110 连续标注与基线标注的效果**

命令:_dimlinear ※点击线性标注命令(标注轴左段长度)

指定第一条尺寸界线原点或 <选择对象>:

指定第二条尺寸界线原点:指定尺寸线位置或

[多行文字(M)/文字(T)/角度(A)/水平(H)/垂直(V)/旋转(R)]: ※指定一点

标注文字 = 30

命令:_dimcontinue ※点击连续标注命令(从左向右标注)

指定第二条尺寸界线原点或 [放弃(U)/选择(S)] <选择>: ※点选轴的下一段的右端点

标注文字 = 46

指定第二条尺寸界线原点或 [放弃(U)/选择(S)] <选择>: ※点选轴的下一段的右端点

标注文字 = 55

指定第二条尺寸界线原点或［放弃(U)/选择(S)］＜选择＞： ※点选轴的下一段的右端点

标注文字 = 3

指定第二条尺寸界线原点或［放弃(U)/选择(S)］＜选择＞： ※点选轴的下一段的右端点

标注文字 = 30

指定第二条尺寸界线原点或［放弃(U)/选择(S)］＜选择＞：＊取消＊ ※按【Esc】退出此命令

（3）基线标注。基线标注是一种多个尺寸标注共用其中一个尺寸界线，作为第一尺寸界线的标注，需要单击 基线标注工具调用，也可以从下拉菜单"标注"→"基线"调用。

命令：_dimbaseline ※点击基线标注命令(标注轴的总长)

指定第二条尺寸界线原点或［放弃(U)/选择(S)］＜选择＞：S 回车 ※选择第一尺寸界线

选择基准标注： ※点选左段轴第一条尺寸界线

指定第二条尺寸界线原点或［放弃(U)/选择(S)］＜选择＞： ※点选轴最右端轮廓线

标注文字 = 251

指定第二条尺寸界线原点或［放弃(U)/选择(S)］＜选择＞：＊取消＊ ※按【Esc】退出，结果如图 12-110 所示

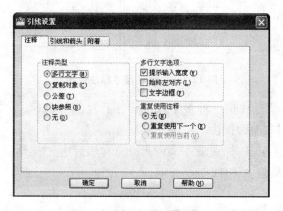

**图 12-111 【引线设置】对话框**

（4）引线标注。绘制引线标注需要使用 qleader 命令，也可以单击"标注"工具栏中 按钮调用。

命令：_qleader

指定第一个引线点或［设置(S)］＜设置＞：S 回车 ※改变设置，弹出【引线设置】对话框，如图 12-111所示。在"注释"选项卡中"注释类型"选"多行文字"；在"引线和箭头"选项卡中"箭头"选"无"；在"附着"选项卡中选最后一行加下划线。单击"确定"按钮。

指定第一个引线点或［设置(S)］＜设置＞： ※点选标注引线的第一点

指定下一点： ※点选标注引线的下一点

指定下一点： ※点选标注引线的结束点

指定文字宽度＜0＞：回车

输入注释文字的第一行 ＜多行文字(M)＞：2.5×45％％d回车 ※输入 2.5×45°的倒角

输入注释文字的下一行：回车 ※回车完成

图 12-112 "引线和箭头"选项卡　　　　　　　　　图 12-113 "附着"选项卡

在输入文字时，乘号"×"无法从键盘输入，我们可以先用字母"X"代替。当输入完成后，双击文字"2.5X45°"，弹出【文字格式】对话框，选中字母"X"，单击右键，如图 12-114 所示，选择右键菜单中的"符号"→"其他"选项。弹出"字符映射表"中找到乘号"×"，然后复制粘贴替换字母"X"，结果如图 12-115 所示。

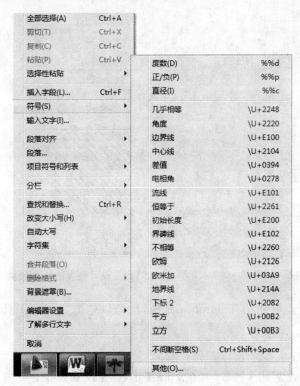

图 12-114 【文字格式】对话框

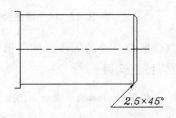

图 12-115 引线标注倒角尺寸的效果

(5)尺寸公差的标注。机械图样中有些尺寸规定了一个允许变动的范围——尺寸公差，如果在【修改标注样式】对话框中的"公差"选项卡中设置尺寸偏差的数值，会使所有的尺寸标注都被加上了相同的偏差，这显然不合要求。所以如果带偏差的尺寸较多，可以新建一个名为"公差"的样式；若偏差数值均不相同，可将标注好的尺寸分解后，再逐个进行编辑修改；如果带偏差的尺寸较少，可以采用临时的样式替代方法。

图 12-117 标注了 $52^{+0.000}_{-0.200}$ 的尺寸。利用样板图形建立标注样式标注尺寸,将"标注样式"选择"GB−35",标注尺寸。双击尺寸标注,打开如图 12-116 所示尺寸标注属性对话框,移动滚动条到"公差"选项卡,更改相关设置,其中"显示公差"项选"极限偏差";"精度"项选 0.000;"上偏差"项为 0.000;"下偏差"项为 0.200;"高度比例"项为 0.7;"水平放置公差"项为中;"消零"项不选。

命令:_dimlinear ※点击线性标注命令,进行尺寸的标注
指定第一条尺寸界线原点或 <选择对象>: ※捕捉一端点
指定第二条尺寸界线原点:指定尺寸线位置或 ※捕捉另一端点
[多行文字(M)/文字(T)/角度(A)/水平(H)/垂直(V)/旋转(R)]: ※指定一点
标注文字 = 52 ※结果如图 12-117 所示

图 12-116 堆叠特性对话框

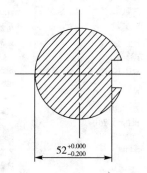

图 12-117 尺寸公差的标注效果

(6)形位公差的标注。标注形位公差可使用 Tolerance 命令,也可以单击"标注"工具栏中的按钮调用。

命令:_qleader ※点击快速引线命令,绘制"圆跳动"形位公差
指定第一个引线点或 [设置(S)] <设置>:S 回车 ※在弹出的【引线设置】对话框中"注释"选项卡选择"公差"项;在"引线和箭头"选项卡选择"实心箭头"项
指定第一个引线点或 [设置(S)] <设置>: ※选择左侧轴段 φ60m7 的轮廓线,确定形位公差的放置位置
指定下一点: ※选择位置点
指定下一点: ※选择位置点以后,弹出如图 12-118 所示的对话框,输入有关数据。
命令:_qleader ※点击快速引线命令,绘制"同轴度"形位公差
指定第一个引线点或 [设置(S)] <设置>: ※对象捕捉左侧轴段 φ55m6 尺寸标注的箭头

指定下一点： ※选择位置点以后,在【符号】对话框中选择同心度符号,在【形位公差】对话框的"公差1"的左侧方框单击一次,则出现 φ 符号,在输入框输入公差值 0.010

指定下一点：回车 ※回车完成

命令：_qleader ※点击快速引线命令,绘制该形位公差的另外一条引线

指定第一个引线点或［设置(S)］＜设置＞： ※对象捕捉右侧轴段 φ55m6 尺寸标注的箭头

指定下一点：＜对象捕捉追踪 开＞ ※选择位置点

指定下一点： ※选择位置点,在弹出的【形位公差】对话框中,单击"确定"按钮完成,如图 12-119 所示

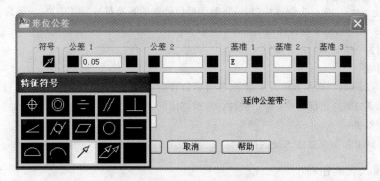

**图 12-118 【形位公差】对话框**

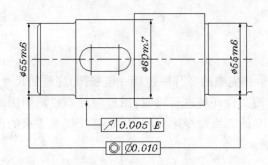

**图 12-119 形位公差效果图**

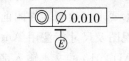

**图 12-120 形位公差的基准符号**

(7)绘制形位公差的基准符号。

命令：_circle

指定圆的圆心或［三点(3P)/两点(2P)/相切、相切、半径(T)］： ※点取适当位置

指定圆的半径或［直径(D)］：3 回车 ※输入半径为 3

命令：_line

指定第一点：_qua 于 ※点选圆的象限点

指定下一个点或［放弃(U)］：@0,4 回车 ※直线长度为 4

指定下一点或［放弃(U)］：回车 ※回车,结束

命令：_pline ※点击绘制多段线命令,绘制横线

指定起点：@-3,0 回车 ※输入起点

当前线宽为 0.0000

指定下一个点或［圆弧(A)/半宽(H)/长度(L)/放弃(U)/宽度(W)］：w 回车

指定起点宽度 ＜0.0000＞：0.7 回车　　※多段线宽为 0.7

指定端点宽度 ＜0.7000＞：回车

指定下一个点或 ［圆弧(A)/半宽(H)/长度(L)/放弃(U)/宽度(W)］：@6,0 回车　　※多段线长为 6

指定下一点或 ［圆弧(A)/闭合(C)/半宽(H)/长度(L)/放弃(U)/宽度(W)］：回车　　※回车,结束

命令：_attdef　※定义块属性

起点：　※将"E"设置成块的属性,在弹出的【属性定义】对话框中,在"标记"输入栏中输入"A",在"提示"输入栏中输入"Ra",在"值"输入栏中输入"A"。在"插入点"区域中捕捉圆的圆心,在"文字选项"区域中指定"对正"为中间,"高度"为3,点击"确定"结束

命令：_block　※点击创建块命令,将整个形位公差的基准符号定义成块,块名为"XWJZ"

指定插入基点：　※对象捕捉端点

选择对象：指定对角点：找到 4 个

选择对象：

命令：_insert　※点击插入块命令,在合适位置插入块 XWJZ

指定插入点或 ［比例(S)/X/Y/Z/旋转(R)/预览比例(PS)/PX/PY/PZ/预览旋转(PR)］：

输入属性值

Ra ＜A＞：E 回车　　※输入块属性为"E",结果如图 12-120 所示

步骤 6：插入表面粗糙度。

利用样板图中的块,输写技术要求,检查无误,填写标题栏,保存结果完成。

## 二、绘制齿轮类零件

### 1.任务分析

学习零件图的绘制方法与注意事项。一张完整的零件图包括一组视图、完整的尺寸、标题栏及技术要求。绘制零件图前必须对绘图共性环境进行设置,图框和标题栏调用图形样板文件。视图及尺寸标注用 AutoCAD 2010 的二维命令来完成,标题栏及技术要求的内容用 AutoCAD 2010 的文本输入命令来完成。

### 2.齿轮类零件的绘制

齿轮是用来传递运动和动力的常用零件,通过对齿轮类零件的绘制过程及常用技巧的了解和掌握,巩固已学知识,并学会用三维视图对应关系进行零件图的绘制。

图 12-121 是一个齿轮的零件图,以下就针对此图介绍齿轮的绘制过程。

步骤 1：设置绘图环境。

使用横向的 A3 样板图,并将它另存为"齿轮.dwg"新文件。打开 AutoCAD 2010 的设计中心,在"文件夹列表"中找到前面绘制轴类零件时所设置好的图层、文字样式、标注样式等,在"视图"窗口里选中拖曳到当前打开的绘图区中。

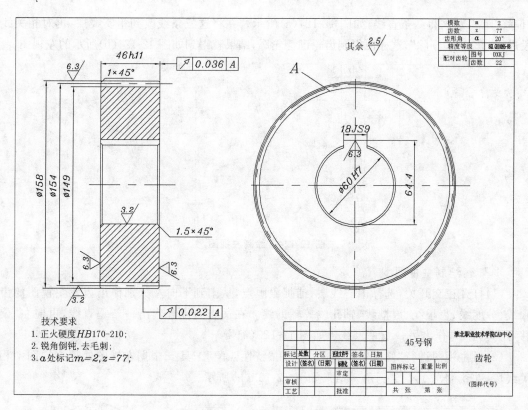

| 模数 | m | 2 |
| 齿数 | z | 77 |
| 齿形角 | α | 20° |
| 精度等级 | | 8JL GB10085-88 |
| 配对齿轮 | 图号 | DXKJ |
| | 齿数 | 22 |

其余 2.5/

技术要求
1. 正火硬度HB170-210;
2. 锐角倒钝,去毛刺;
3. α处标记m=2,z=77;

| | | | 45号钢 | 淮北职业技术学院CAD中心 |
|---|---|---|---|---|
| 标记 处数 分区 更改文件号 签名 日期 | | | | 齿轮 |
| 设计 (签名) (日期) 标准化 (签名) (日期) | | | 图样标记 重量 比例 | |
| 审核 | | 审定 | | (图样代号) |
| 工艺 | | 批准 | 共 张 第 张 | |

图 12-121　齿轮的零件图

步骤 2:绘制视图中心线。

考虑好整个图纸的布局,定好齿轮主、左视图的位置。将中心线层设置为当前图层,绘制齿轮主、左视图的中心线,结果如图 12-122 所示。

步骤 3:绘制左视图。

(1)将粗实线层设置为当前层,分别绘制轴孔、轴倒角

图 12-122　绘制视图中心线

圆、齿根圆、分度圆、齿倒角圆、齿顶圆,它们是直径分别为 60、63、149、154、156、158 的一系列同心圆;将齿根圆改到细实线层;将分度圆改到中心线层,结果如图 12-123 所示。

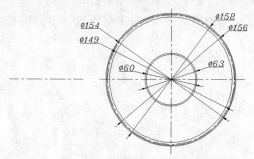

图 12-123　z 绘制齿轮轴孔、齿根圆和分度圆等

(2)将水平中心线向上"偏移"距离为 34.4,得一条直线;将垂直的中心线分别向左、向右

"偏移"距离为9,得两条直线,如图12-124(a)所示。并将这三条线改到粗实线层,再对相关线段进行"修剪"、"删除",这样便得到齿轮键槽轮廓,结果就得到如图12-124(b)所示的左视图。

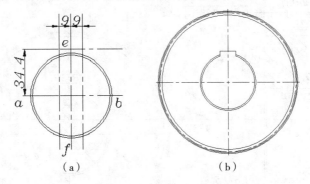

图 12-124　绘制左视图

步骤4:绘制主视图。

(1)打开正交开关,选择中心线层,捕捉象限点,从上到下向左分别作出齿轮主视图的齿顶线、分度线、齿根线、键槽线、轴孔线等辅助线。在适当的位置作出一条垂直线,再向左"偏移"距离为46,作出另一条垂直线。如图12-125(a)所示。

(2)对主视图进行"修剪"和"删除",再用"特性匹配"工具✐根据左视图处理主视图中相关线段,并绘制出 $1\times45°$ 倒角。结果如图12-125(b)所示。

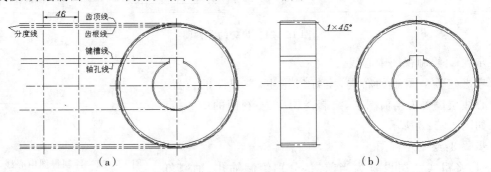

图 12-125　绘制主视图

步骤5:用"倒角"、"延伸"、"直线"等命令给齿轮轴孔进行 $1.5\times45°$ 倒角处理,结果如图12-126所示。选择剖面线层作为当前图层,对主视图进行图案填充,结果如图12-127所示。

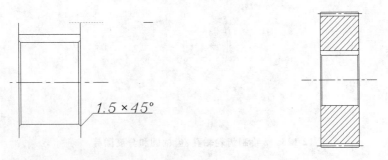

图 12-126　绘制轮轴孔倒角　　　　图 12-127　填充的效果图

步骤6：对图形进行标注，书写技术要求，填写标题栏，最后执行"文件"→"绘图实用程序"→"清理"命令或在命令行输入"purge"，对一些未使用的项目进行清理，保存完成。

### 12.3.4 项目小结

通过本项目学习了齿轮类零件创建方法，掌握相关绘图技巧。

## 12.5 装配图绘制实例

### 12.5.1 项目内容

绘制如图 12-128 所示装配图形，并完成相关编辑，完成装配图标标注。

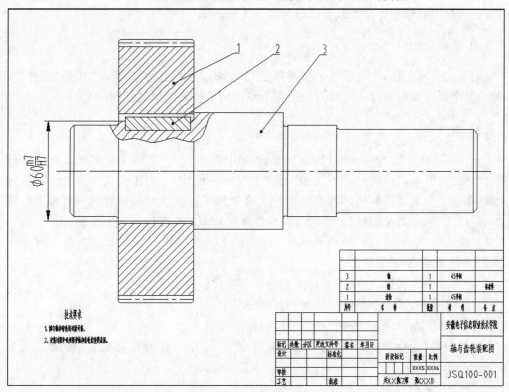

**图 12-128 图形预览**

### 12.5.2 相关知识

(1)AutoCAD 2010 设计中心的基本操作。

(2)AutoCAD 2010 绘图与编辑命令。

(3)AutoCAD 2010 标注方法。

## 12.5.3 项目实施

### 一、项目分析

装配图是表达机器各零部件装配关系及整体结构的一种图样。在设计中一般先画出装配图,然后再由装配图所提供的结构形式和尺寸拆解后绘制零件图。装配图的画法与零件图的画法基本一致,但如果已经完成了零件图的绘制,就可利用已有的零件图来拼画装配图,以节省绘图的时间。所以首先要对所绘制的装配体的工作原理、装配连接关系及主要结构进行分析,然后确定一个恰当的表达方案,选择一种合适的方法来绘制。

### 二、绘图步骤

装配图视图的绘制方法大致可以分为以下 4 种。

#### 1.直接绘制法

如同手工绘图一样,先分析整个装配体的结构,确定是"由里向外"画,还是"由外向里"画;然后逐个画出每个零件。这种方法适用于结构简单的装配体的绘制。

#### 2.块插入法

用 AutoCAD 2010 绘制装配图,就要充分利用它的优势。先逐个绘制出装配体中的所有零件的零件图,再将画装配图所需的图形(不要标注尺寸)分别定义成块、赋予块名、确定插入点(多选择安装基准),然后在基础零件上将全部零件按各自的位置插入并修改。这种方法叫块插入法,它是绘制结构比较复杂、标准件比较多的装配体的常用方法。

其步骤为:

(1)打开新图,绘制装配图。

(2)打开所有零件图,将所需零件图中的部分图样做成块文件存储。

(3)使用"块插入"命令将块文件插入到装配图中。

(4)用"移动"命令将图块移动到正确的位置。

(5)用"分解"命令分解图块,使之能够编辑,然后利用 Trim 命令修剪多余的线段后完成装配图的拼画。

#### 3.堆叠法

该方法不用将每个零件设置成块,而是按零件各自的位置,像堆积木一样把全部零件逐个、直接地堆叠在基础零件上,然后再进行编辑修改。这种方法适用于中等复杂程度结构的装配图的绘制,也是一种比较常用的方法。关于堆叠法,关键性的操作是要把不同文件(界面)中的图形调整到同一张图中,主要用到"带基点复制"和"带基点粘贴"两个命令。

#### 4.设计中心组合法

该方法与块插入法基本相同,不同之处是:使用 AutoCAD 设计中心打开多个图形后,就可以像 Windows 的资源管理器一样,通过复制和粘贴功能实现图形之间的图块、图层定义、布局和文字样式等内容的共享,从而简化绘图过程。其操作主要是打开设计中心,找到零件图所在的文件夹,将所选中的零件块拖曳到当前打开的图形中进行组合。

现利用设计中心组合方法将前面所绘制的轴和齿轮装配在一起,组成一张简单的装配图。步骤如下:

步骤1:建立装配图的样图。

从个人图库的样板文件中选择 A3 样板图,如图 12-129 所示,建立一张新图。

**图 12-129 【选择文件】对话框**

步骤2:打开设计中心。

执行"工具"→"选项板"→"设计中心",或从命令行输入"adcenter"。点击 AutoCAD 2010 的设计中心树状图(左边第一个窗口),显示用户计算机的资源,如图 12-130(a)和图 12-130(c)所示。可以将对话框拖到窗口的左边,如图 12-130(b)所示。

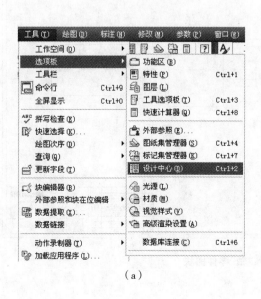

(a)

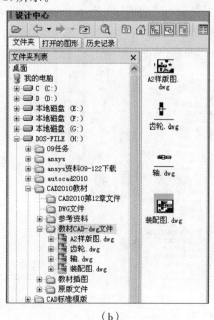

(b)

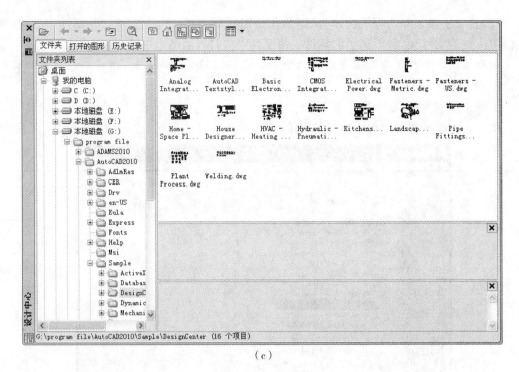

（c）

**图 12-130　设计中心**

步骤 3：插入"轴"零件图块。

在相应的路径找到零件图所在的文件夹，点击该文件，则设计中心控制板（右窗口）将显示该文件中所有的图块、图层定义、布局和文字样式等资料。

将选中右边窗口的"轴"零件块拖曳到当前打开的图形中，设置 $X$、$Y$、$Z$ 方向的比例为 1，旋转角为 0。则被选择的对象就被插入到当前图形中，该操作也可以用"插入块"命令来完成，其结果如图 12-131 所示。

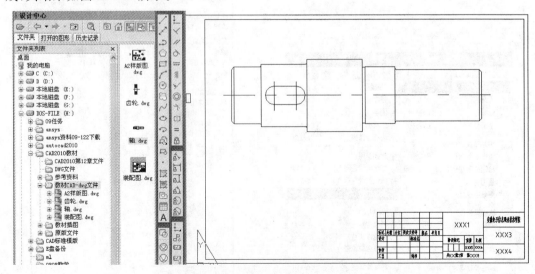

**图 12-131　插入"轴"零件图块**

步骤 4:插入"齿轮"零件图块。

利用设计中心将齿轮图块插入到当前打开的图形中,参数设置同"轴"零件的插入。结果如图 12-132 所示。

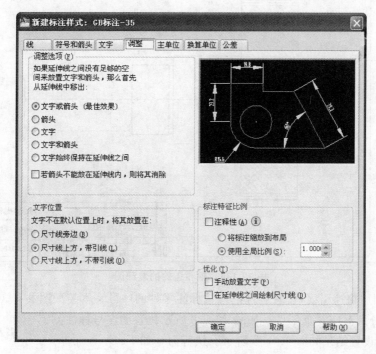

**图 12-132  插入"齿轮"零件图块**

步骤 5:将"齿轮"零件块执行"移动"命令,利用点对点的方式移动到正确的位置,结果如图 12-133 所示。

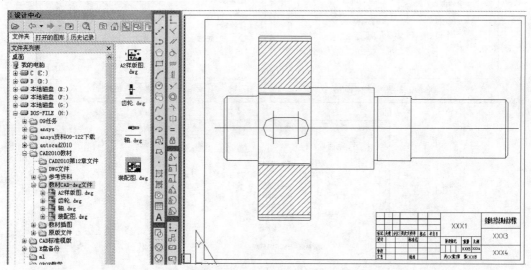

**图 12-133  将零件装配到正确的位置**

步骤 6:关闭设计中心,"分解"各图块,"修剪"多余线段完成装配,绘制如图 12-134 所示位置的键和键槽剖视，完成装配图剖视画法。

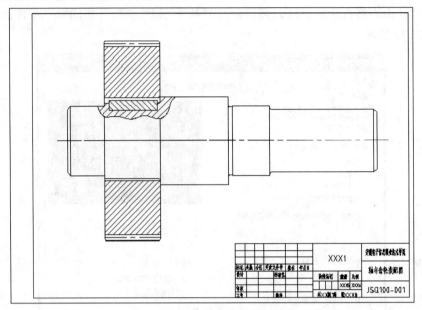

**图 12-134　轴和齿轮的装配图**

步骤 7：利用快速引线，设置合理的参数标注零件的序号。本装配图共有 3 个零件，要标注 3 的序号，分别对应 3 个零件。如图 12-138 所示位置的序号标注。

快速引线设置结果如图 12-135 所示。执行命令如下：

**图 12-135　轴和齿轮的装配图**

命令：LE QLEADER

指定第一个引线点或[设置(S)]<设置>：S

标注序号引线命令如下：

命令：LE QLEADER

指定第一个引线点或[设置(S)]<设置>：指定零件的合适位置，代表零件

指定下一点： <正交 关>指定零件的标号水平线起始合适位置

指定下一点：指定输入零件的标号起始合适位置，代表零件号

指定文字宽度 <0.0000>：10

输入注释文字的第一行 <多行文字(M)>：1 文件序号

输入注释文字的下一行：

命令： QLEADER

指定第一个引线点或[设置(S)]<设置>：

指定下一点：

指定下一点：

指定文字宽度 <10.0000>：

输入注释文字的第一行 <多行文字(M)>：2

输入注释文字的下一行：

自动保存到 C:\Users\ydb\appdata\local\temp\A2_1_33_0041.sv$ ...

命令：

命令： QLEADER

指定第一个引线点或[设置(S)]<设置>：

指定下一点：

指定下一点：

指定文字宽度 <10.0000>：

输入注释文字的第一行 <多行文字(M)>：3 回车

步骤8：利用尺寸标注，标注装配图尺寸，其中 m7/H7 用文字样式中的堆叠完成。结果如图 12-134 所示。

标注如下：

首先进行尺寸标注，利用尺寸的特性，在尺寸前利用标注前缀添加直径符号。

其次将更改好的尺寸分解。

最后利用编辑文字的方法，双击标注文字进入文字格式对话框，选中 m7/H7，如图 12-136 所示。在文字格式对话框选重"堆叠"，如图 12-137 中黑色框所示。结果如图 12-138 所示。

**图 12-136 进入编辑文本选中文字**

图 12-137　文字格式对话框

步骤 9：填写明细表。

利用 A2 样板图创建的明细表表格形式，将其复制过来，按图 12-139 所示填写明细表，如有文字格式不合适，将其编辑为合适位置格式。

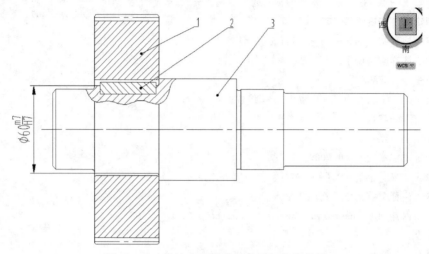

图 12-138　标注序号引线和装配标注后结果

注意序号与零件号对应，核实表格内的内容。

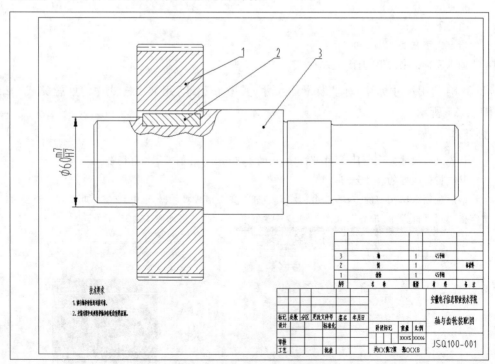

图 12-139　填写明细表的装配图

### 12.5.4 项目小结

对于不同的装配体,一定要在分析的基础上,选择一种合适的方法进行绘制。对于复杂的、标准零部件多的装配体,或者长期从事设计绘图工作的工程技术人员,应该建立一个零件图形库,在绘制图形过程中尝试图块和设计中心的使用,提高绘图效率。

对于设置成块的零件,在修改编辑之前,一定要先用"分解"命令将其分解,然后才可以修改编辑。"图块"中可以包含"图块",系统对于"块"的嵌套层数没有限制,任何一幅图均可以作为一个"图块"调用,并进行插入操作。

设置好的图层和定义好的文字样式、标注样式和表格样式也可以用设计中心进行相关的操作。

# 12.6 图形输出

## 12.6.1 项目内容

打印输出如图 12-140 所示图形,掌握输出图形的各种相关设置,输出符合要求的图形。

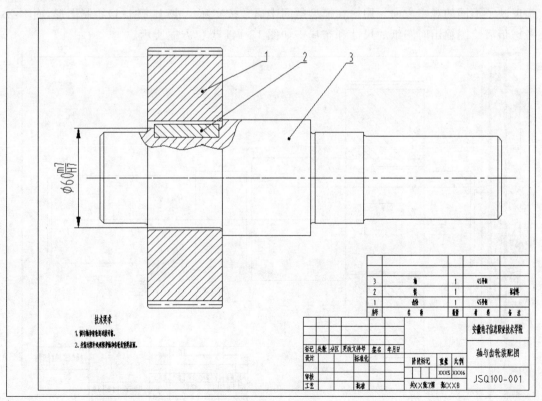

图 12-140 图形预览

## 12.6.2　相关知识

（1）AutoCAD 2010 图形输出的基本操作。

（2）AutoCAD 2010 图层与输出的联系，输出图形相关参数。

## 12.6.3　项目实施

### 一、项目分析

AutoCAD 所绘制的图形，通常需要打印在图纸上用于指导生产，或将图形打印后进行相互交流。可见，图形的打印和输出是我们使用 AutoCAD 的最终目的之一。

### 1．模型空间

模型空间是指用户建立模型所处的环境。模型就是用户在模型空间中自由地按照物体的实际尺寸绘制的图形，可以是二维或三维的。为了方便绘图，在模型空间中可以打开多个视图。模型空间中的每一个视图都可以分别定义坐标。不论改变哪一个视图中的对象，其他视图中的对象也会相应地改变，也就是说，不同视图中的对象其实是同一个对象，只不过是反映了不同的观察方向。用户在模型空间中通常按实际尺寸（比例1∶1）绘制图形，而不必考虑最后绘图输出时图纸的尺寸和布局。如图 12-141 黑色方框所示。

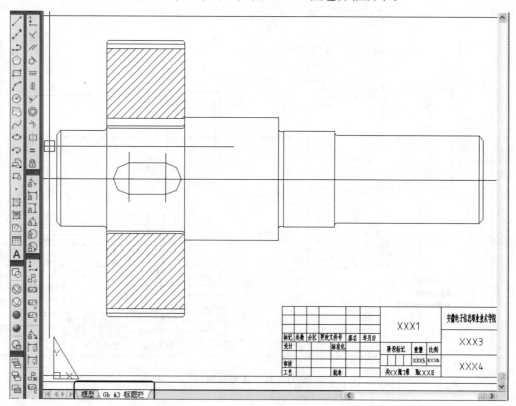

**图 12-141　模型与图纸空间位置**

## 2．图纸空间

图纸空间是 AutoCAD 专为规划绘图布局而提供的一种绘图环境。可以将图纸空间看作一张绘图纸，通常在模型空间中绘制好图形以后，将图形以一定的比例放置在图纸空间中。在图纸空间中不能进行绘图，但可以标注尺寸和文字。如图 12-141 黑色方框所示。

用户可以直接在图纸空间的视图中绘制对象（如标题块、注释等各种对象），这些绘制的对象对模型空间中的图形不会产生任何影响。

## 3．模型空间和图纸空间的切换

切换模型空间和图纸空间有两种方法：

（1）单击"模型"和"布局"标签。在模型空间和图纸空间绘图区左下角都有"模型"和"布局"标签，用鼠标左键单击标签就可切换到相应的空间。（"布局"可以单击右键，创建新的"布局"）

（2）使用状态栏中的"模型/图纸"选项按钮。如果当前为模型空间，那么该选项为"模型"，单击"模型"选项按钮即可切换到图纸空间，该选项随之转变为"图纸"。

**注意**：模型空间和图纸空间中坐标的图标显示形状是不同的，在模型空间中的坐标系图标是两个相互垂直的箭头，而在图纸空间中则是一个直角三角形。如图 12-141 所示。

## 4．创建布局

所谓布局，即相当于 AutoCAD 2000 以前版本中的图纸空间环境，它模拟了一张图纸并提供预置的打印设置，类似于 Excel 中的一张张电子表格。在布局中，用户可以创建和定位视图对象并增添标题块或其他几何对象。而一个布局包括模型空间和图纸空间，它不仅具有以前版本图纸空间所具有的功能，而且可以在其中设置页面、打印风格等。通过坐标系图标的变化判断该布局在什么空间状态下。以前面所绘制的齿轮类零件图为例，创建一个"齿轮类零件"新布局，其步骤如下：执行"插入"→"布局"→"新建布局"或"来自样板的布局"命令。选择创建好的 Gb_A3 样板图。

## 二、图形输出（Plot 命令）

### 1．出图比例

对于一幅图形而言，用户既可将其输出至 A4 图纸，也可将其输出至 A3 图纸，只要相应调整其图形输出比例即可。但这却给非连续线型、文本和尺寸标注一类的对象造成了一定麻烦。例如，若用户在图形中输入的文本高度为 5mm，如按 2:1 的比例输出图形，则文本也相应放大，都变成了 10mm，而这在很多情况下是不允许的。为此，我们介绍一下这方面的内容。

（1）调整线型比例和文本高度。除了连续线型外，其他的线型都是由长画线或短画线组成的断续线。以不同的比例输出时，同一种线型的外观是不一样的，它们会随着输出比例的改变而改变。若想克服因图形输出比例不一样而造成的同一种线型的疏密不一致，可使用 Ltscale 变量调整线型比例。这是一个全局线型比例，对所有图形对象均有效。例如：若将

Ltscale 设置为 0.5,则以 2:1 缩小输出图形时,非连续线型将恢复原状。又如,如果希望将图形放大 20 倍输出,则"Ltscale"应设置为改变。此外,对于每个对象而言,其自身还有一个线型比例 Celtscale。因此,模型空间中对象的线型比例应等于 Ltscale×Celtscale。

在不同比例的浮动视图中显示模型空间文本时,也要考虑这类问题。通常在模型空间按实际尺寸绘制图形时,文本的高度不能采用实际尺寸,而要考虑到最后的输出比例。

(2)调整尺寸标注。同样,不同比例的浮动会使模型空间尺寸标注看起来大小不一样。我们在前面的作法是,在标注尺寸时即考虑图形的输出比例,然后据此确定尺寸文本、箭头等尺寸。对于这种方法,当改变图形的输出比例时,可统一修改各尺寸所使用的尺寸类型。

此外,AutoCAD 2010 还提供了几种尺寸标注比例因子,用于调整模型空间尺寸标注在图纸空间中的大小。具体可采用如下几种方法:

① 在【标注样式管理器】对话框中选定某个使用的尺寸类型,点击"修改"按钮打开【修改标注样式】对话框,在该对话框中选定"调整"选项卡,在"标注特征比例"内容框选中"将标注缩放到布局"单选框,AutoCAD 2010 自动将浮动视图的显示比例因子设置为"尺寸标注比例因子"。如图 12-142 所示。

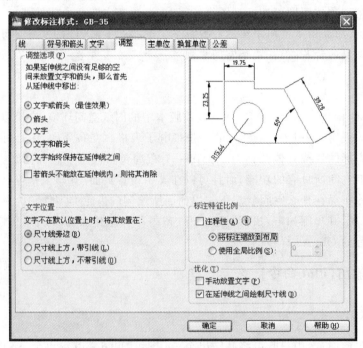

**图 12-142　修改标注特征比例对话框**

② 使用 Dimscale 系统变量。该变量的缺省值为 1,相当于不选择"将标注缩放到布局"单选框。若将设置为 0,则相当于选定"将标注缩放到布局"单选框。

2. 出图命令(Plot)

要输出当前图形,例如图 12-143 所示,从"文件"下拉菜单中选择"打印"命令,AutoCAD 2010 将显示【打印】对话框,如图 12-144 所示。

该对话框的"布局名"选项组中显示了将要进行打印输出的布局。如果用户选择了"将修改保存到布局"复选框，AutoCAD 2010 将把用户对打印设备和打印设置所作的修改进行保存。"页面设置名"下拉列表框中含有当前已保存的命名页面设置，用户可以在此选择一个页面设置作为基准。点击"添加"按钮可以创建一个新的配置。

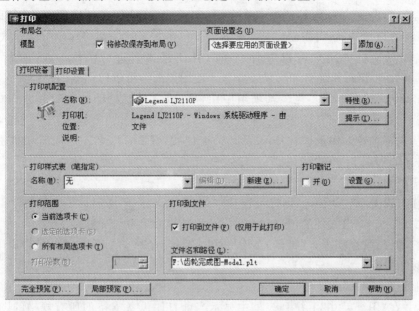

**图 12-143　【打印】对话框的"打印设备"选项卡**

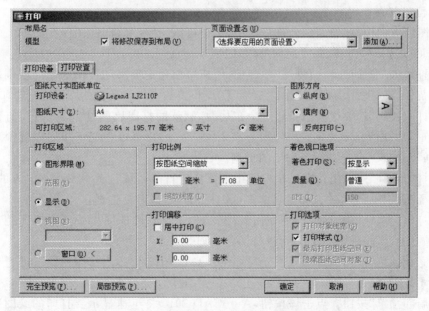

**图 12-144　【打印】对话框的"打印设置"选项卡**

【打印】对话框中还包括"打印设备"和"打印设置"两个选项卡。

(1)"打印设备"选项卡。"打印设备"选项卡主要包括以下选项：

①"打印机配置"选项组。在"打印机配置"选项组中，AutoCAD 2010 显示出有关当前选定的输出设备的描述，包括输出设备的生产厂家、型号等。用户可以在下拉列表框中选择

新的当前设备。点击"特性"按钮,弹出【打印机配置编辑器】对话框,在该对话框中用户可以修改或查看当前打印机的配置、端口和媒体设置。点击"提示"按钮,将显示指定打印设备的信息。

②"打印样式表(笔指定)"选项组。在"打印样式表(笔指定)"选项组的"名称"下拉列表框中,用户可以选择、编辑或创建打印样式表。单击"编辑"按钮将显示打印样式表编辑器对话框,在此对话框中用户可以对所选择的打印样式表进行编辑。点击"新建"按钮,AutoCAD 2010将启动添加打印样式表向导。使用该向导可以添加新的打印样式表。

③"打印范围"选项组。在该选项组中用户可以选择要打印的内容。选择"当前选项卡"单选按钮,打印机将只打印当前选择的布局。选择"选定的选项卡"单选按钮,打印机将打印用户所选择的全部布局。在打印时,用户可以按住【Ctrl】键来选择多个布局进行打印。选择"所有布局选项卡"单选按钮,将打印用户所创建的全部布局。在"打印份数"文本框中可以选择需要打印的份数。

④"打印到文件"选项组。用户可以选取"打印到文件"复选框来将打印结果输出到一个指定的文件中。输出文件的位置和文件名由"文件名和路径"框决定。

(2)"打印设置"选项卡。【打印】对话框的"打印设置"选项卡如图12-143所示。该选项卡中包括以下选项:

①"图纸尺寸和图纸单位"选项组。在该选项组中,AutoCAD 2010显示当前所选择的打印设备,并在"图纸尺寸"下拉列表框中显示当前打印设备支持的所有规格的图纸。用户可以在此选择绘图单位是英寸或毫米,如果用户要打印的图形为BMP或TIFF文件,图形的打印单位只能是像素。

②"图纸方向"选项组。在此选项组中,用户可以指定要打印的图形在图纸上的布置方向。用户可以选择横向、纵向或反向打印,以实现0°、90°、180°、270°方向的打印。

③"打印区域"选项组。在此选项组中,用户可以指定要打印输出的图形范围。用户可以将绘图界限、范围、当前视图、已定义的视图或指定的窗口区域中的图形进行打印输出。

④"打印比例"选项组。当打印一个布局时,默认的打印比例是1:1。若要打印模型空间的图形时,默认的打印比例是"按图纸空间缩放"。用户可以在此下拉列表框中选择打印比例,也可以选择"自定义"设定需要的比例。

⑤"打印偏移"选项组。在该选项组中可以指定打印区域相对于图纸左下方的偏移量。如果用户希望将图形放在图纸的中央,则可选择"居中打印"复选框。

⑥"打印选项"选项组和"着色视图选项"选项组。在此选项组中可以选择是否打印线宽,是否按照打印样式表打印,是否进行消隐处理等等。

⑦"完全预览"按钮。点击该按钮后,AutoCAD 2010将所要打印的图形进行处理并显示打印后的图纸外观。单击鼠标右键可退出完全打印预览状态。

⑧"局部预览"按钮。点击该按钮,AutoCAD 2010将迅速显示要打印的绘图区域在图纸上的位置,部分预览将会给出AutoCAD 2010在打印时遇到的问题。

AutoCAD 2010可以将当前的输出配置参数和设备说明信息存储到一个以".PCZ"为扩展名的ASCⅡ文件中。所谓配置参数即是与特定设备相关的信息,如画笔参数、打印选项组、比例因子、图纸大小以及旋转角度等。如果用户仅想保存配置参数,则可存为".PCP"文件(绘图配置参数文件)。

以上各项选定后,单击"确定"按钮,即可把在"布局"标签中所看见的布局图形,通过所配置的打印机或绘图仪输出到图纸。

## 12.6.4 项目小结

通过本项目的学习,可以了解图形的比例输出如何设置,线型输出是否正确以及线宽的设置,掌握如何输出高质量图形的设置。

通过学习图形输出的基本设置方法及操作步骤,达到基本掌握使用 AutoCAD 2010 进行图形输出的方法与操作。